第一次全国自然灾害综合风险普查

内蒙古赤峰市巴林右旗气象灾害风险评估与区划报告

达布希拉图　赵艳丽　主编

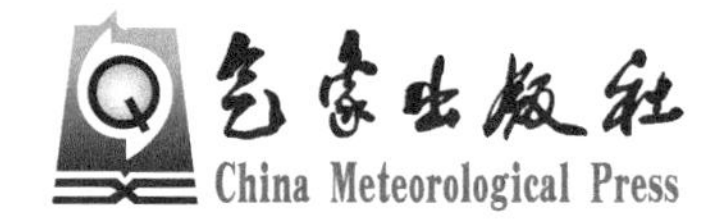
气象出版社
China Meteorological Press

内容简介

本书首先介绍了内蒙古赤峰市巴林右旗的自然环境、经济社会发展和主要气象灾害概况，然后分别介绍了巴林右旗1978—2020年暴雨、干旱、大风、冰雹、高温、低温、雷电和雪灾共8种气象灾害的致灾因子特征、典型灾害过程，以及气象灾害致灾危险性评估及其针对人口、GDP和农作物的风险评估与区划的资料、技术方法、评估与区划成果等，为旗(县)级气象灾害致灾危险性评估以及针对不同承灾体的风险评估与区划提供参考依据，以期客观认识巴林右旗气象灾害综合风险水平，为地方各级政府有效开展气象灾害防治和应急管理工作、切实保障社会经济可持续发展提供气象灾害风险信息和科学决策依据。

图书在版编目（CIP）数据

内蒙古赤峰市巴林右旗气象灾害风险评估与区划报告/达布希拉图，赵艳丽主编. -- 北京 ：气象出版社，2022.10
ISBN 978-7-5029-7839-6

Ⅰ. ①内… Ⅱ. ①达… ②赵… Ⅲ. ①气象灾害一风险评价一研究一巴林右旗 Ⅳ. ①P429

中国版本图书馆CIP数据核字(2022)第195713号

内蒙古赤峰市巴林右旗气象灾害风险评估与区划报告
Neimenggu Chifeng Shi Balin Youqi Qixiang Zaihai Fengxian Pinggu yu Quhua Baogao

---

出版发行：气象出版社
地　　址：北京市海淀区中关村南大街46号　　**邮政编码**：100081
电　　话：010-68407112(总编室)　010-68408042(发行部)
网　　址：http://www.qxcbs.com　　**E-mail**：qxcbs@cma.gov.cn
责任编辑：张　斌　　**终　　审**：吴晓鹏
责任校对：张硕杰　　**责任技编**：赵相宁
封面设计：地大彩印设计中心
印　　刷：北京建宏印刷有限公司
开　　本：787 mm×1092 mm　1/16　　**印　　张**：11
字　　数：282千字
版　　次：2022年10月第1版　　**印　　次**：2022年10月第1次印刷
定　　价：100.00元

内蒙古赤峰市巴林右旗气象灾害
风险评估与区划报告

编审委员会

主　任：党志成

副主任：刘海波

委　员：牛宝亮　李　毅　达布希拉图　卢　华　汝凤军
武艳娟　康　利　李纯彦　张　辉　孙　鑫
赵艳丽　王永利　李　忠　颜　斌　张　立

编写委员会

主　编：达布希拉图　赵艳丽

副主编：白美兰　孙　鑫　王永利　刘晓东　张德龙

暴雨组：孟玉婧　申紫薇　孙　玉

高温组：冯晓晶　刘诗梦　奇奕轩

低温组：杨　晶　董祝雷　杨司琪

雪灾组：于凤鸣　张　宇　杨丽桃

干旱组：刘　新　刘　炜　包福祥　陈素华　吴瑞芬　王海梅　张存厚

大风组：仲　夏　姜雨蒙　黄晓璐

冰雹组：云静波　赵睿峰　田　畅

雷电组：宋昊泽　石茹琳　刘正源

信息技术组：王　琳　陶　睿　王家乐

编写分工

冯晓晶撰写第 1 章综述,并完成全书合稿、排版。

孟玉婧撰写第 2 章暴雨第 2.2、2.5、2.6、2.7 节,申紫薇撰写第 2.3、2.4 节,孙玉撰写第 2.1 节。

刘新撰写第 3 章干旱第 3.1.1、3.1.2、3.1.7 节,刘炜撰写第 3.1.3、3.1.4 节,包福祥撰写第 3.1.5、3.1.6 节,陈素华撰写第 3.2.1 节,王海梅、乌兰、刘昊撰写第 3.2.2 节,吴瑞芬撰写第 3.2.3 节。

仲夏撰写第 4 章大风第 4.2、4.5、4.6 节,姜雨蒙撰写第 4.3、4.7 节,黄晓璐撰写第 4.1、4.4 节。

云静波撰写第 5 章冰雹第 5.1、5.2、5.7 节,赵睿峰撰写第 5.5、5.6 节,田畅撰写第 5.3、5.4 节。

冯晓晶撰写第 6 章高温第 6.2、6.4、6.5、6.6、6.7 节,刘诗梦撰写第 6.1 节,奇奕轩撰写第 6.3 节。

杨晶撰写第 7 章低温第 7.1、7.2、7.4、7.6 节,董祝雷撰写第 7.5 节,杨司琪撰写第 7.3 节。

宋昊泽撰写第 8 章雷电第 8.1、8.2、8.5、8.6 节,宋昊泽、石茹琳撰写第 8.3、8.4 节,刘正源撰写第 8.7 节。

于凤鸣撰写第 9 章雪灾第 9.1、9.2、9.4、9.5、9.7 节,张宇撰写第 9.3 节,杨丽桃撰写第 9.6 节。

王琳负责巴林右旗地面国家级气象站数据质量控制、订正以及数据集制作,陶睿负责地面国家级气象站数据梳理,王家乐负责地面国家级气象站数据统计处理。

目 录

第1章 综 述

1.1 自然环境概述

巴林右旗位于内蒙古自治区东部，赤峰市北部，地处西拉沐沦河北岸，大兴安岭南段山地，东与巴林左旗、阿鲁科尔沁旗毗邻，南与翁牛特旗隔西拉沐沦河相望，西与林西县相连，北与锡林郭勒盟西乌珠穆沁旗接壤(图 1.1)。地理坐标为北纬 43°12′～44°27′，东经 118°15′～120°05′，东西最大长度 154 km，南北最大宽度 139 km，版图形状呈蝴蝶形。地势西北高、东南低，由西北海拔 1700 m 向东南海拔 400 m 逐渐倾斜，北部为山地，中部为丘陵，南部为平原区。全旗总面积 10256 km^2，下辖 4 个苏木、5 个镇，即查干沐沦苏木、巴彦塔拉苏木、幸福之路苏木、西拉沐沦苏木、索博日嘎镇、巴彦琥硕镇、大板镇、查干诺尔镇、宝日勿苏镇，共 162 个嘎查(村)、14 个社区居委会。

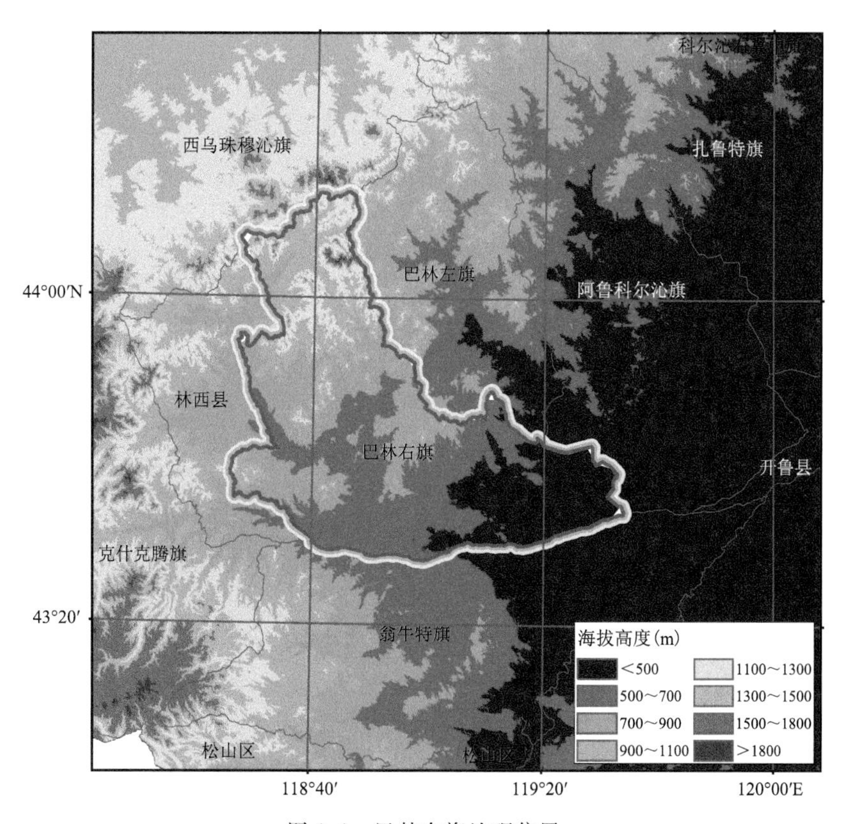

图 1.1 巴林右旗地理位置

巴林右旗地处中纬度温带半干旱大陆性季风气候区。主要气候特点是春季干旱多风，蒸发量大，气温回升快；夏季雨热同期，降水集中，冰雹灾害频繁；秋季短促，气温下降快，初霜降临早；冬季漫长而寒冷，日照充足。全旗年平均气温 5.7 ℃，自东南向西北气温逐渐降低，北部山区 0～2.0 ℃，南部西拉沐沦苏木、宝日勿苏镇、查干诺尔镇、巴彦塔拉苏木、大板镇在 5.0 ℃以上，其余地区 2.0～5.0 ℃。最热月(7 月)平均气温为 22.7 ℃，最冷月(1 月)平均气温－13.3 ℃。无霜期平均为 138 d，平均终霜日期为 5 月 8 日，平均初霜日期为 9 月 22 日。全旗≥10 ℃年活动积温平均为 2862 ℃・d，北部山区为 2000～2500 ℃・d，东南部最多可超过 3000 ℃・d，无霜期及热量条件的分布趋势是自北向南随海拔高度的降低而递增，区域差异十分明显。年平均降水量 356 mm，大部分地区年平均降水量多在 370～400 mm。年平均日照时数为 2963 h。年平均风速 3.2 m/s，年平均大风日数 38.3 d。年平均蒸发量 2057 mm，约为降水量的 5.8 倍。

1.2 社会经济发展概况

巴林右旗总人口 18.64 万，人口密度为 18 人/km^2，居住着蒙古、汉、回、满等 22 个民族，其中蒙古族人口 9 万，占人口总数的 48.3%(图 1.2)。该旗 GDP(国内生产总值)分布见图 1.3。

2020 年全旗地区生产总值实现 59 亿元，同比增长 0.1%；一般公共预算收入完成 5.5 亿元。现有耕地 180 万亩①(其中水浇地 80 万亩)；草牧场 1286 万亩；林地 402.7 万亩，森林覆盖率为 27.8%；牲畜存栏 200 多万头(只)，年产肉类 3 万多吨、绒毛 2600 多吨、皮张 80 多万张。

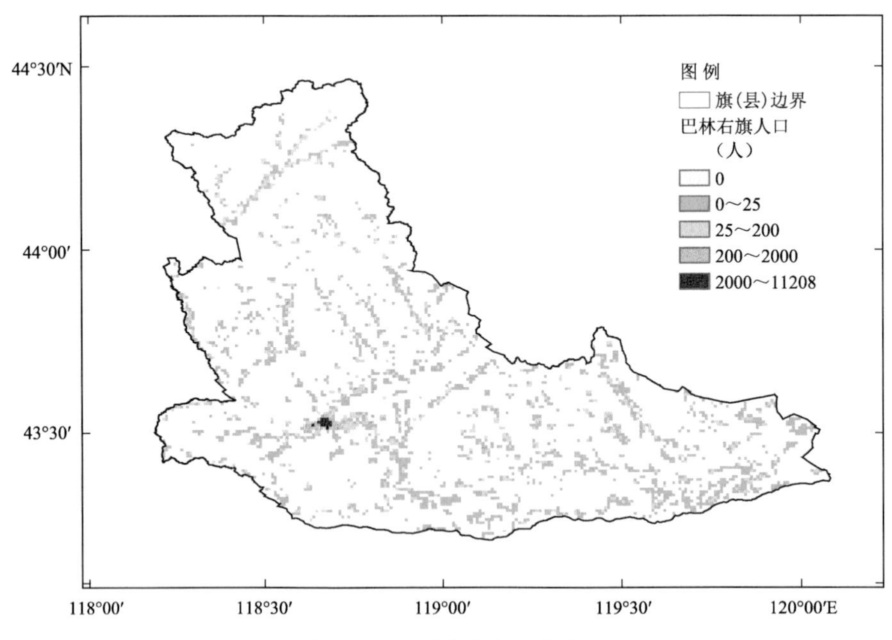

图 1.2 巴林右旗人口分布

① 1 亩=1/15 hm^2，下同。

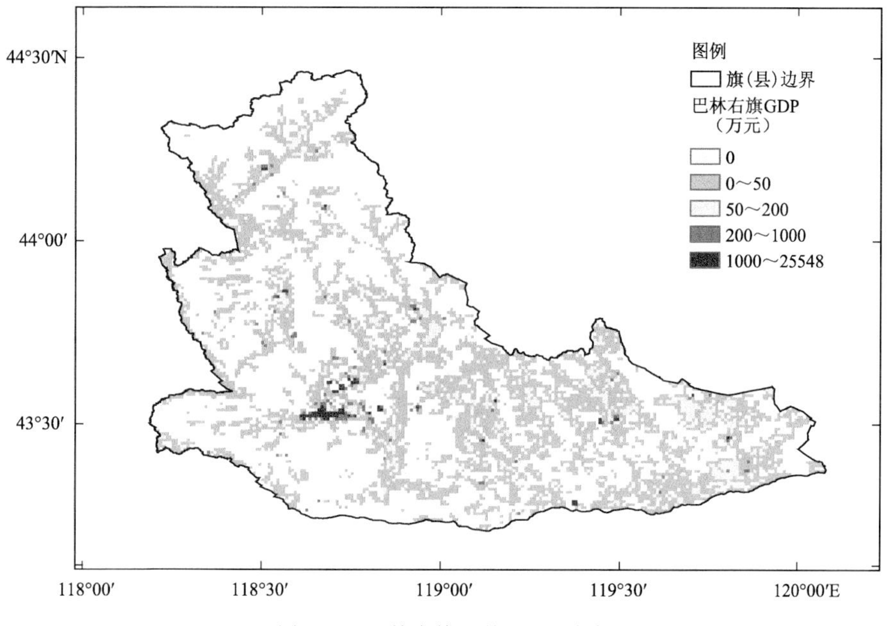

图 1.3 巴林右旗地均 GDP 分布

1.3 气象灾害概况

从历史灾情上看，巴林右旗易发生的气象灾害为暴雨洪涝、冰雹、干旱、大风。暴雨洪涝灾害、冰雹一般出现在 6—8 月，多数由强对流天气造成，暴雨洪涝可造成人员伤亡、牲畜被淹死亡、房屋倒塌等损失。1986 年 9 月 1 日至 8 日，巴林右旗有 15455 户村民遭受洪涝和冰雹灾害，死亡 3 人、死亡牲畜 874 头(只)；水毁草场 2.05 万亩，倒房 3780 间。此外，学校、水利、交通、电业、通信等损失惨重。2011 年 7 月 18 日，巴林右旗发生暴雨洪涝灾害，受灾 4751 户 15503 人；倒塌 195 户的房屋 692 间；形成 458 户 1596 间危房；农作物受灾面积 170 hm^2，其中绝收64 hm^2；大板镇区街道、排水设施等近百处受损；9 处在建工地受灾，其中大板镇北出口、原宾馆、党政综合楼北 3 处工地前期工作基本作废。初步估算直接经济损失 11300 余万元，其中农作物、房屋、家庭财产损失约 6100 万元；市政设施损失约 1700 万元；建筑工地损失约 3500 万元。安全转移 40 余人，未造成人员伤亡。1996 年 7 月 26 日，巴彦塔拉苏木两人因雷电致死，所处野外兼高山环境，属于重大雷电灾害。

第2章 暴 雨

2.1 数据

2.1.1 气象数据

使用内蒙古自治区气象信息中心提供的巴林右旗范围内1个国家级地面气象观测站(巴林右旗)和5个骨干区域自动气象站2016—2020年逐小时和逐日降水数据(图2.1)。

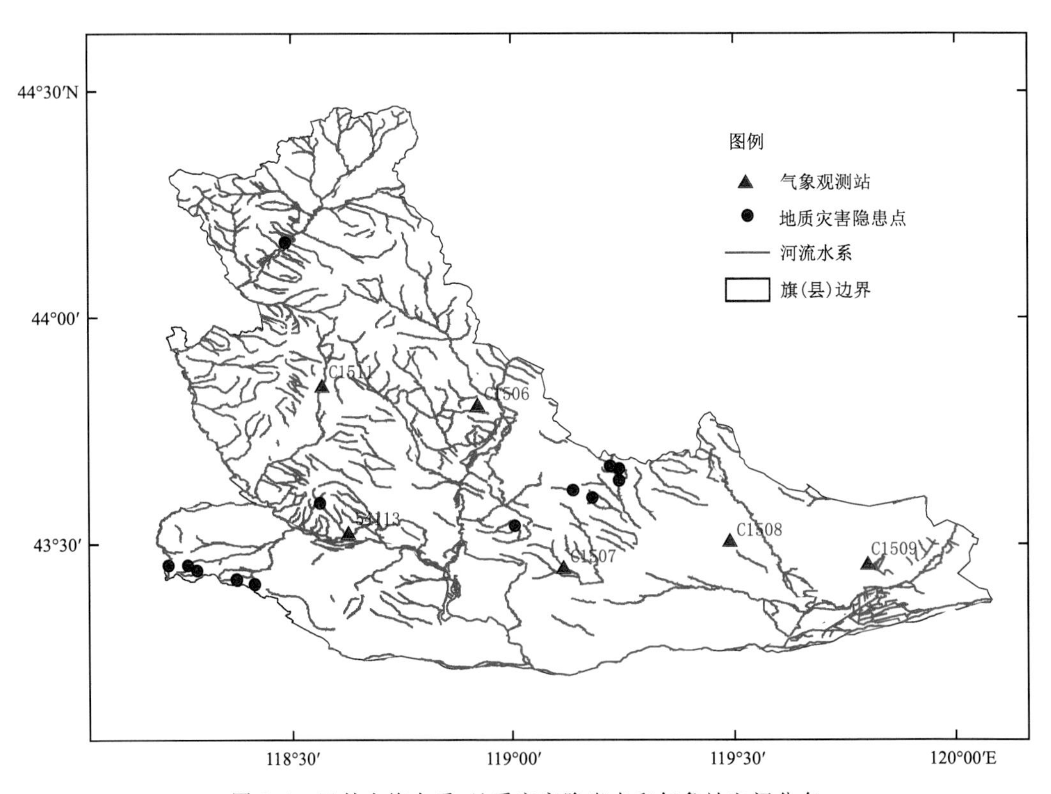

图2.1 巴林右旗水系、地质灾害隐患点和气象站空间分布

2.1.2 地理信息数据

行政区划数据为国务院第一次全国自然灾害综合风险普查领导小组办公室(简称国务院普查办)下发的内蒙古旗(县)边界,提取其中巴林右旗行政边界。

巴林右旗数字高程模型(DEM)数据为空间分辨率为90 m的SRTM(Shuttle Radar

Topography Mission)数据(图 2.2)。

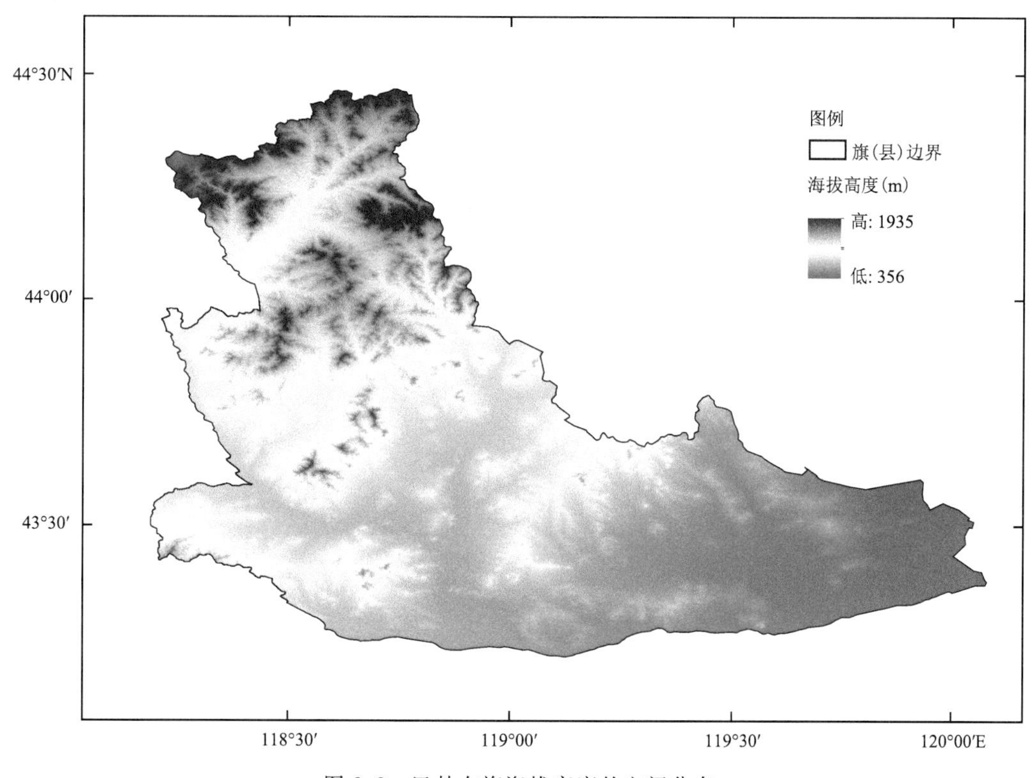

图 2.2 巴林右旗海拔高度的空间分布

水系数据为内蒙古自治区气象信息中心提供的“中国 1∶25 万公众版地形数据”中的水系数据(图 2.1)。

2.1.3 地质灾害隐患点数据

地质灾害隐患点数据为内蒙古自治区国土资源厅提供的巴林右旗泥石流和滑坡隐患点数据。其中巴林右旗共有泥石流隐患点 13 个,无滑坡隐患点(图 2.1)。

2.1.4 承灾体数据

承灾体数据来源于国务院普查办共享的巴林右旗的人口、GDP 和三大农作物(小麦、玉米、水稻)种植面积的标准格网数据,空间分辨率为 30″×30″(图 1.2、图 1.3 和图 2.3)。

2.1.5 历史灾情数据

历史灾情数据为巴林右旗气象局通过全区第一次气象灾害风险调查收集到的暴雨灾情资料,主要来源于灾情直报系统、灾害大典、旗(县)统计局、旗(县)地方志以及地方民政部门等。包括暴雨灾害历年(次)的受灾人口、死亡人口、农业受灾面积、直接经济损失以及当地当年的总人口、生产总值和种植面积等,空间尺度为旗(县)和乡(镇),时间范围为 1978—2020 年。

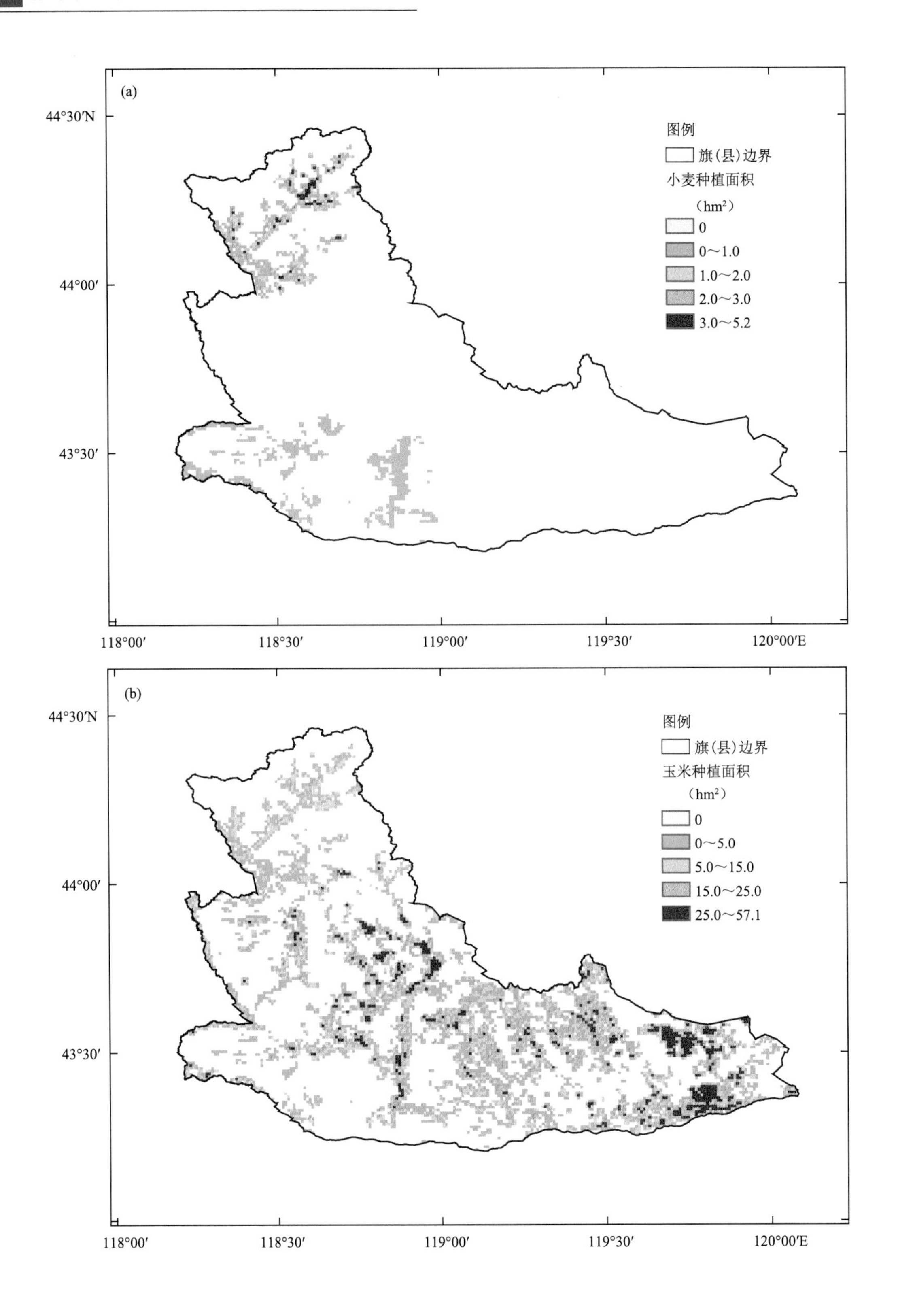

(a)
44°30′N
44°00′
43°30′
118°00′
118°30′
119°00′
119°30′
120°00′E
图例
旗(县)边界
小麦种植面积
(hm²)
0
0～1.0
1.0～2.0
2.0～3.0
3.0～5.2
(b)
44°30′N
44°00′
43°30′
118°00′
118°30′
119°00′
119°30′
120°00′E
图例
旗(县)边界
玉米种植面积
(hm²)
0
0～5.0
5.0～15.0
15.0～25.0
25.0～57.1

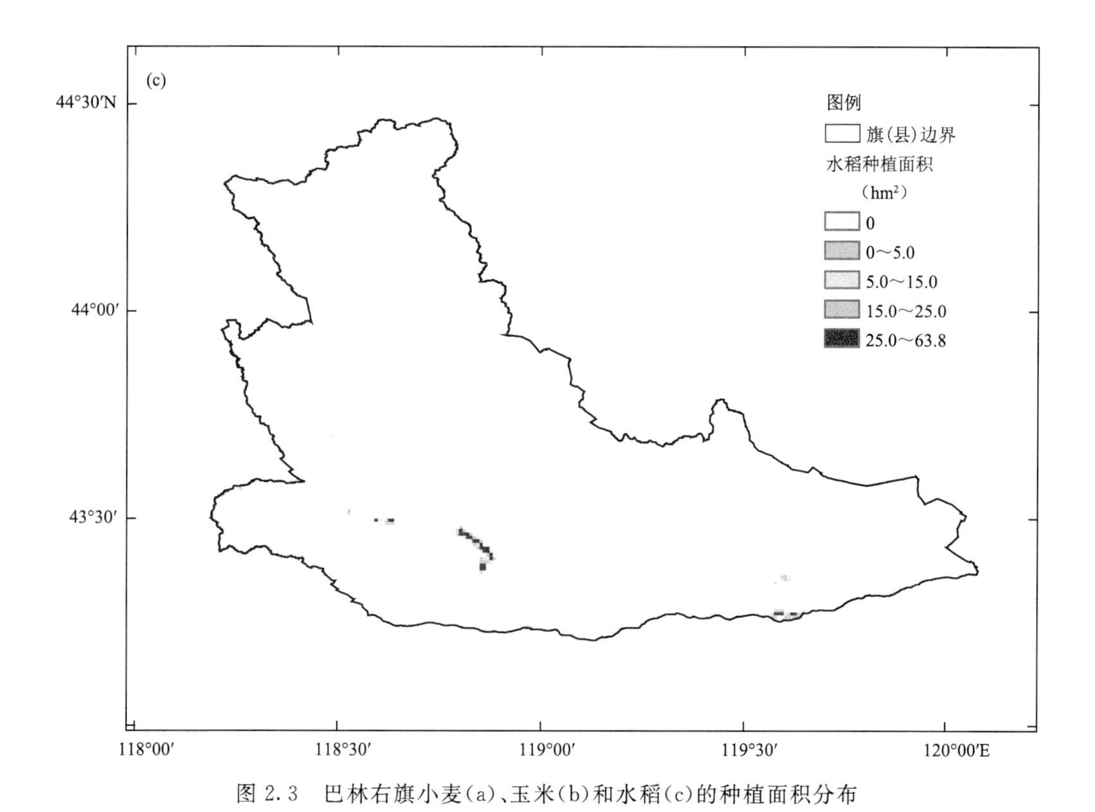

图 2.3 巴林右旗小麦(a)、玉米(b)和水稻(c)的种植面积分布

2.2 技术路线及方法

内蒙古赤峰市巴林右旗暴雨灾害风险评估与区划技术路线如图 2.4 所示。

2.2.1 致灾过程确定

定义日降雨量(20 时至次日 20 时)≥50 mm 的降雨日为暴雨日。当暴雨日持续天数≥1 d 或者中断日有中到大雨,且前后均为暴雨日的降水过程为暴雨过程。按照该暴雨过程的识别方法,基于巴林右旗范围内 6 个气象站的逐小时和逐日降水资料,分别确定 6 个气象站近 5 年(2016—2020 年)的全部暴雨过程,并计算各暴雨过程的过程累计降雨量和最大 3 h 降水量。

2.2.2 致灾因子危险性评估

暴雨致灾危险性评估主要考虑暴雨事件和孕灾环境,因此巴林右旗暴雨致灾危险性评估指标包括两个,分别为年雨涝指数和孕灾环境影响系数。

(1)年雨涝指数

1)暴雨灾害致灾因子识别

根据巴林右旗暴雨灾害致灾特征,从降水总量以及暴雨过程的强度、降水持续时间等方面对致灾因子进行初步筛选,并借助收集到的 1978—2020 年巴林右旗暴雨过程灾情解析识别出巴林右旗暴雨灾害致灾因子为:过程累计降水量和最大 3 h 降水量。

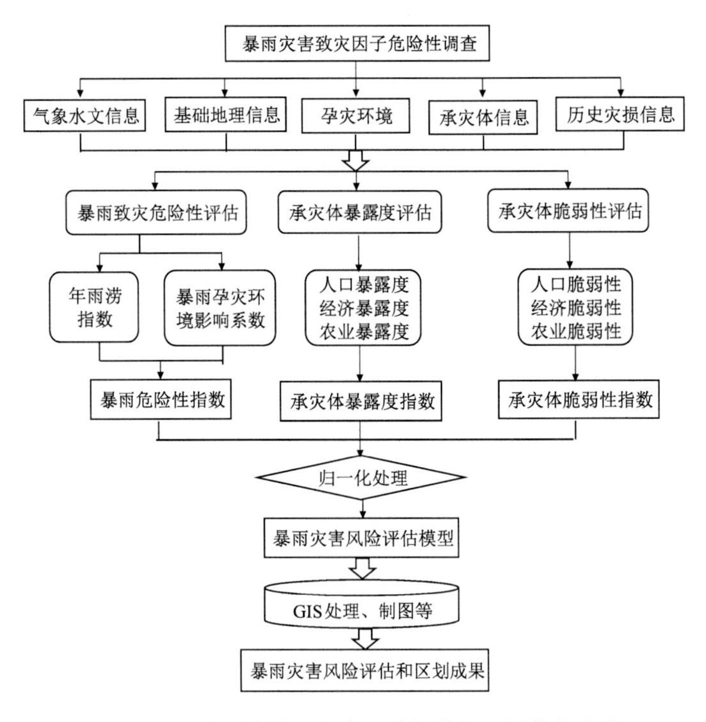

图 2.4 巴林右旗暴雨灾害风险评估与区划技术路线

2)年雨涝指数分布

基于各气象站所有暴雨过程的过程累计降雨量和最大 3 h 降水量，分别对两个致灾因子进行归一化处理，采用信息熵赋权法确定权重，加权求和得到各气象站暴雨过程强度指数，分别累加各气象站当年逐场暴雨过程强度值，就得到各站点年雨涝指数。巴林右旗年雨涝指数呈现“南高北低”的分布特征(图 2.5)。

(2)暴雨孕灾环境影响系数

暴雨孕灾环境指暴雨影响下，对形成洪涝、泥石流、滑坡、城市内涝等次生灾害起作用的自然环境。暴雨孕灾环境对暴雨成灾危险性起扩大或缩小作用。暴雨孕灾环境宜考虑地形、河网水系、地质灾害易发条件等，具体的计算方法参考地方标准《暴雨过程危险性等级评估技术规范》(DB33/T 2025—2017)，巴林右旗暴雨孕灾环境主要考虑了地形因子、水系因子和地质灾害易发条件 3 个因素。

1)地形因子影响系数

首先计算巴林右旗的高程标准差。以评估点为中心，计算评估点与若干邻域点的高程标准差，计算方法如下：

$$S_{\mathrm{h}}=\sqrt{\frac{\sum_{j=1}^{n}(h_j-\bar{h})^2}{n}}$$

式中，S_{h} 为高程标准差，h_j 为邻域点海拔高度(单位：m)，$\bar{h}$ 为评估点海拔高度，n 为邻域点的个数(n 值宜大于等于 9)。基于巴林右旗 DEM 数据，采用 ArcGIS 软件的焦点统计工具，得到巴林右旗的高程标准差。

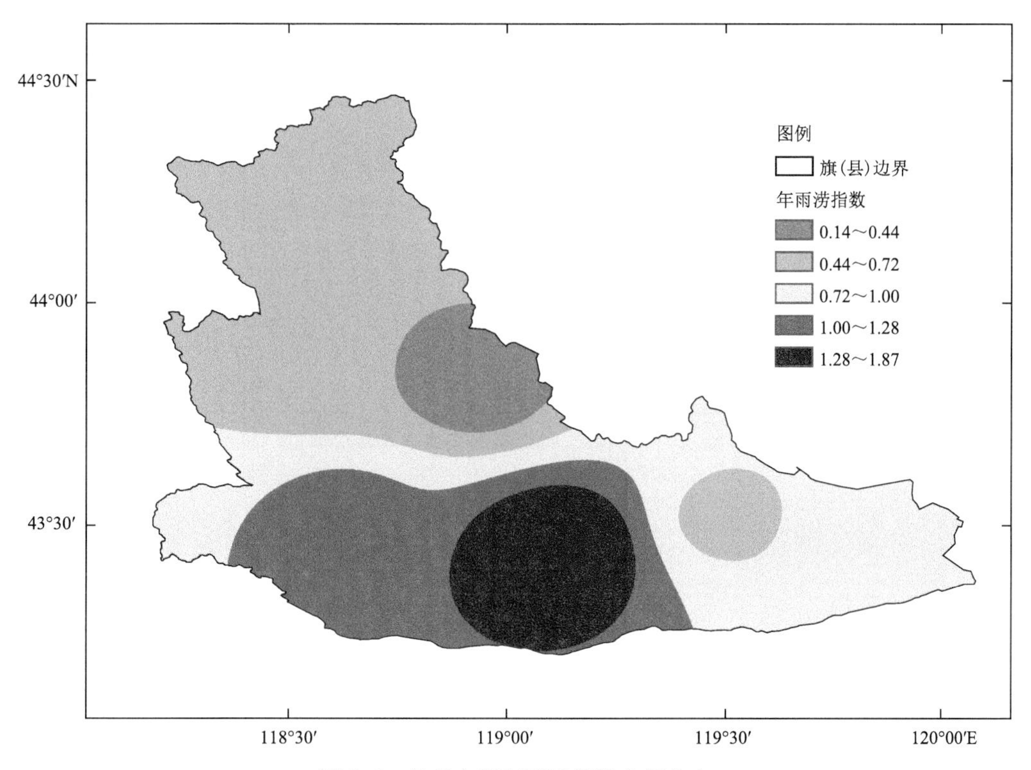

图 2.5 巴林右旗年雨涝指数空间分布

在 GIS 中绝对高程可用数字高程模型来表达,并把海拔高度分成 5 级。高程标准差是表征该处地形变化程度的定量指标,并把高程标准差分成 4 级。根据地形因子中绝对高程越高相对高程标准差越小,暴雨危险程度越高的原则,对于内蒙古高海拔地区根据内蒙古高程标准差和海拔高度的实际情况,修改了高程标准差和海拔高度的分区范围,从而确定了内蒙古地形因子影响系数,如表 2.1 所示。

表 2.1 地形因子影响系数赋值

海拔高度(m)	高程标准差			
	＜5	5～10	10～20	≥20
＜500	0.9	0.8	0.7	0.5
500～800	0.8	0.7	0.6	0.4
800～1200	0.7	0.6	0.5	0.3
1200～1500	0.6	0.5	0.4	0.2
≥1500	0.5	0.4	0.3	0.1

按照表 2.1 等级划分和相应的赋值,采用 ArcGIS 软件分别对巴林右旗的海拔高度和高程标准差进行重分类、栅格计算和赋值,最终得到巴林右旗的地形因子影响系数空间分布(图 2.6)。

2)水系因子影响系数

采用水网密度赋值法计算水系因子影响系数。水网密度是指流域内干、支流总河长与流

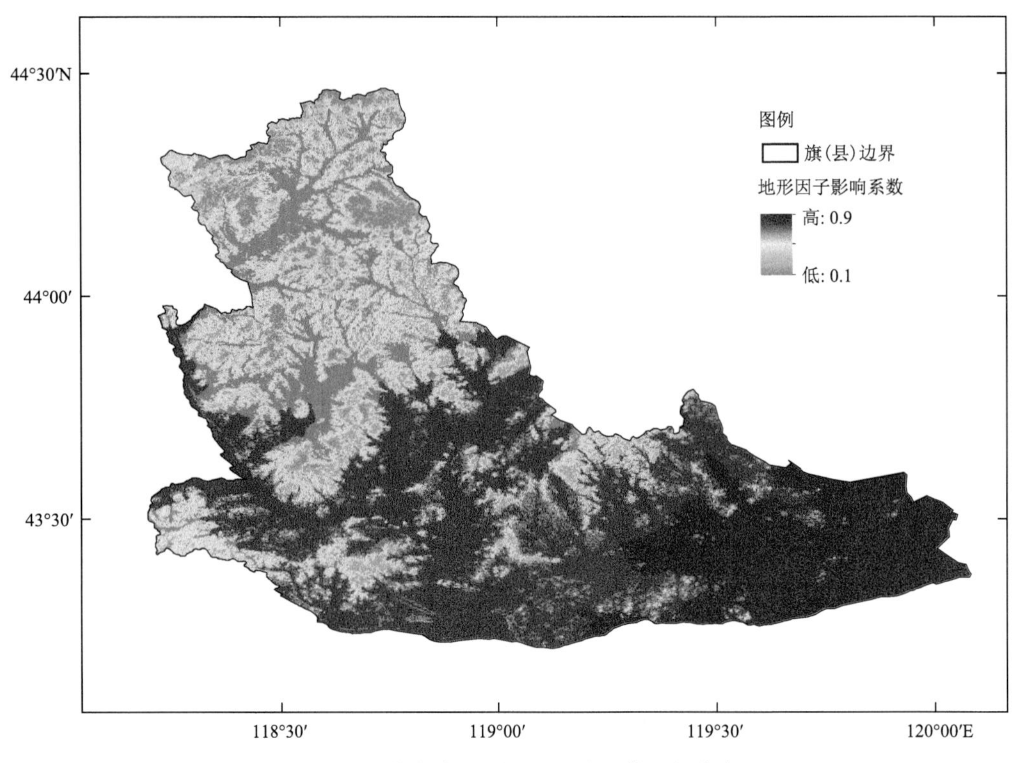

图 2.6 巴林右旗地形因子影响系数空间分布

域面积的比值或单位面积内自然与人工河道的总长度，水网密度反映了一定区域范围内河流的密集程度，计算公式如下：

$$S_r = \frac{l_r}{a}$$

式中，S_r 为水网密度(单位：km^{-1})，l_r 为水网长度(单位：km)，a 为区域面积(单位：km^2)

根据巴林右旗 1∶25 万水系数据，采用 ArcGIS 软件的线密度工具，得到巴林右旗的水网密度。根据水网密度，取相应水系因子影响系数，如表 2.2 所示。

表 2.2 水系因子影响系数赋值(水网密度法)

水网密度(km^{-1})	赋值
<0.01	0
0.01～0.24	0.1
0.24～0.41	0.2
0.41～0.57	0.3
0.57～0.74	0.4
0.74～0.91	0.5
0.91～1.08	0.6
1.08～1.24	0.7
1.24～1.41	0.8
≥1.41	0.9

按照表2.2等级划分和相应的赋值，采用ArcGIS软件对巴林右旗的水网密度进行重分类和赋值，最终得到巴林右旗水系因子影响系数空间分布(图2.7)。

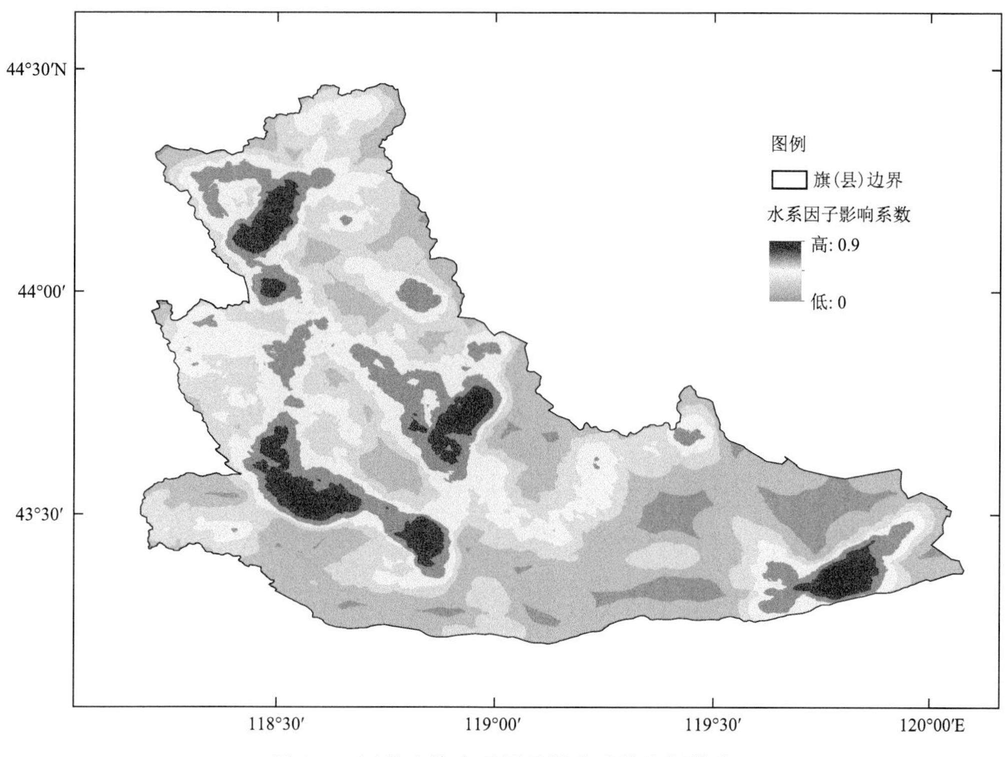

图2.7 巴林右旗水系因子影响系数空间分布

3)地质灾害易发条件系数

基于巴林右旗泥石流和滑坡隐患点的易发条件属性，按照表2.3等级划分和相应的赋值，采用ArcGIS软件对巴林右旗的地质灾害易发条件系数进行赋值，并采用反距离加权插值方法，最终得到巴林右旗的地质灾害易发条件系数的空间分布(图2.8)。

表2.3 地质灾害易发条件系数赋值

地质灾害易发等级	不易发	低易发	中易发	高易发
系数	0	0.3	0.6	0.9

4)暴雨孕灾环境影响系数

暴雨孕灾环境影响系数的计算公式如下：

$$I_{\varepsilon} = w_{h} p_{h} + w_{r} p_{r} + w_{d} p_{d}$$

式中，I_{ε} 为暴雨孕灾环境影响系数，p_{h} 为地形因子影响系数，p_{r} 为水系因子影响系数，p_{d} 为地质灾害易发条件系数，w_{h}、w_{r} 和 w_{d} 分别为地形因子、水系因子和地质灾害易发条件系数的权重，总和为1。

采用信息熵赋权法确定权重，其中地形因子影响系数权重为0.68，水系因子影响系数权重为0.21，地质灾害易发条件系数权重为0.11，采用ArcGIS软件的栅格运算工具加权求和得到巴林右旗暴雨孕灾环境影响系数空间分布(图2.9)。

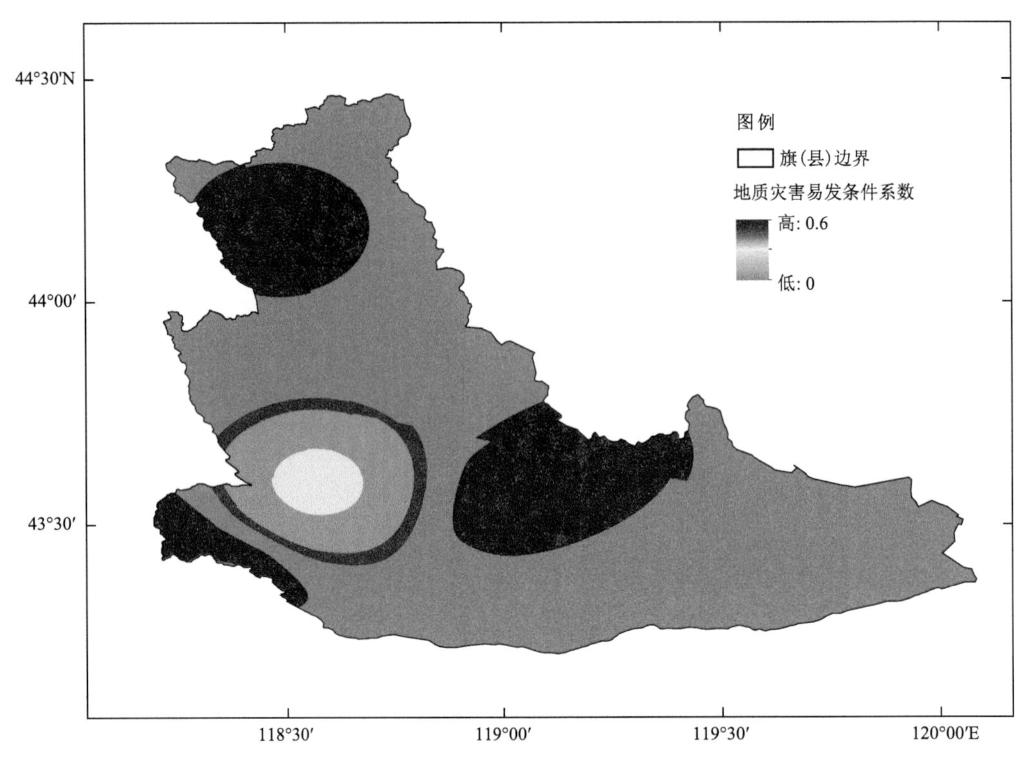

图 2.8 巴林右旗地质灾害易发条件系数空间分布

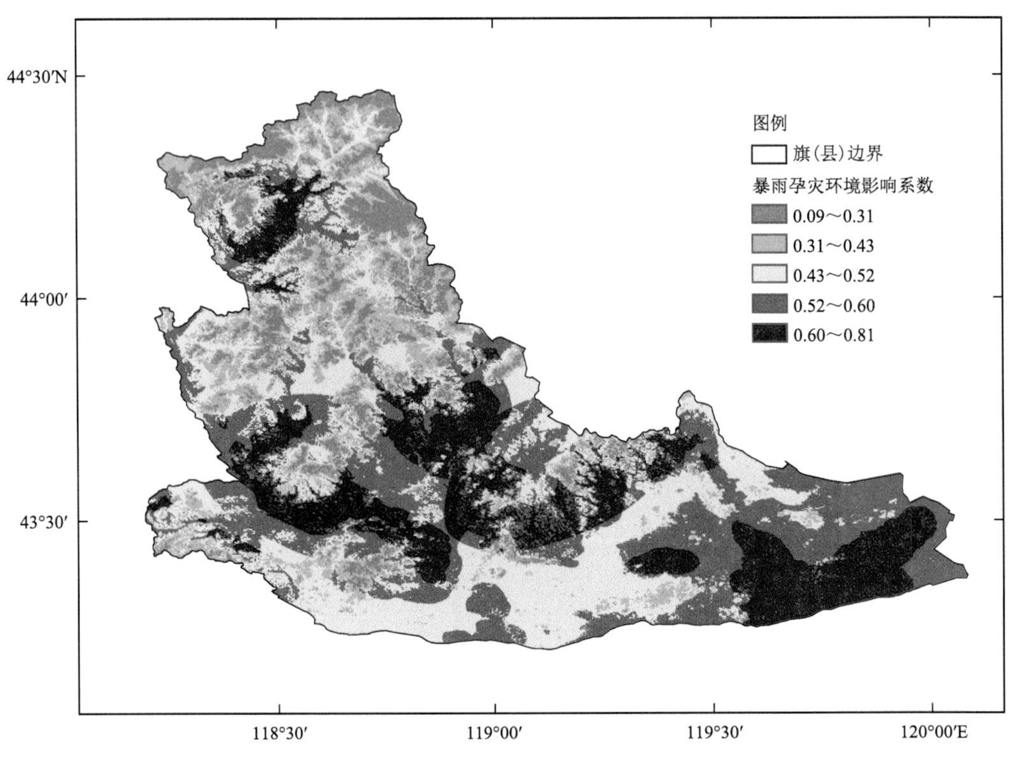

图 2.9 巴林右旗暴雨孕灾环境影响系数空间分布

(3)暴雨致灾危险性指数

暴雨致灾危险性指数是由暴雨孕灾环境影响系数和年雨涝指数加权综合而得，计算公式如下：

$$致灾危险性指数 = A_1 \times 暴雨孕灾环境影响系数 + A_2 \times 年雨涝指数$$

式中，A_1 和 A_2 分别为暴雨孕灾环境影响系数和年雨涝指数的权重系数。采用信息熵赋权法确定权重，从而构建巴林右旗暴雨致灾危险性指数的计算模型如下：

$$致灾危险性指数 = 0.48 \times 暴雨孕灾环境影响系数 + 0.52 \times 年雨涝指数$$

采用 ArcGIS 软件的栅格运算工具加权求和得到巴林右旗暴雨致灾危险性指数。

(4)暴雨致灾危险性评估与分区

基于暴雨致灾危险性指数，结合巴林右旗行政单元，采用自然断点法将暴雨致灾危险性等级划分为 1～4 级共 4 个等级。暴雨致灾危险性 4 个等级的级别含义和色值见表 2.4，进而在 GIS 软件平台上进行风险分区制图，得到暴雨灾害致灾危险性等级图。

表 2.4 暴雨致灾危险性等级、含义和色值

危险性等级	含义	色值(CMYK 值)
1	高危险性	100,70,40,0
2	较高危险性	70,50,10,0
3	较低危险性	55,30,10,0
4	低危险性	20,10,5,0

2.2.3 风险评估与区划

巴林右旗暴雨灾害风险评估指标包括三个，分别为暴雨致灾危险性、承灾体暴露度和承灾体脆弱性，其中承灾体脆弱性根据实际资料情况作为可选的评估指标。

(1)主要承灾体暴露度

选取巴林右旗主要承灾体人口、GDP 和农业进行暴露度分析。

- 人口暴露度：常住人口密度。
- 经济暴露度：GDP 密度。
- 农业暴露度：三大农作物(小麦、玉米、水稻)种植面积。

分别将巴林右旗常住人口密度、GDP 密度以及小麦、玉米和水稻的种植面积作为人口、经济和农业暴露度指标，为了消除各指标的量纲差异，对人口、经济和农业暴露度指标进行归一化处理。各个指标归一化计算公式为：

$$x' = \frac{x - x_{\min}}{x_{\max} - x_{\min}}$$

式中，x'为归一化后的数据，x 为样本数据，$x_{\min}$为样本数据中的最小值，$x_{\max}$为样本数据中的最大值。

(2)主要承灾体脆弱性(可选)

选取承灾体人口、GDP 和农业进行脆弱性分析。

- 人口脆弱性：因暴雨灾害造成的死亡人口和受灾人口占区域总人口的比例。

· 经济脆弱性：因暴雨灾害造成的直接经济损失占区域 GDP 的比例。

· 农业脆弱性：三大农作物（小麦、玉米、水稻）受灾面积占种植面积的比例。

由于调查已收集到的各乡（镇）死亡人口、受灾人口、农业受灾面积、直接经济损失，以及当年乡（镇）总人口、GDP 和三大农作物种植面积数据有限，不满足计算承灾体脆弱性的数据要求，因此巴林右旗暴雨灾害风险评估不考虑承灾体脆弱性。

（3）暴雨灾害风险评估指数

根据暴雨灾害风险形成原理及评价指标体系，分别将致灾危险性、承灾体暴露度和承灾体脆弱性各指标进行归一化，再加权综合，建立暴雨灾害风险评估模型如下：

$$MDRI = (TI^{we})(EI^{wh})(VI^{ws})$$

式中，MDRI 为暴雨灾害风险指数，用于表示暴雨灾害风险程度，其值越大，则暴雨灾害风险程度越大，TI、EI、VI 分别表示暴雨致灾危险性、承灾体暴露度、承灾体脆弱性指数。we、wh、ws 是致灾危险性、承灾体暴露度和脆弱性指数的权重，权重的大小依据各因子对暴雨灾害的影响程度大小，根据信息熵赋权法，并结合当地实际情况确定。

由于受到历史灾情资料限制，因此巴林右旗不考虑承灾体脆弱性，最终将致灾危险性和承灾体暴露度进行加权求积，从而得到巴林右旗暴雨灾害风险评估结果。分别将致灾危险性和承灾体暴露度进行归一化，采用信息熵赋权法并结合当地实际情况确定权重的大小，将致灾危险性和承灾体暴露度进行加权求积，得到暴雨灾害风险评估结果。

针对人口、经济和农业不同承灾体分别构建暴雨灾害人口、GDP、小麦、玉米和水稻的风险评估模型如下：

1）暴雨灾害人口风险＝暴雨致灾危险性$^{0.8}$（危险性）×区域人口密度$^{0.2}$（暴露度）

2）暴雨灾害 GDP 风险＝暴雨致灾危险性$^{0.8}$（危险性）×区域 GDP 密度$^{0.2}$（暴露度）

3）暴雨灾害小麦风险＝暴雨致灾危险性$^{0.8}$（危险性）×区域小麦暴露度指数$^{0.2}$（暴露度）

4）暴雨灾害玉米风险＝暴雨致灾危险性$^{0.8}$（危险性）×区域玉米暴露度指数$^{0.2}$（暴露度）

5）暴雨灾害水稻风险＝暴雨致灾危险性$^{0.8}$（危险性）×区域水稻暴露度指数$^{0.2}$（暴露度）

采用 ArcGIS 软件的栅格运算工具，分别加权求积得到巴林右旗暴雨灾害人口、GDP、小麦、玉米和水稻的风险评估指数。

（4）暴雨灾害风险评估与分区

依据不同承灾体风险评估结果，结合巴林右旗行政单元，采用自然断点法将风险等级划分为 1～5 级共 5 个等级，分别对应高风险、较高风险、中风险、较低风险和低风险。暴雨灾害人口和 GDP、农作物风险级别含义和色值见表 2.5—表 2.7，进而在 GIS 平台上进行风险分区制图，得到暴雨灾害对不同承灾体风险分区图。

表 2.5 暴雨灾害人口风险等级、含义和色值

风险等级	含义	色值（CMYK 值）
1	高风险	0,100,100,25
2	较高风险	15,100,85,0
3	中风险	5,50,60,0
4	较低风险	5,35,40,0
5	低风险	0,15,15,0

表 2.6　暴雨灾害 GDP 风险等级、含义和色值

风险等级	含义	色值(CMYK 值)
1	高风险	15,100,85,0
2	较高风险	7,50,60,0
3	中风险	0,5,55,0
4	较低风险	0,2,25,0
5	低风险	0,0,10,0

表 2.7　暴雨灾害农作物风险等级、含义和色值

风险等级	含义	色值(CMYK 值)
1	高风险	0,40,100,45
2	较高风险	0,0,100,45
3	中风险	0,0,100,25
4	较低风险	0,0,60,0
5	低风险	10,5,15,0

2.3　致灾因子特征分析

主要分析巴林右旗多年平均月降水量、多年雨季降水量、年暴雨日数和频次、年最大日降水量、不同重现期不同时段的最大降水量、暴雨过程和致灾因子特征以及历史灾情特征等。通过对巴林右旗暴雨致灾危险性调查数据的特征分析，了解暴雨的发生频次、强度，为进一步的危险性评估提供研究基础。

2.3.1　历史特征分析

(1)多年平均月降水量

图 2.10 是 1978—2020 年巴林右旗多年平均 3—10 月降水量，从图中可以看出巴林右旗降水集中在 6—8 月，其中 7 月是降水集中的月份。7 月降水量约占台站年降水量的 32%。6—8 月的降水量约占台站年降水量的 74%。

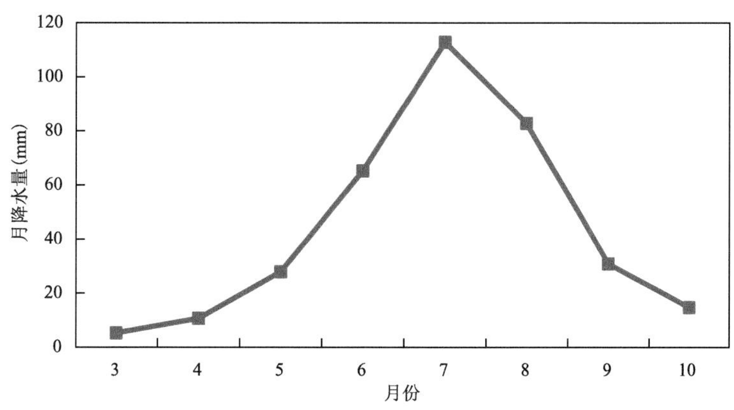

图 2.10　1978—2020 年巴林右旗多年平均 3—10 月降水量

(2)多年雨季降水量

1978—2020 年巴林右旗雨季(6—9 月)降水量为 93.5 mm(2006 年)～448.5 mm(2004 年)。43 年间巴林右旗雨季降水量呈略减少的趋势,平均每 10 年减少 5.2 mm(图 2.11)。

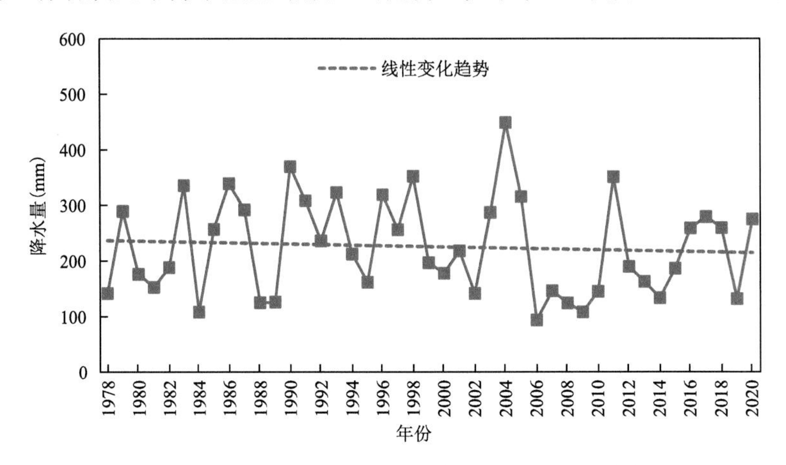

图 2.11 1978—2020 年巴林右旗雨季(6—9 月)降水量

图 2.12 是 1978—2020 年巴林右旗雨季月降水量最大值,从图中可以看出巴林右旗雨季降水最大值出现在 7 月,最大可达 316.1 mm,其次是 8 月,为 299.0 mm;6 月和 9 月的月降水量最大值也较大,均在 130 mm 以上。

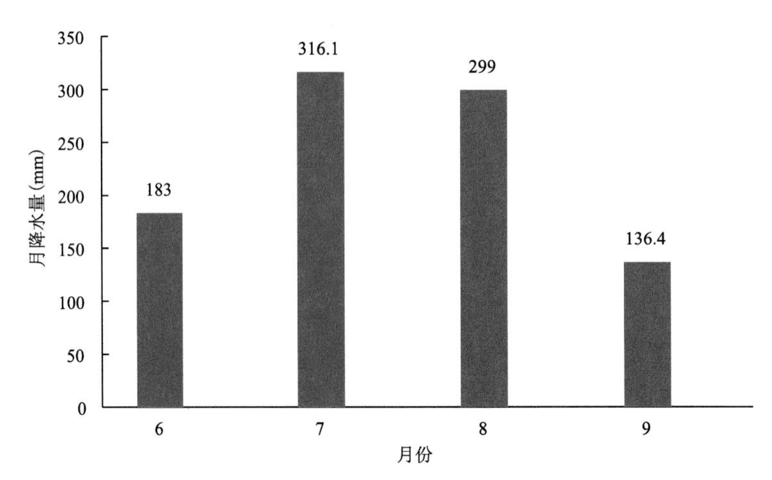

图 2.12 1978—2020 年巴林右旗雨季(6—9 月)的月最大降水量

(3)年暴雨日数

图 2.13 是 1978—2020 年巴林右旗年暴雨日数和频次。从图中可以看出巴林右旗年暴雨日数多为 1～2 d,仅有 1 年达到 3 d。43 年中共有 27 年未出现暴雨,约占 63%;年暴雨日数为 1 d 的有 11 年,约占 26%;年暴雨日数在 2 d 及以下的有 15 年,约占 35%。

图 2.14 是 1978—2020 年巴林右旗年降水距平百分率和年暴雨日数。从图中可以看出,巴林右旗年降水和年暴雨日数均无明显变化趋势,其中 2004 年的年降水距平百分率和年暴雨日数均为最大,分别为 61%和 3 d。

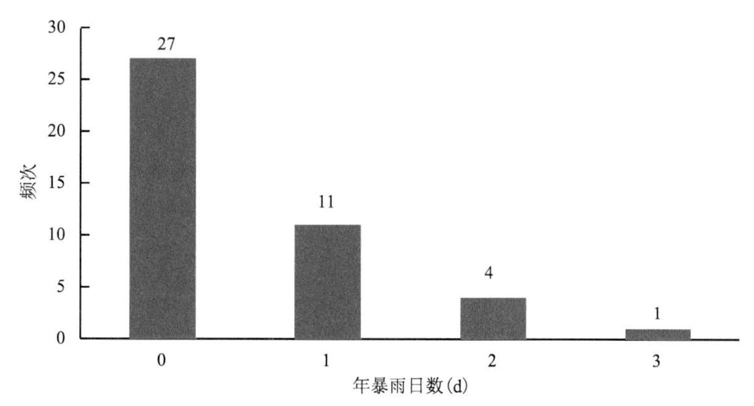

图 2.13 1978—2020 年巴林右旗年暴雨日数和频次

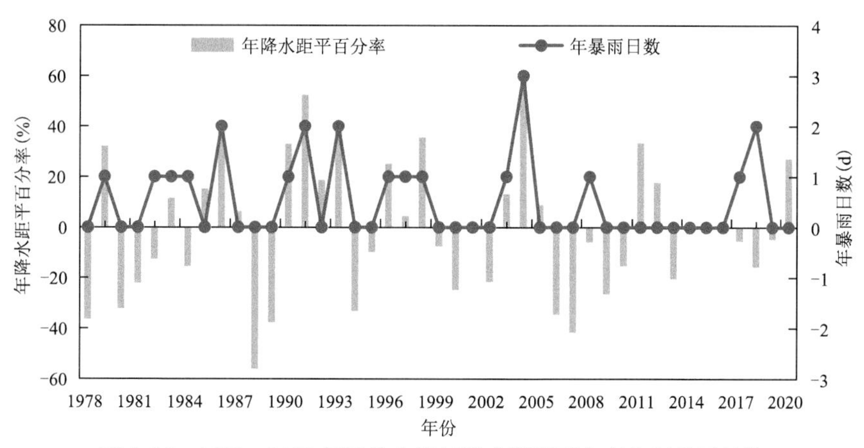

图 2.14 1978—2020 年巴林右旗年降水距平百分率和年暴雨日数

(4)年最大日降水量

图 2.15 是 1978—2020 年巴林右旗年最大日降水量变化趋势。从图中可以看出巴林右旗年最大日降水量呈略增加趋势。年最大日降水量发生在 2011 年 7 月 18 日,为 128.8 mm,其次是 2005 年 6 月 29 日,为 121.6 mm。

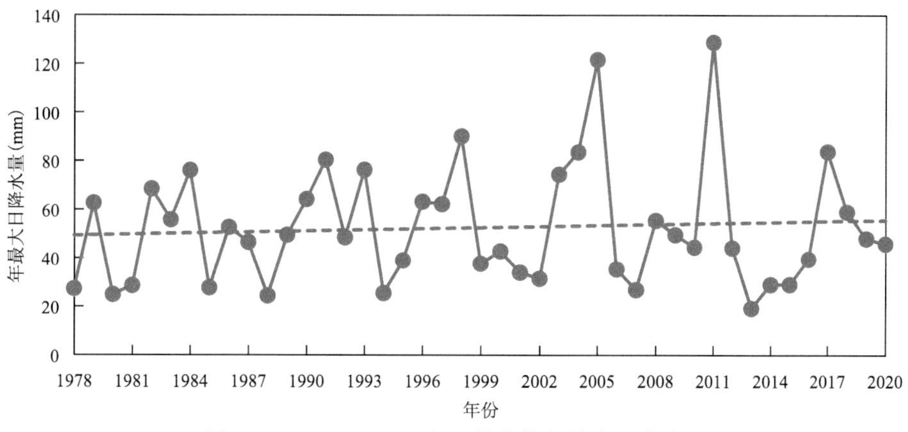

图 2.15 1978—2020 年巴林右旗年最大日降水量

(5)重现期

巴林右旗不同重现期下(5 年、10 年、20 年、50 年和 100 年一遇)不同日数和不同历时的最大降水量如图 2.16 所示。可以看出随着重现期的延长,巴林右旗最大降水量呈缓慢增大趋势,且均在 100 年一遇最大,1 d、3 d、5 d 和 10 d 在 100 年一遇的最大降水量分别为 158.0 mm、188.1 mm、232.0 mm 和 283.2 mm。1 h、3 h、6 h、12 h 和 24 h 在 100 年一遇的最大降水量分别为 87.6 mm、95.1 mm、111.0 mm、116.1 mm 和 145.7 mm。

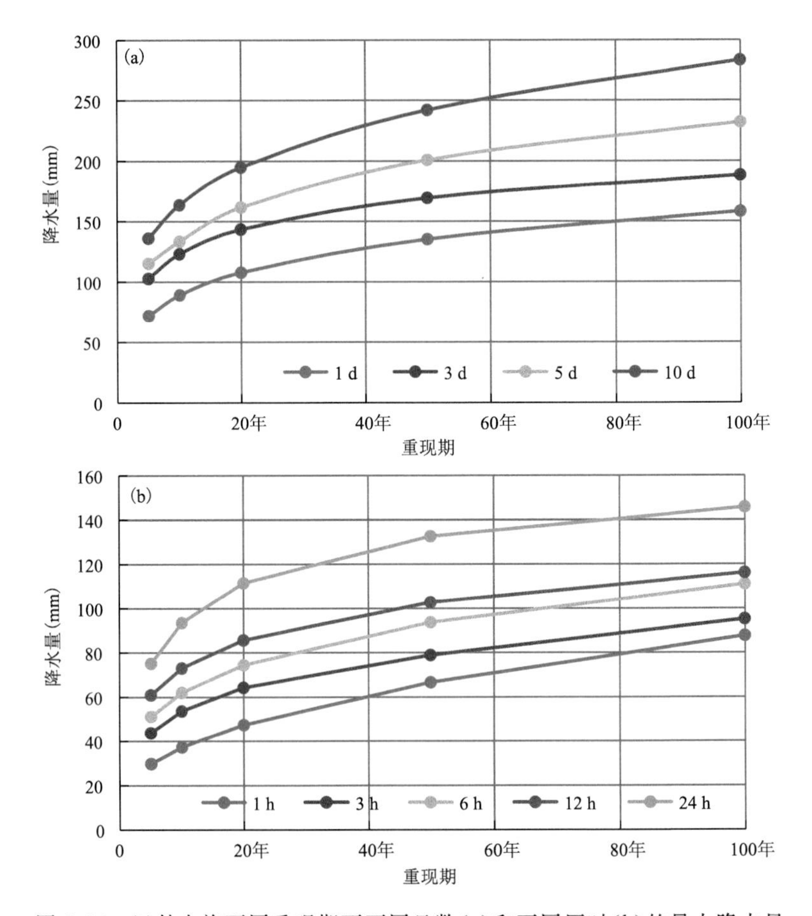

图 2.16 巴林右旗不同重现期下不同日数(a)和不同历时(b)的最大降水量

2.3.2 暴雨过程和致灾因子特征分析

1978—2020 年巴林右旗共发生 25 次暴雨过程,其中 2004 年发生 3 次,1986 年、1991 年、1993 年、2011 年和 2018 年均发生 2 次暴雨过程,共有 12 年发生 1 次暴雨过程,剩余年份均未出现暴雨过程。从最大过程降雨量来看,2011 年 7 月 18 日暴雨过程降水量最大,达到了 128.8 mm,其次是 2005 年 8 月 1 日和 1998 年 7 月 13 日,过程降水量分别为 121.6 mm 和 90.0 mm。从 3 h 最大降雨量来看,2011 年 7 月 18 日的 3 h 最大降雨量也为最大,达到 128.8 mm,且占过程降水量的 100%。其次是 2017 年,为 56.8 mm,占过程降水量的 68%(图 2.17)。

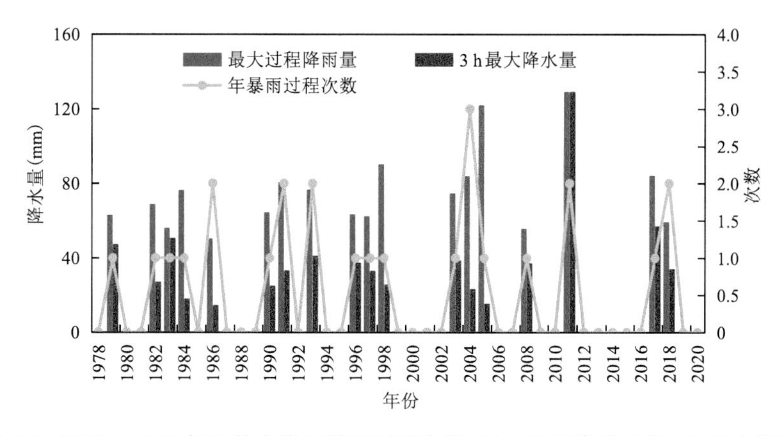

图 2.17 1978—2020 年巴林右旗年暴雨过程次数、最大过程降雨量和 3 h 最大降雨量

巴林右旗暴雨过程主要发生在 6—8 月，其中 7 月暴雨过程次数最多，为 13 次，约占 52%；其次是 8 月，为 6 次，约占 24%。7 月的最大过程降雨量和 3 h 最大降水量均为最大，均为 128.8 mm，其次是 8 月，分别为 121.6 mm 和 50.3 mm(图 2.18)。

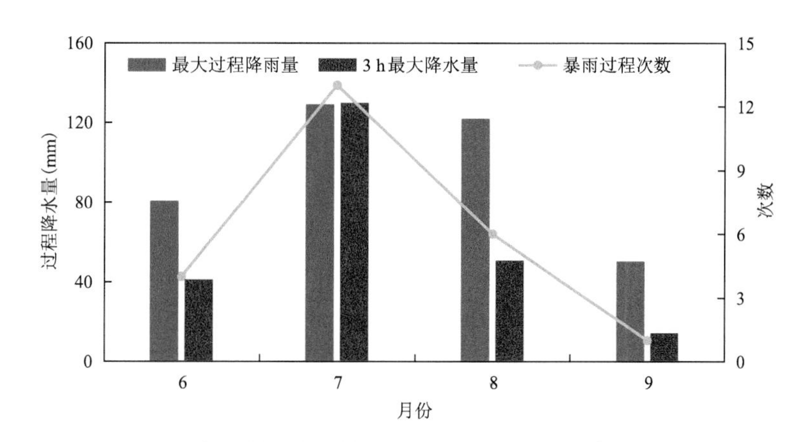

图 2.18 1978—2020 年巴林右旗月暴雨过程次数、最大过程降雨量和 3 h 最大降雨量

2.3.3 暴雨灾害历史灾情分析

从已收集到的 1978—2020 年巴林右旗暴雨灾害历史灾情数据可知(表 2.8)，总计 25 次暴雨过程，有具体灾情信息记录的 9 次。其中 2011 年发生的暴雨灾害造成的损失最大，直接经济损失达到 11300 余万元。暴雨灾害的类型主要有农业受灾、牲畜受灾、内涝、暴雨导致的房屋倒塌、损坏等。

9 次有记录的暴雨灾害事件中，巴林右旗 9 个苏木乡(镇)除了宝日勿苏镇没有发生暴雨灾害外，其他乡(镇)均发生过暴雨灾害。其中，大板镇发生次数最多，为 4 次；其次是西拉沐沦苏木，发生 2 次。

表 2.8 1978—2020 年巴林右旗暴雨灾害历史灾情

序号	开始时间（年/月/日）	结束时间（年/月/日）	灾情描述
1	1979/07/16	1979/07/16	1979 年夏涝，11 个公社遭受洪灾，死亡 4 人，倒塌房屋 1246 间、棚圈 2900 余间，淹死牲畜 449 头（只），冲走粮食 4.2 万 kg，冲毁农田 3.8 万亩，造成绝收 1.3 万亩，淹没机电井、防氟深井、人畜饮用井共 91 眼
2	1984/06/17	1984/06/17	致使牲畜死亡近 2 万头（只），全旗有 4638 户 17431 人受灾，倒房 15831 间，造成危房 5095 间，水毁草场 10.95 万亩、水利工程 6 座、渠道 40 km
3	1986/09/02	1986/09/02	有 15455 户村民受洪雹灾害，死亡 3 人、死畜 874 头（只）。水毁草场 2.05 万亩，倒房 3780 间。此外，学校、水利、交通、电业、通信等损失惨重
4	1991/06/11	1991/06/11	迫力毛都嘎查平地积水 1 m 多，致使 6500 亩农田绝收，墙倒 5000 m，房塌 150 间。西拉沐沦、巴彦尔灯、查干诺尔、巴彦塔拉苏木，农田绝收 1147 hm^2，损坏房屋 850 间，房塌 765 间
5	1993/08/02	1993/08/02	19 个苏木乡（镇）普遍受灾，63 个嘎查（村）235 个组受到洪水侵袭。最严重的是巴彦汉苏木，于 8 月 1 日至 2 日连续两次遭到洪水侵袭，3000 多亩耕地全部被冲毁，825 户 3000 多人受灾。37 户 114 间房屋倒塌。整个村庄被 2 m 深泥沙淤盖。造成直接经济损失 500 多万元。8 月 1 日凌晨，大板镇 4 h 降水量达 60 mm，造成百年不遇的特大洪灾。2350 多户进水，432 户居民住宅倒塌。旗酒厂、巴林宾馆、百兴商场、烟酒公司、农电局、供电局受灾严重，直接经济损失 2000 多万元
6	1997/07/31	1997/07/31	巴林右旗连降大暴雨，山洪暴发，受灾农作物 533.8 hm^2，全部绝收。死畜 481 头（只），水毁草场 575 亩、林地 560 亩，损失 431.1 万元
7	2003/07/18	2003/07/18	受灾 317 人，冲毁农田 1670 亩、草场 3 万亩、退耕还林地 1330 亩，冲毁饮水井 3 眼、乡村公路 5 km
8	2005/08/01	2005/08/01	8 月 1 日，巴林右旗胡日哈苏木（现西拉沐沦苏木）暴雨引发山洪，7 个村受水灾。有 100 户的 305 间房屋成危房；22 户的 64 间房屋倒塌。损失 217 万元。幸福之路苏木降暴雨 56 min 引发山洪，致使 860 户 3136 人受灾；危房 46 户 136 间，3 户 9 间房屋倒塌。冲毁防洪坝 120 m、林地 17 hm^2、草牧场 600 hm^2、农田 353 hm^2，绝收 88 hm^2，经济损失 35 万元
9	2011/07/18	2011/07/18	受灾 4751 户 15503 人；倒塌房屋 195 户 692 间；形成危房 458 户 1596 间；农作物受灾 170 hm^2，其中绝收 64 hm^2；大板镇区街道、排水设施等近百处受损；9 处在建工地受灾，其中大板镇北出口、原宾馆、党政综合楼北 3 处工地前期工作基本作废。直接经济损失 11300 余万元，其中农作物、房屋、家庭财产损失约 6100 万元；市政设施损失约 1700 万元；建筑工地损失约 3500 万元。安全转移 40 余人，未造成人员伤亡

2.4 典型过程分析

1993年7月18日至8月2日，全旗连续降雨181.7 mm，山洪暴发，河水猛涨，导致全旗19个苏木(镇)普遍受灾，63个嘎查(村)235个组受到洪水侵袭。最严重的是巴彦汉苏木，8月1日至2日连续两次遭到洪水侵袭，3000多亩耕地全部被冲毁，825户3000多口人受灾。37户114间房屋倒塌。整个村庄被2 m深泥沙淤盖，造成直接经济损失500多万元。8月1日凌晨，大板镇4 h降水量达60 mm，造成百年不遇的特大洪灾。2350多户进水，432户居民住宅倒塌。旗酒厂、巴林宾馆、百兴商场、烟酒公司、农电局、供电局受灾严重。造成直接经济损失2000多万元。

2011年7月18日09时14分至13时24分，受高空冷涡影响，巴林右旗大板镇出现局地性大暴雨，3 h降水量达130.8 mm，引发山洪暴发进城，造成城市内涝。导致受灾4751户15503人；倒塌房屋195户692间；形成危房458户1596间；农作物受灾170 hm^2，其中绝收64 hm^2；大板镇区街道、排水设施等近百处受损；9处在建工地受灾，其中大板镇北出口、原宾馆、党政综合楼北3处工地前期工作基本作废。直接经济损失11300余万元，其中农作物、房屋、家庭财产损失约6100万元；市政设施损失约1700万元；建筑工地损失约3500万元。安全转移40余人，未造成人员伤亡。

2.5 致灾危险性评估

基于巴林右旗暴雨致灾危险性指数，综合考虑行政区划，采用自然断点法将暴雨致灾危险性进行空间单元的划分，共划分为4个等级(表2.9)，并绘制巴林右旗暴雨致灾危险性评估图。

表2.9 巴林右旗暴雨灾害致灾危险性等级

危险性等级	含义	指标
4	低危险性	0.19～0.45
3	较低危险性	0.45～0.60
2	较高危险性	0.60～0.75
1	高危险性	0.75～1.00

由图2.19可知，巴林右旗暴雨致灾危险性总体呈“南高北低”分布特征，这一分布特征与年雨涝指数分布特征一致，其中暴雨灾害危险性高等级区主要位于查干诺尔镇、大板镇北部和东部以及西拉沐沦苏木南部地区，而低等级区主要位于幸福之路苏木和巴彦琥硕镇部分地区。

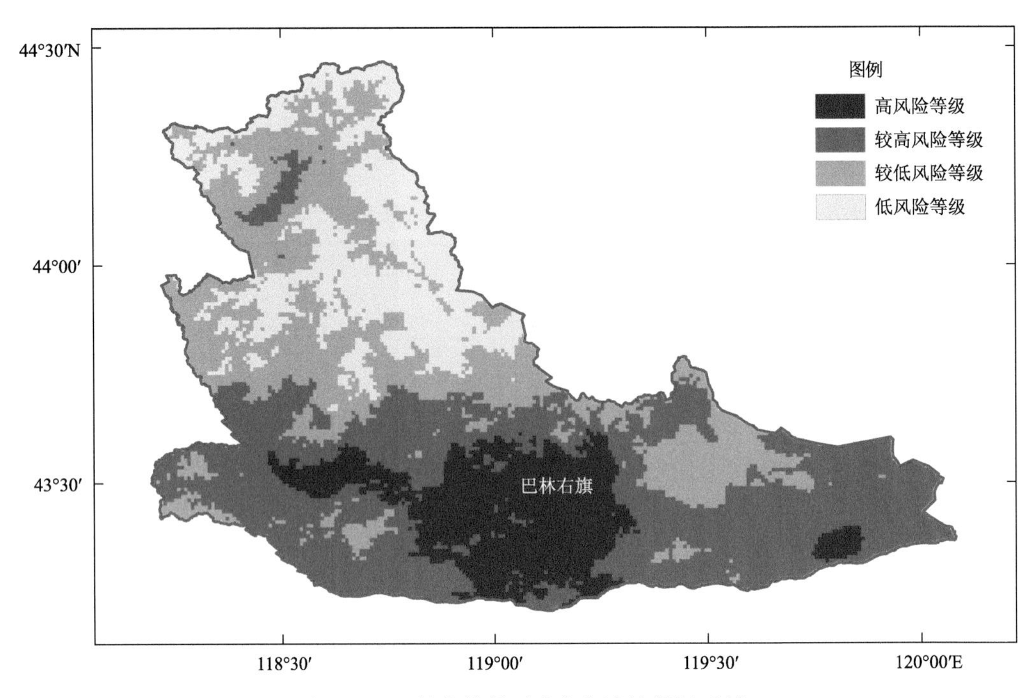

图 2.19 巴林右旗暴雨致灾危险性等级区划

2.6 灾害风险评估与区划

2.6.1 人口风险评估与区划

基于巴林右旗暴雨灾害人口风险评估指数，结合行政单元进行空间划分，采用自然断点法将风险等级划分为 5 个等级(表 2.10)，并分别绘制巴林右旗暴雨灾害人口风险区划图。

表 2.10 巴林右旗暴雨灾害人口风险等级

风险等级	含义	指标
5	低风险	0～0.11
4	较低风险	0.11～0.27
3	中风险	0.27～0.36
2	较高风险	0.36～0.54
1	高风险	0.54～0.83

由图 2.20 可知，巴林右旗暴雨灾害人口风险空间分布特征与其人口密度分布特征类似，即人口越集中的地区受灾人口风险越高。暴雨灾害人口风险主要集中在城区和河流主河道附近，其中暴雨灾害人口风险高等级区主要位于大板镇北部城区，其他地区相对较低。

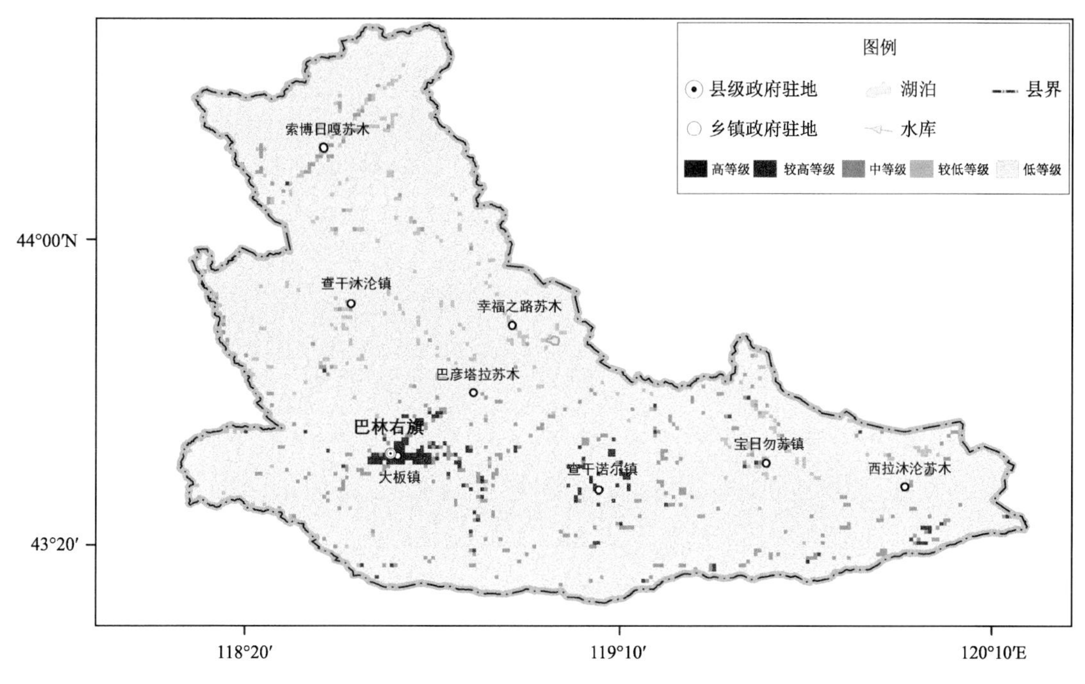

图 2.20 巴林右旗暴雨灾害人口风险等级区划

2.6.2 GDP 风险评估与区划

基于巴林右旗暴雨灾害 GDP 风险评估指数，结合行政单元进行空间划分，采用自然断点法将风险等级划分为 5 个等级(表 2.11)，并绘制巴林右旗暴雨灾害 GDP 风险区划图。

表 2.11 巴林右旗暴雨灾害 GDP 风险等级

风险等级	含义	指标
5	低风险	0～0.12
4	较低风险	0.12～0.27
3	中风险	0.27～0.36
2	较高风险	0.36～0.52
1	高风险	0.52～0.83

由图 2.21 可知，巴林右旗暴雨灾害 GDP 风险空间分布特征与其 GDP 密度分布特征基本一致，即 GDP 越集中的地区 GDP 损失风险越高。暴雨灾害 GDP 风险主要集中在城区，其中暴雨灾害 GDP 风险高等级区主要位于大板镇北部、查干诺尔镇中部和西拉沐沦苏木中部的城区，其他地区相对较低。

2.6.3 农业风险评估与区划

基于巴林右旗暴雨灾害小麦、玉米和水稻的风险评估指数，结合行政单元进行空间划分，采用自然断点法将风险等级划分为 5 个等级(表 2.12—表 2.14)，分别对应高风险(1 级)、较

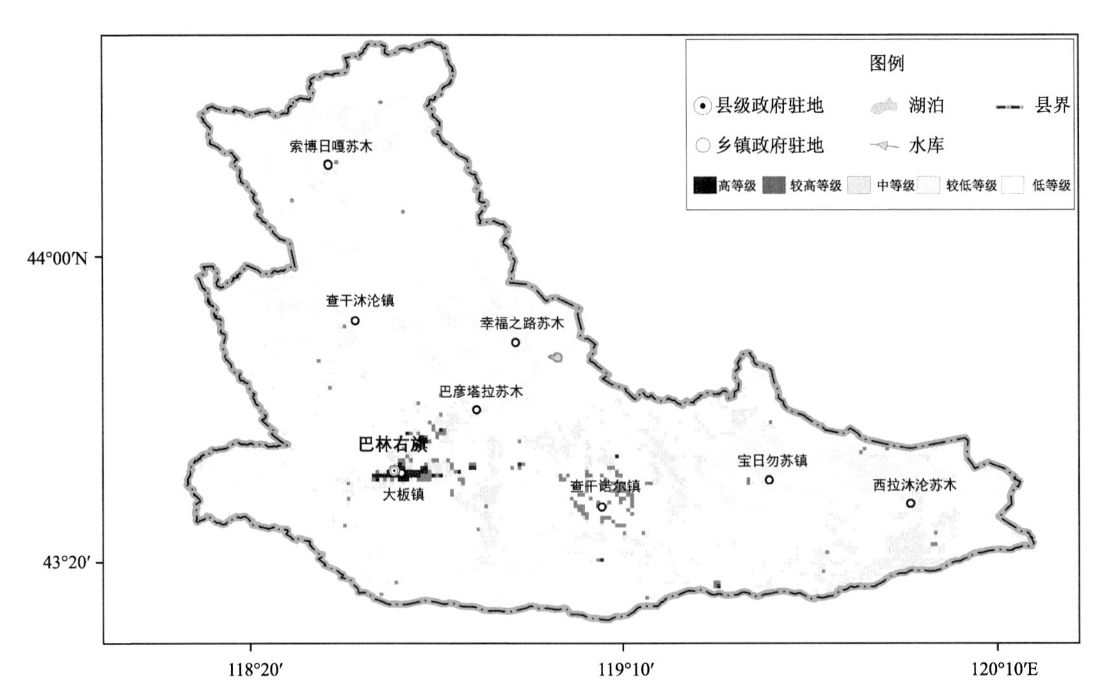

图 2.21　巴林右旗暴雨灾害 GDP 风险等级区划

高风险(2 级)、中等风险(3 级)、较低风险(4 级)和低风险(5 级),并绘制巴林右旗暴雨灾害小麦、玉米和水稻的风险区划图。

表 2.12　巴林右旗暴雨灾害小麦风险等级

风险等级	含义	指标
5	低风险	0～0.04
4	较低风险	0.04～0.14
3	中风险	0.14～0.28
2	较高风险	0.28～0.43
1	高风险	0.43～0.65

表 2.13　巴林右旗暴雨灾害玉米风险等级

风险等级	含义	指标
5	低风险	0～0.07
4	较低风险	0.07～0.21
3	中风险	0.21～0.34
2	较高风险	0.34～0.48
1	高风险	0.48～0.75

表 2.14 巴林右旗暴雨灾害水稻风险等级

风险等级	含义	指标
5	低风险	0～0.07
4	较低风险	0.07～0.25
3	中风险	0.25～0.49
2	较高风险	0.49～0.68
1	高风险	0.68～0.84

由图 2.22—图 2.24 可知，巴林右旗暴雨灾害小麦、玉米和水稻风险空间分布分别与小麦、玉米和水稻暴露度指数的空间分布基本一致，主要集中在种植区。暴雨灾害小麦的高风险区主要位于北部的索博日嘎苏木种植区；玉米的高风险区范围较大，主要位于巴林右旗中部和南部的大板镇、查干诺尔镇、西拉沐沦苏木等种植区；水稻的高风险区范围很小，主要位于大板镇东部的种植区，其他种植区风险相对较低。

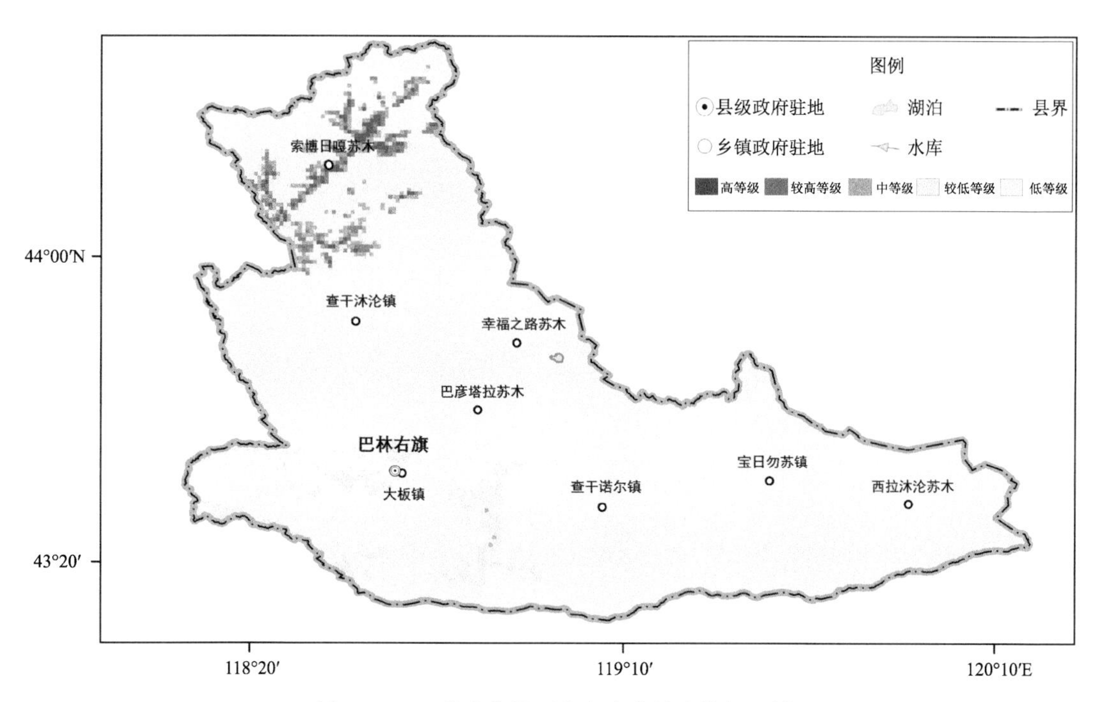

图 2.22 巴林右旗暴雨灾害小麦风险等级区划

2.7 小结

1978—2020 年巴林右旗共发生 25 次暴雨过程，主要发生在 6—8 月，其中 7 月暴雨过程次数最多，为 13 次，约占 52%。2004 年发生过 3 次，有 5 年发生过 2 次，有 12 年发生 1 次，剩余年份均未出现暴雨过程。最大过程降雨量和 3 h 最大降雨量的极大值均出现在 2011 年 7 月 18 日，均达到 128.8 mm，且 3 h 最大降雨量占过程降水量的 100%；7 月的最大过程降雨量和 3 h 最大降水量均为最大，均为 128.8 mm。

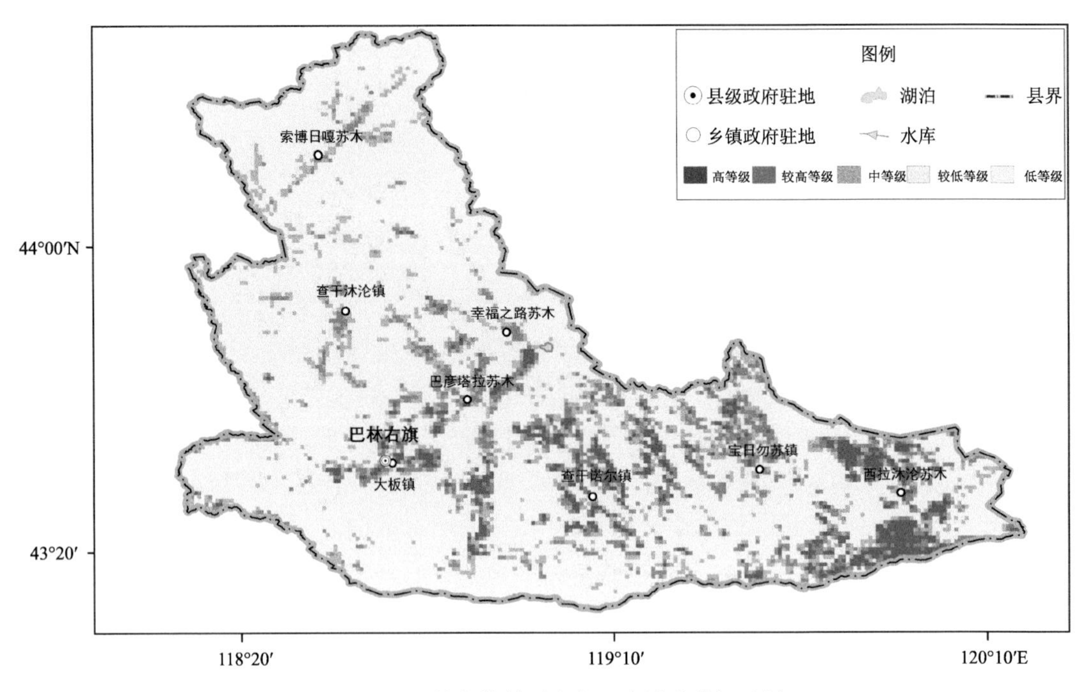

图 2.23 巴林右旗暴雨灾害玉米风险等级区划

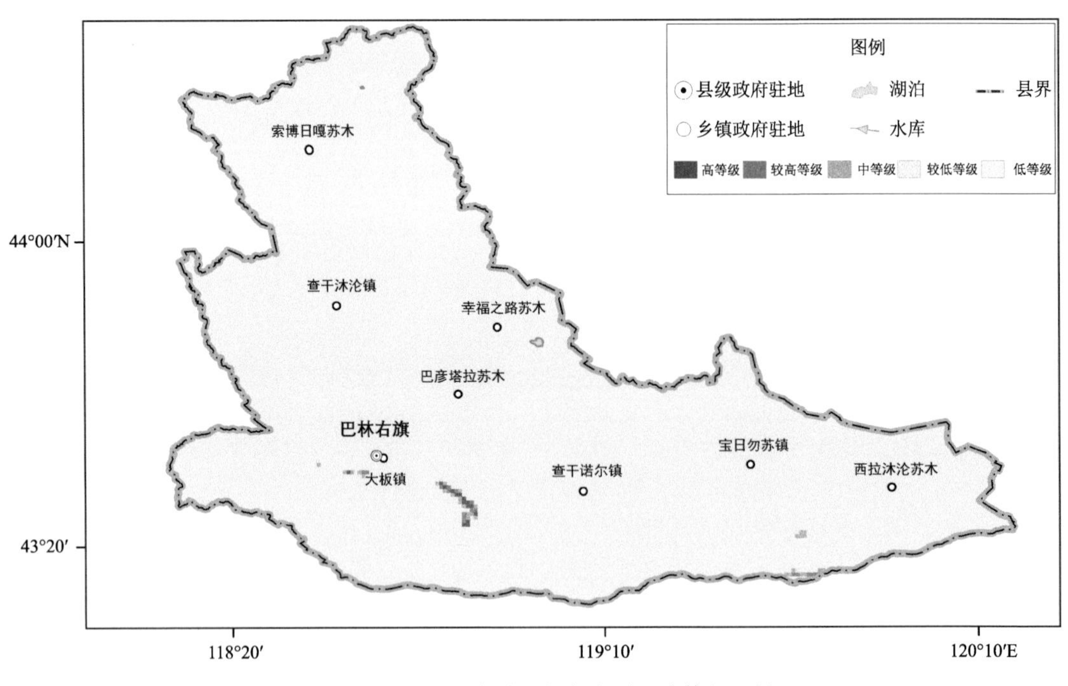

图 2.24 巴林右旗暴雨灾害水稻风险等级区划

收集到的 9 次有灾情记录的暴雨灾害事件中，巴林右旗 9 个乡(镇)除了宝日勿苏镇没有发生暴雨灾害外，其他乡(镇)均过发生暴雨灾害。巴林右旗西南部是主要暴雨灾害受灾地区，其中大板镇发生次数最多，为 4 次；其次是西拉沐沦苏木，发生 2 次。暴雨灾害的类型主要有农业受灾、牲畜受灾、内涝、暴雨导致的房屋倒塌、损坏等,其中2011年发生的暴雨灾害造成的损失最大,直接经济损失达到11300余万元。

巴林右旗暴雨致灾危险性总体呈“南高北低”分布特征,其中暴雨高危险区主要位于大板镇北部和东部、查干诺尔镇和西拉沐沦苏木南部地区。暴雨灾害人口和GDP风险主要集中在城区和河流主河道附近,其中大板镇北部、查干诺尔镇中部、宝日勿苏镇中部和西拉沐沦苏木中部的城区暴雨灾害人口和GDP风险较高,其他地区相对较低。暴雨灾害小麦的高风险区主要位于索博日嘎苏木种植区,玉米的高风险区主要位于大板镇、查干诺尔镇、西拉沐沦苏木等种植区,而水稻的高风险区主要位于大板镇东部的种植区,其他种植区风险相对较低。

由于巴林右旗范围内只有1个国家级地面气象观测站,为了增加站点密度,新增了5个区域自动气象站,但区域气象站的观测年限短,仅有5年,为了保证数据的一致,因此计算巴林右旗年雨涝指数时统计时段统一采用2016—2020年的降水数据,降水序列较短,因此目前内蒙古降水资料的精度一定程度影响了致灾因子的确定和暴雨致灾危险性指数的计算。同时,由于收集到与巴林右旗暴雨过程相匹配的灾情条数较少(仅收集到9条),且其中绝大部分灾情灾害过程的信息不完整或无法分离出对应受灾乡(镇)的灾情数据,特别是受灾人口、死亡人口、农作物受灾面积、直接经济损失与当年当地的总人口、GDP和农作物种植面积等主要承灾体脆弱性评估数据缺失,导致巴林右旗人口、GDP和农业的风险评估与区划过程中无法考虑承灾体脆弱性,从而对巴林右旗人口、GDP和农业风险评估与区划结果的准确性造成一定影响,存在一定的不确定性。

第3章 干 旱

3.1 气象干旱

3.1.1 数据

3.1.1.1 气象数据

致灾因子调查所用气象数据来自巴林右旗国家级气象站历史气象观测资料，包括：降水量、气温、日照、风速、相对湿度、蒸发量、土壤湿度等。

评估与区划所用气象数据来自中国第一代全球陆面再分析产品（CRA）中巴林右旗行政区划范围内及周边区域的格点数据，分辨率为 34 km×34 km，包括：降水量、气温。

3.1.1.2 地理信息数据

行政区划数据为国务院普查办下发的内蒙古旗（县）边界，提取其中的巴林右旗行政边界。

数字高程模型（DEM）数据为空间分辨率为 90 m 的 SRTM（Shuttle Radar Topography Mission）数据。

3.1.1.3 社会经济数据

社会经济数据来源于国务院普查办共享的巴林右旗人口和 GDP 标准格网数据，空间分辨率为 30″×30″。

3.1.1.4 灾情数据

灾情数据来自巴林右旗调查数据，包括干旱灾害历年（次）受灾面积、绝收面积、受灾人口、直接经济损失等，空间尺度为县域，时间范围为 1978—2020 年。

3.1.2 技术路线及方法

气象干旱风险评估与区划工作总体上分为 3 部分工作内容：

（1）致灾因子危险性调查，包括基础数据的收集及预处理、干旱过程客观识别、干旱过程及灾情的匹配核查。

（2）干旱危险性评估，基于 MCI（气象干旱综合指数），通过计算不同重现期年干旱过程总累计强度阈值，利用熵权法确定权重并加权，综合海拔高度数据加权综合成为干旱危险性评估指数，并进行干旱致灾危险性等级划分，最终绘制干旱危险性评估图。

（3）干旱灾害风险评估，基于多指标权重综合分析法，结合干旱危险性、暴露度和脆弱性，计算干旱风险评估指数，并进行干旱风险评估等级划分，最终绘制干旱直接经济损失/受灾人口风险评估图。

总体技术路线如图 3.1。

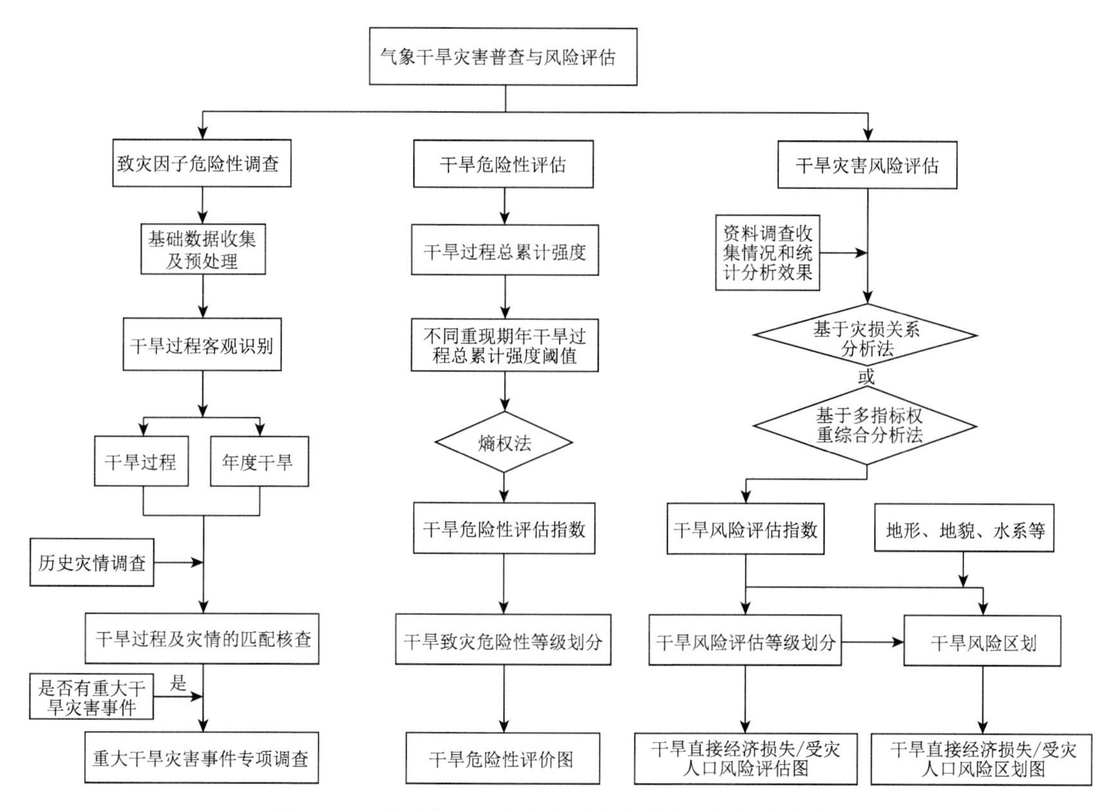

图 3.1 内蒙古气象干旱灾害风险评估与区划技术路线图

3.1.2.1 致灾过程确定

1. 气象干旱指数的选取及计算

选取气象干旱综合指数作为基础指标，该指标可进行逐日干旱监测。计算方法参见《气象干旱等级》(GB/T 20481—2017)。

2. 干旱过程识别

干旱过程识别以 MCI 为基础指标。试点旗(县)气象干旱过程识别采用单站干旱过程识别方法。具体如下：当某站连续 15 d 及以上出现轻旱及以上等级干旱，且至少有 1 d 干旱等级达到中旱及以上，则判定为发生一次干旱过程。干旱过程时段内第一次出现轻旱的日期，为干旱过程开始日；干旱过程发生后，当连续 5 d 干旱等级为无旱或偏湿时，则干旱过程结束，干旱过程结束前最后一天干旱等级为轻旱或以上的日期为干旱过程结束日。某站点干旱过程开始日到结束日(含结束日)的总天数为该站干旱过程日数。在此基础上计算单站干旱过程强度。

3.1.2.2 致灾因子危险性评估

1. 危险性指数确定

基于选取的致灾因子，采用反映干旱强度、发生频率多指标权重综合分析方法，开展危险性评估：

$$H = \sum_{i=1}^{n} X_i W_i$$

式中，X_i、W_i 分别为危险性指标的标准化值和权重，i 为危险性的第 i 个指标；H 为危险性指数。选取的危险性指标包括基于年过程总累计强度的干旱危险性指数及海拔高度。

基于 MCI,统计年尺度干旱过程总累计强度,分析不同重现期的年干旱过程总累计强度的阈值。年干旱过程总累计强度为年尺度内多次干旱过程中的累计干旱强度的总和,日干旱等级可为轻旱或中旱等级及以上。该指标是可以反映干旱时长和强度的综合指标。具体统计方法如下:

$$\mathrm{SMCI} = \sum_{j=1}^{m}\sum_{i=1}^{n}\mathrm{MCI}_{ij}$$

式中,SMCI 为单站年多次干旱过程累计干旱强度(绝对值),MCI_{ij} 为 j 干旱过程中第 i 天气象干旱综合指数,n 为 j 干旱过程持续天数,m 为站点年干旱过程数。

基于年尺度历史序列,采用百分位法计算 99%、95%、90%、80%等百分位对应的阈值,分别得到 5 年、10 年、20 年、50 年、100 年一遇的阈值 T_5、T_{10}、T_{20}、T_{50}、T_{100}。基于年过程总累计强度的干旱危险性指数可以用下式表达:

$$H_{\mathrm{SMCI}} = a_1 \times T_5 + a_2 \times T_{10} + a_3 \times T_{20} + a_4 \times T_{50} + a_5 \times T_{100}$$

式中,a_1、a_2、a_3、a_4、a_5 分别代表 5 年、10 年、20 年、50 年、100 年一遇阈值权重。

2. 权重确定方法

指标权重可采用下式方法计算,综合考虑主、客观方法。

$$W_j = \frac{\sqrt{W_{1j} \times W_{2j}}}{\sum \sqrt{W_{1j} \times W_{2j}}}$$

式中,W_j 为指标 j 的综合权重;W_{1j} 为指标 j 的主观权重,采用层次分析法获取;W_{2j} 为指标 j 的客观权重,采用信息熵赋权法计算。

3. 归一化方法

分析中,各要素及其包含的具体指标间的量纲和数量级都不同。为了消除这种差异,使各指标间具有可比性,需要对每个指标做归一化处理。归一化出来后的指标值均位于 0.5~1 之间。

指标归一化的计算公式:

$$D_{ij} = 0.5 + 0.5(A_{ij} - \min_i)/(\max_i - \min_i)$$

式中,D_{ij} 是 j 区第 i 个指标的规范化值;A_{ij} 是 j 区第 i 个指标值;$\min_i$ 和 $\max_i$ 分别是第 i 个指标值中的最小值和最大值。

4. 干旱致灾危险性等级划分

根据干旱危险性指数大小,按照自然断点法进行等级划分,划分为 1~4 级共 4 个等级,分别对应高危险、较高危险、较低危险、低危险等级。

3.1.2.3 风险评估与区划

基于干旱灾害风险原理,干旱灾害风险(RI)由致灾因子危险性(H)、承灾体暴露度(E)、承灾体脆弱性(V)构成。因此,干旱灾害风险的表达式为:

$$\mathrm{RI} = H \times E \times V$$

根据资料调查收集情况和统计分析效果择优选取方法:第 1 种是基于灾损关系的风险评估方法;第 2 种是基于多指标权重综合分析的风险评估方法。本次气象干旱灾害风险评估选用方法 2:基于危险性指标,选择代表不同承灾体暴露度和脆弱性的指标,采用多指标权重综合分析的方法，分别开展直接经济损失、受灾人口干旱风险评估。

1. 干旱危险性指数计算

经济、人口干旱危险性指数计算参见 3.1.2.1 节中的方法。

2. 干旱灾害暴露度指数

采用区域范围内人口密度、地均 GDP 作为评价指标来表征人口、经济承灾体暴露度，以下式表示：

$$E = \frac{S_m}{S} \times 100\%$$

式中，S_m 为某区域内承灾体的数量，m 为第 m 个指标，针对人口、经济，S 为区域多年平均人口、地区 GDP；S 为区域总面积。

3. 干旱脆弱性指数

人口和经济干旱脆弱性以灾损率表示。围绕经济、人口承灾体，选择相应的年度或过程干旱灾情损失指标，如：干旱直接经济损失、干旱受灾人口等，结合历年经济 GDP、人口等社会经济统计资料，基于县域尺度，计算相应的灾损率。计算公式如下：

干旱直接经济损失率＝干旱直接经济损失/区域生产总值

干旱受灾人口损失率＝干旱受灾人口/区域总人口

4. 干旱风险评估等级划分

基于风险评估指数，根据研究范围，按照自然断点法进行等级划分，共分为 1～5 级共 5 个等级，分别对应高风险、较高风险、中风险、较低风险、低风险等级。

3.1.3 致灾因子特征分析

巴林右旗地貌类型从北向南由中山山地逐渐过渡到低山丘陵和倾斜冲积平原。热量分布随海拔高度从北部向东南逐渐递增，降水分布随地势及植被的变化自北向南逐渐递减，属于半干旱地区，降水量少、气候干燥，使得干旱成为农牧业生产的主要灾害之一。

3.1.3.1 历次气象干旱过程特征

从历次气象干旱过程特征（图 3.2）来看，巴林右旗 1978—2020 年共发生气象干旱过程 45 次，年干旱过程发生次数 0～2 次（1978、1982、1983、1984、1995、2000、2002、2005、2006、2010、

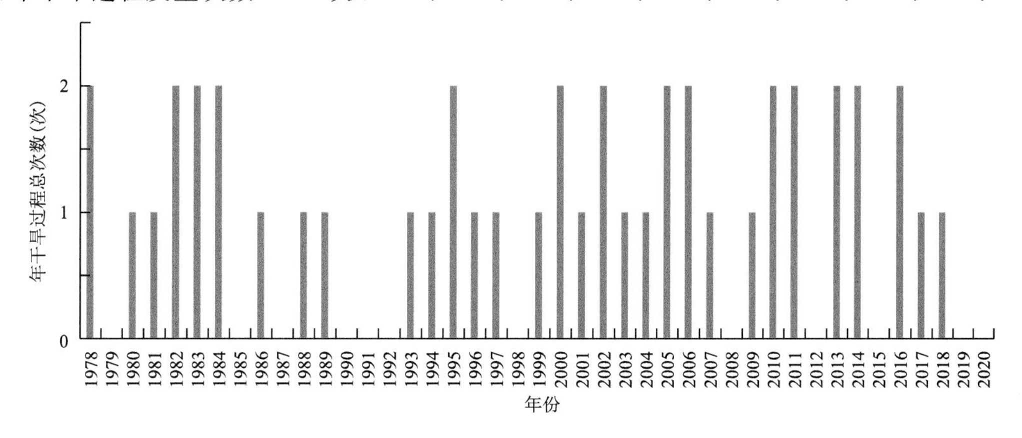

图 3.2 1978—2020 年巴林右旗年干旱过程总次数变化

2011、2013、2014、2016 年)，过程持续天数为 14～177 d(1988 年)，过程最长连续无降水日数为 4 d(1981、1997、2005、2013 年)～25 d(2005 年)。过程强度等级以一般干旱过程为主，共发生 23 次，占总次数的 51%；较强、强、特强干旱过程分别发生 12、8、2 次，分别占总次数的 27%、18%、4%。

分析干旱过程累计降水量，多数干旱过程在结束前，至少经历过一次明显的降水过程；部分干旱过程由于旱情强度轻，较小的降水过程对旱情就有所缓解。从各次过程降水距平百分比来看，大多数干旱过程的降水百分比均为负值(图 3.3)。

分析过程平均气温，多数干旱过程在发生干旱期间，平均气温较常年同期偏高，部分过程偏高 2.0～3.3 ℃(图 3.4)。

可见降水量偏少、气温偏高是导致干旱过程出现的主要原因。

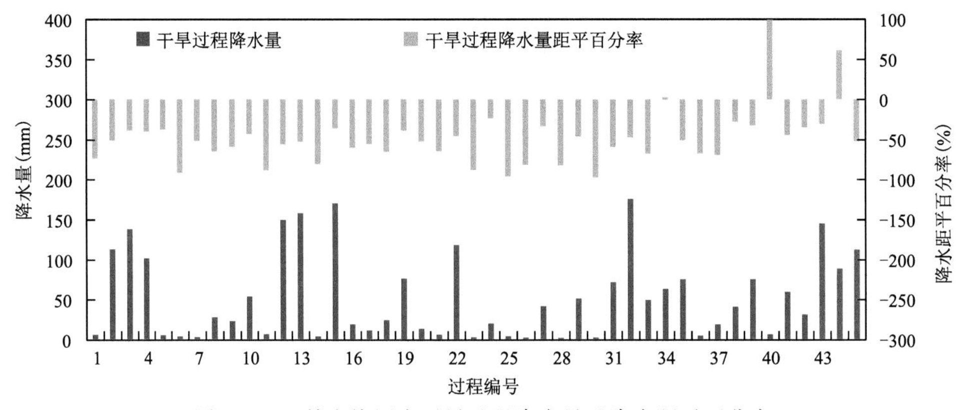

图 3.3 巴林右旗历次干旱过程降水量及降水距平百分率

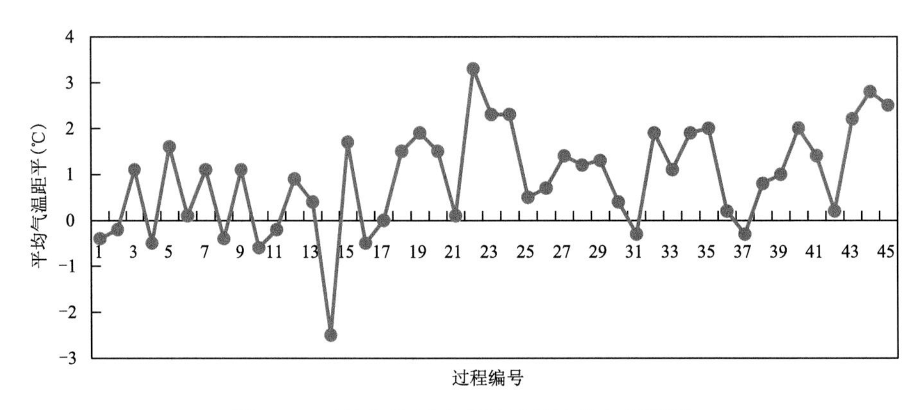

图 3.4 巴林右旗历次干旱过程平均气温距平

分析历次过程发生时间，开始时间主要集中在 3—9 月，总体上以 4 月开始居多，占 36.4%；其次为 5 月和 6 月，均占 18.2%。结束时间主要集中在 4—10 月，总体上以 5 月和 6 月结束居多，均占 20.5%，其次为 9 月和 10 月，均占 15.9%。春旱共发生 12 次，占总过程次数的 26.7%；夏旱共发生 7 次，占总过程次数的 15.6%；秋旱共发生 2 次，占 4.4%；春夏连旱共发生 11 次，占总过程次数的 24.4%；夏秋连旱共发生 11 次，占总过程次数的 24.4%；春夏秋连旱共发生 3 次，占总过程次数的 6.7%。

3.1.3.2 年度气象干旱特征

从年度气象干旱特征看，年降水量为158.6 mm(1988年)～582.5 mm(2004年)，最长连续干旱日数为0～181 d(1988年)。轻旱日数平均每年出现39 d，最多年份出现在1994年(89 d)；中旱日数平均每年出现20 d，最多年份出现在2007年(79 d)；重旱日数平均每年出现8 d，最多年份出现在1989年(55 d)；特旱日数平均每年出现5 d，最多年份出现在2018年(45 d)。干旱过程发生频率为1.0次/a，其中一般干旱过程0.5次/a、较强干旱过程0.3次/a、强干旱过程0.2次/a、特强干旱过程0.1次/a(图3.5、图3.6)。

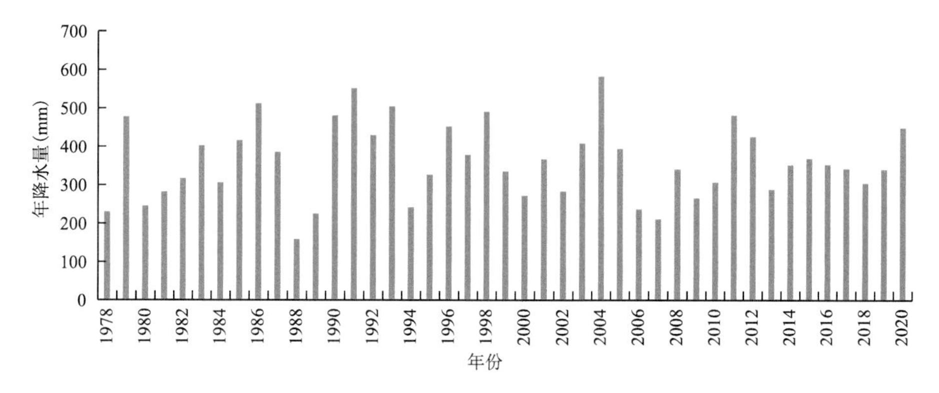

图3.5 1978—2020年巴林右旗年降水量

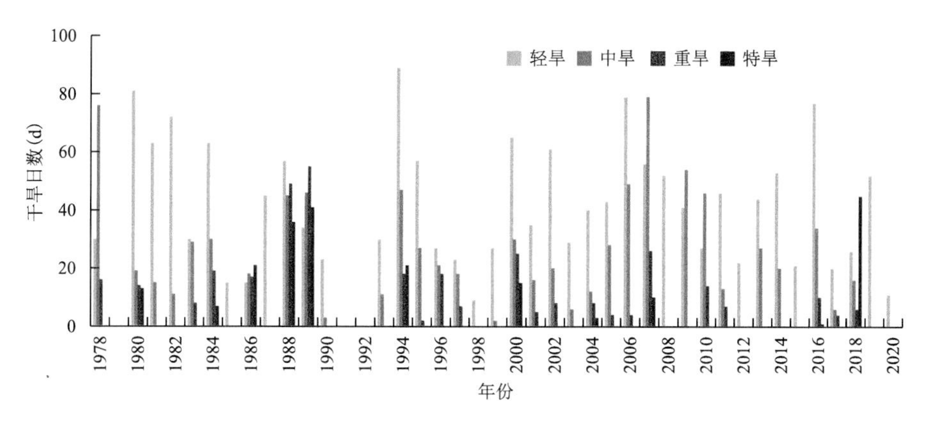

图3.6 1978—2020年巴林右旗年干旱日数

分析干旱日数年变化趋势，干旱日数总体呈波动变化趋势。其中，1988、1989、1994、2007年干旱日数150～200 d；1978、1980、1984、2000、2006、2016年干旱日数100～150 d。1988年干旱日数最多，为187 d；1998年干旱日数最少，为9 d；1979、1991、1992年未出现干旱(图3.7)。

分析年轻旱日数特征，1980、1994年轻旱日数在80 d以上，1981、1982、1984、2000、2002、2006、2016年轻旱日数在60～80 d之间，1994年轻旱日数最多(89 d)，1998年轻旱日数最少(9 d)，1979、1991、1992年无轻旱。1985、1987、1998、2008、2012、2015、2019、2020年轻旱占比最大，均为100%；1989年最小，为19.3%；轻旱占比的平均值为64.9%(图3.8)。

分析年中旱日数特征，2007、1978年中旱日数在60 d以上，1988、1989、1994、2006、2009、2010年中旱日数在40～60 d之间；2007年中旱日数最多，为79 d；1999年中旱日数最少，仅为

2 d;共有 11 年未出现中旱。1978 年中旱占比最大,为 62.3%;1999 年占比最小,为 6.9%;中旱占比的平均值为 22.9%(图 3.9)。

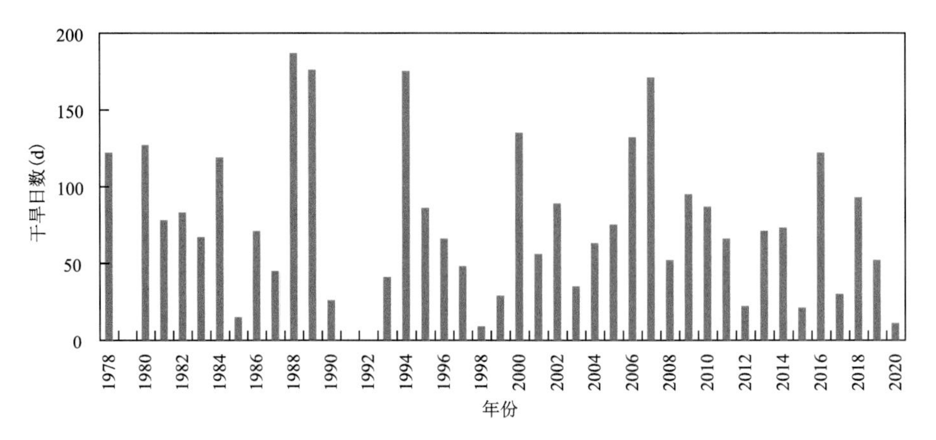

图 3.7 1978—2020 年干旱总日数

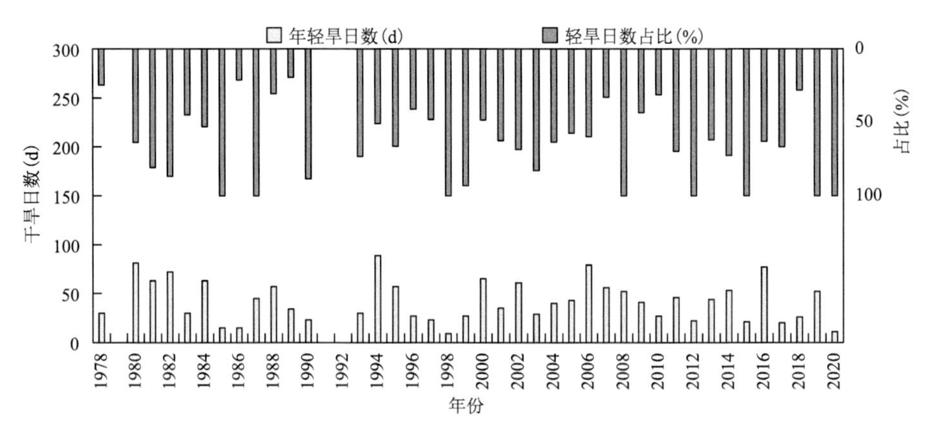

图 3.8 1978—2020 年轻旱日数及占比

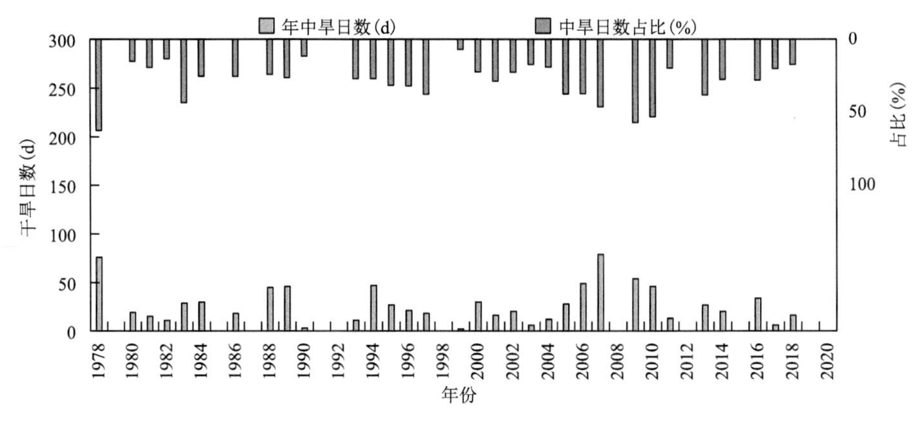

图 3.9 1978—2020 年中旱日数及占比

分析年重旱日数特征，1988、1989 年重旱日数在 40 d 以上；2000、2007 年重旱日数为 20～40 d。1989 年重旱日数最多，为 55 d；1995 年重旱日数最少，仅为 2 d；共有 20 年未出现重旱。1989 年重旱占比最大，为 31.3%；1995 年最小，为 2.3%；重旱占比平均值为 7.9%(图 3.10)。

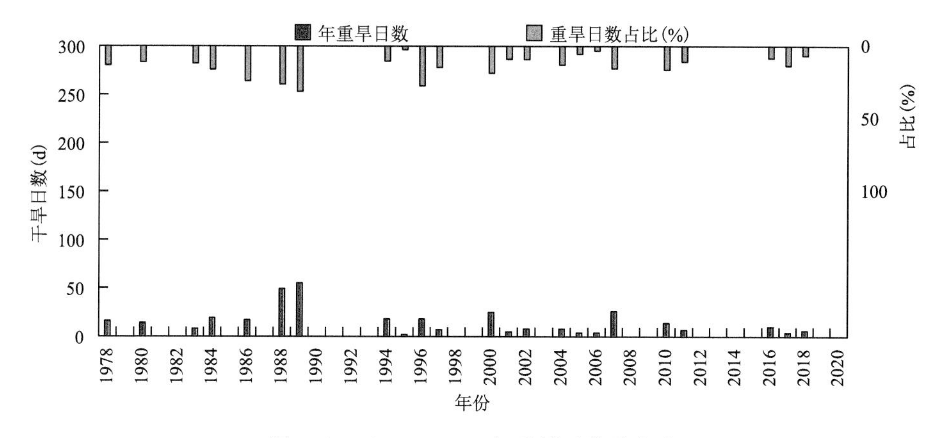

图 3.10 1978—2020 年重旱日数及占比

分析年特旱日数特征，1986、1988、1989、1994、2018 年特旱日数在 20 d 以上；2018 年特旱日数最多，为 45 d；2016 年特旱日数最少，为 1 d；共有 32 年未出现特旱。2018 年特旱占比最大，为 48.4%；2016 年最小，为 0.8%；特旱占比的平均值为 4.3%(图 3.11)。

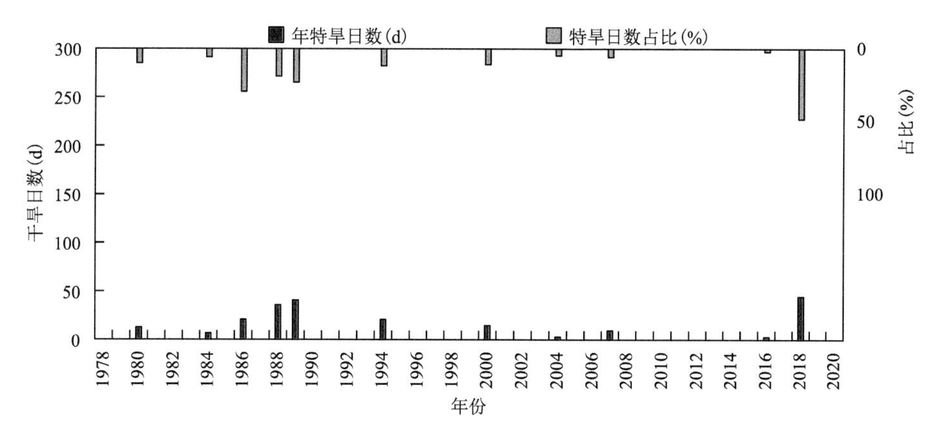

图 3.11 1978—2020 年特旱日数及占比

3.1.3.3 历史灾情特征

分析历史干旱直接经济损失，总体呈波动式上升趋势，其中 2005 年干旱损失 6 亿元，为历史之最；1999、2006 年直接经济损失 3 亿元左右，其余年份干旱灾害直接经济损失均低于 1 亿元(图 3.12)。

分析历史干旱受灾人口，2007—2009 年受灾人口最多，2009 年受灾人口 4.2 万以上，2016 年受灾 4.1 万余人，2000 年受灾人口 4 万，其余年份干旱灾害受灾人口均低于 4 万(图 3.13)。

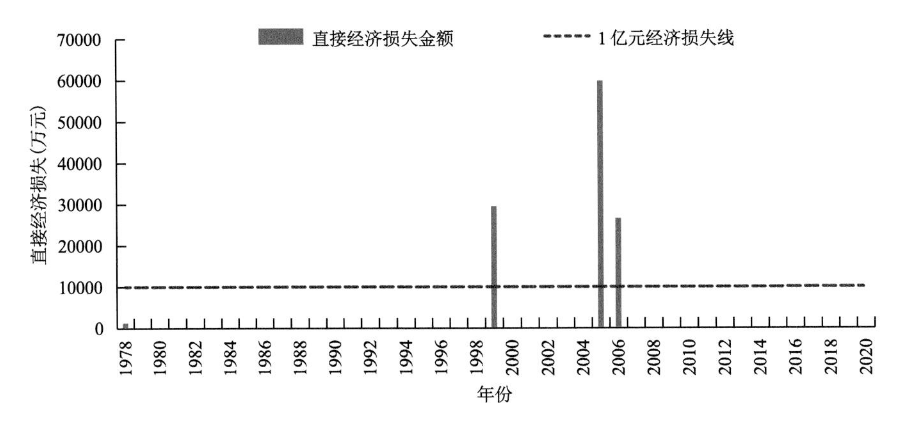

图 3.12 1978—2020 年干旱直接经济损失

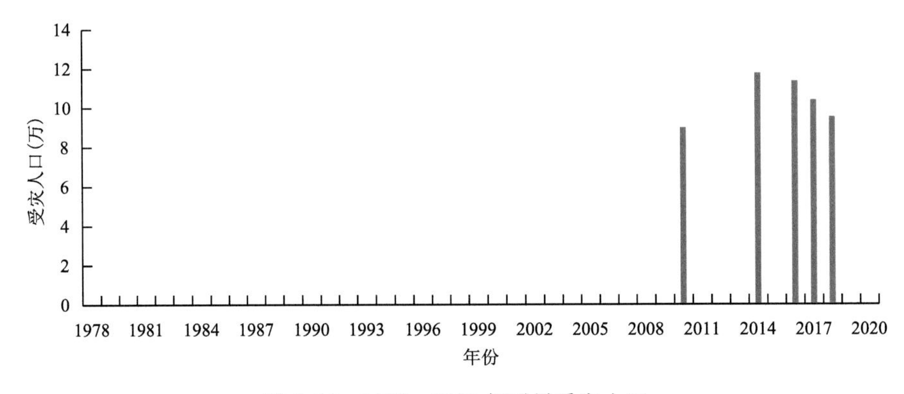

图 3.13 1978—2020 年干旱受灾人口

3.1.4 典型过程分析

1989 年 4 月 5 日至 9 月 29 日发生特旱过程，干旱过程降水量为 157.8 mm，降水距平百分率为－52.4%。区域干旱过程强度为 20.6，为历次干旱过程强度最强，相对湿润度指数为－0.7。

此次干旱过程导致农作物受灾面积达到 2.4 万 hm^2，绝收面积达 2.2 万 hm^2，直接经济损失达 1200 万元。粮食减产 22560 t，比正常年景减产 32.8%；饲草减少 14 亿 kg，减产 75.5%；牲畜死亡 2 万余头(只)。

3.1.5 致灾危险性评估

根据致灾因子危险性评估方法计算干旱危险性评估指数，并根据干旱危险性评估等级划分标准划分为低危险、较低危险、较高危险、高危险四个等级(表 3.1)，绘制干旱致灾危险性评估图并进行分析。

巴林右旗干旱致灾危险性评估如图 3.14 所示，危险性由北部向东南递增，索博日嘎镇大部、查干沐沦苏木偏北部为低危险性，幸福之路苏木大部、巴彦琥硕镇大部、查干沐沦苏木大部、巴彦塔拉苏木中北部等地为较低危险性，中东部大部分地区为较高危险性，其中西拉沐沦苏木大部、宝日勿苏镇南部、查干诺尔镇大部、大板镇中部等地区为高危险性。

表 3.1 巴林右旗气象干旱致灾危险性等级

危险性等级	含义	指标
4	低危险性	0.203～0.304
3	较低危险性	0.304～0.378
2	较高危险性	0.378～0.436
1	高危险性	0.436～0.572

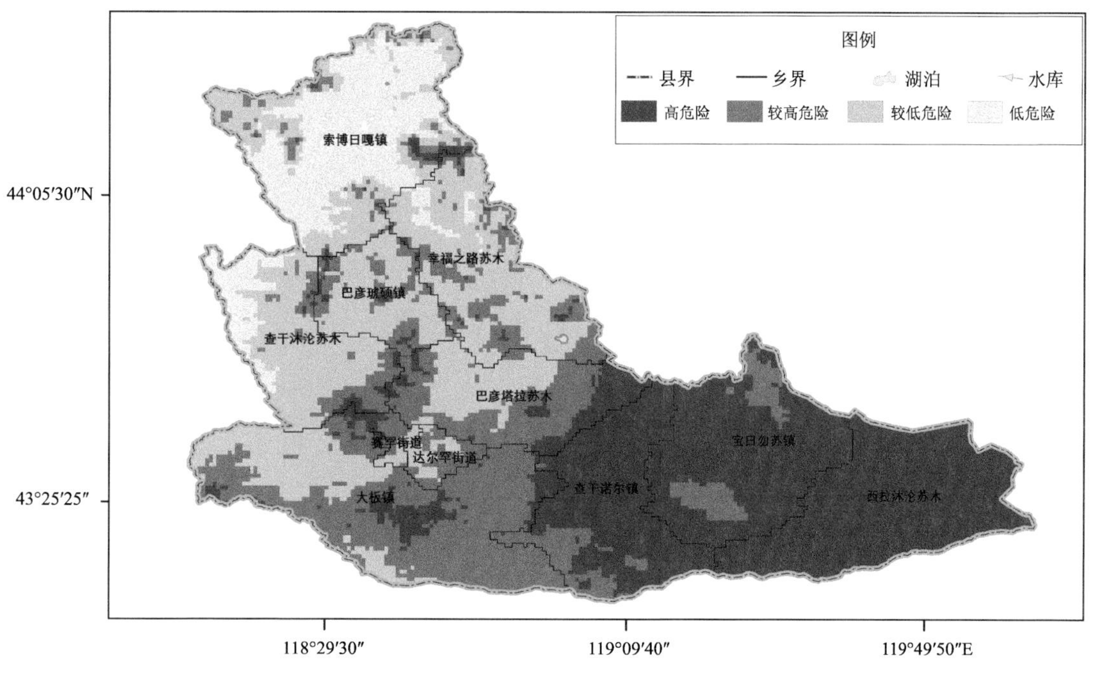

图 3.14 巴林右旗干旱灾害危险性等级区划

3.1.6 灾害风险评估与区划

根据风险评估与区划方法，基于巴林右旗普查汇交数据及致灾因子危险性评估结果，结合不同承灾体暴露度和脆弱性的指标，采用多指标权重综合分析的方法，得到直接经济损失和受灾人口风险评估指数。由于调查到的灾情数据仅限于县域尺度，无法计算县域范围内不同区域灾损率，因此本节中近似认为县域范围内承灾体脆弱性一致。根据风险评估等级划分标准，将直接经济损失和受灾人口风险评估指数划分为 5 级(低、较低、中、较高、高风险等级)(表 3.2)，绘制干旱直接经济风险评估图、干旱受灾人口风险评估图并进行分析。

3.1.6.1 人口风险评估与区划

巴林右旗大部地区干旱灾害人口风险均为低风险，全旗大部零星分布有较低风险的区域，个别地区有中风险区域，高风险和较高风险主要集中在达尔罕街道及宝日勿苏镇中部、西拉沐沦苏木中部和西南部等地(图 3.15)。

表 3.2　巴林右旗干旱灾害人口风险等级

风险等级	含义	指标
5	低风险	0～0.028
4	较低风险	0.028～0.086
3	中风险	0.086～0.162
2	较高风险	0.162～0.278
1	高风险	0.278～0.412

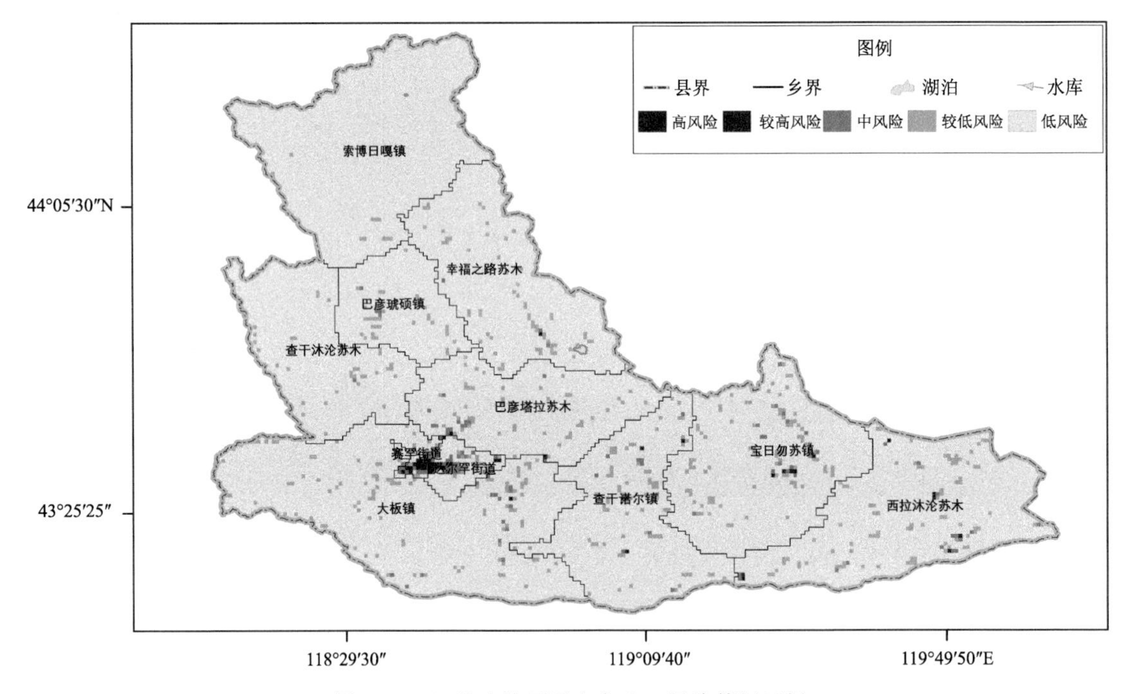

图 3.15　巴林右旗干旱灾害人口风险等级区划

3.1.6.2　GDP 风险评估与区划

巴林右旗大部地区干旱灾害 GDP 风险空间分布与人口风险分布相似，巴林右旗大部地区均为低风险，中部偏西部分地区分布有较低风险区域，东部部分地区为中风险区域，高风险和较高风险主要集中在达尔罕街道、巴彦塔拉苏木西部、宝日勿苏镇中部、西拉沐沦苏木中部和西南部等地(表 3.3、图 3.16)。

表 3.3　巴林右旗干旱灾害 GDP 风险等级

风险等级	含义	指标
5	低风险	0～0.021
4	较低风险	0.021～0.057
3	中风险	0.057～0.115
2	较高风险	0.115～0.233
1	高风险	0.233～0.458

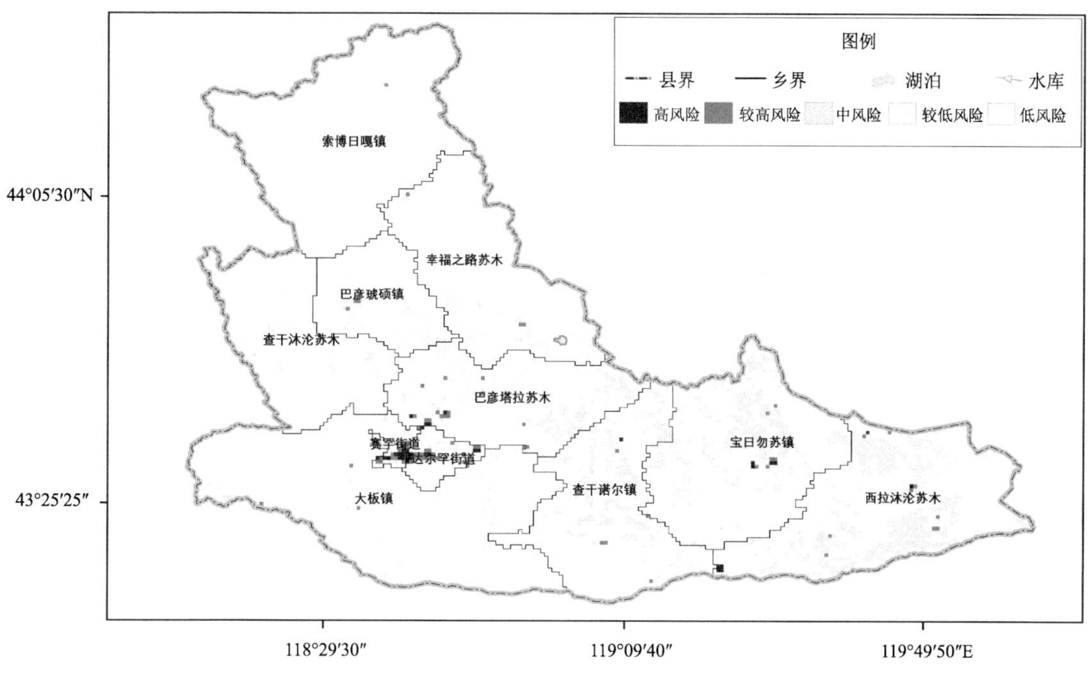

图 3.16 巴林右旗干旱灾害 GDP 风险等级区划

3.1.7 小结

巴林右旗年干旱过程次数为 0～2 次，过程强度等级以弱干旱过程为主，以春旱和春夏连旱居多，降水量偏小、气温偏高是导致干旱过程出现的主要原因。年干旱日数呈波动变化，近年来干旱日数呈减少趋势，轻旱日数占比增大。巴林右旗干旱致灾危险性等级总体由北部向东南递增，干旱灾害人口、GDP 风险的高、较高风险区主要集中在旗政府所在地等人口和经济较为集中的区域。

3.2 农牧业干旱

3.2.1 玉米干旱

3.2.1.1 数据

1. 气象数据

地表净辐射、平均气温、降水量、日照时数、实际水汽压、饱和水汽压、2 m 高处风速、干湿表常数。

2. 地理信息数据

土壤质地、坡度、土质、灌溉占比、耕地占比。

3. 玉米生产数据

包括耕地、水浇地、农田、森林、草原面积等，玉米种植面积、总产、单产等。玉米生育期内灌溉次数、灌溉量,玉米发育期、农业生产存在的问题等。

3.2.1.2 技术路线及方法

综合考虑玉米干旱致灾因子危险性、各承灾体暴露度和脆弱性指标,对玉米干旱风险大小进行评价估算的过程。基于玉米干旱风险评估结果,综合考虑行政区划,对玉米干旱风险进行基于空间单元的划分(图 3.17)。

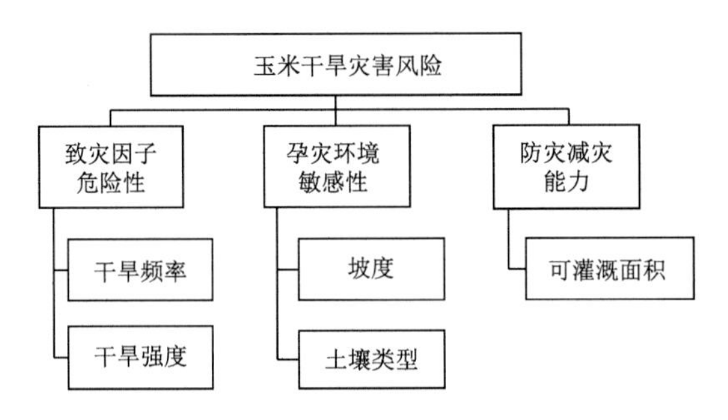

图 3.17 内蒙古玉米干旱灾害风险评估与区划技术路线

1. 玉米致灾过程确定

国内外学者认为,气象灾害风险的形成与致灾因子的危险性、孕灾环境的敏感性、承载体的易损性、防灾减灾能力密切相关。干旱灾害风险归结为以上 4 个因子共同作用的结果,用风险函数表示为:干旱灾害风险$=f$(致灾因子危险性,孕灾环境敏感性,承灾体易损性,防灾减灾能力)。研究中采用加权综合评价、专家打分、归一化等方法对干旱灾害的风险区划和评估进行研究。

2. 玉米致灾因子危险性评估

(1)归一化方法

由于各评价指标具有不同的量纲,为便于分析,将指标进行归一化处理:

$$y=(x-x_{min})/(x_{max}-x_{min})$$

防灾减灾能力的归一化采用公式:

$$y=1-[(x-x_{min})/(x_{max}-x_{min})]$$

(2)加权综合评价法

加权综合评价法综合考虑各个指标对综合评价因子的影响程度,把各个具体指标的作用大小综合起来。根据标准自然灾害风险评价理论,利用加权综合评价法,采用如下灾害风险指数计算公式:

$$V=\sum_{i=1}^{n}W_iD_i$$

式中,V 是评价因子的总值,W_i是第 i 个指标的权重,D_i是第 i 个指标的无量纲值,n 为评价指标个数。权重 W_i 可由各评价指标对所属评价因子影响程度的重要性来表示,在此采用专家打分法来确定。

(3)专家打分法

根据评价对象的具体要求选定若干个评价项目,再根据评价项目制定出评价标准,由专家以此为标准分别给予一定的分值,最后以得分多少为序决定其优劣。

3.2.1.3 致灾因子特征分析

1. 玉米干旱过程的识别及特征

玉米一般于4月下旬到5月中旬陆续播种，8月中旬陆续进入灌浆期，9月中下旬陆续成熟收获，4月下旬至9月下旬是春玉米的主要生长时段。根据玉米干旱调查与风险评估技术规范、技术细则，本节统计了1961年以来每年玉米播种期、灌浆成熟期和主要生长期的降水量、玉米需水量、供水量以及亏缺指数。

2. 水分指标计算方法

不同的玉米品种，其株体大小、单株生产力、株型、吸肥耗水能力、生育期长短、抗旱性等均存在差异，因此耗水量不同。全生育期间一般中晚熟品种需水超过500 mm，早熟品种需水350～500 mm。在相同产量水平下，水分消耗总量也不同，但全生育期内不得少于350 mm。生育期短的品种叶面蒸腾量小，蒸腾持续时间相对较短，因此耗水量较少；而生育期长的品种，耗水总量则更多。品种的抗旱性也是一个重要方面，抗旱性强的品种，消耗水分较少，因为其叶片蒸腾速率较低。

生育期需水量不尽一致，受多因素影响，与品种、气候、栽培条件、产量等有关，一般生产100 kg籽粒需水70～100 t，在旺盛生长期中1株玉米24 h需耗水3～7 kg。玉米不同的生育期中需水量不同。苗期植株矮小，生长慢，叶片少，需水较少，怕涝不怕旱。同时，为了促使根系深扎，扩大吸收能力，增强抗旱防倒能力，常需实施蹲苗不浇水措施。拔节后需水增多，特别是抽雄前后30 d内是玉米一生中需水量最多的临界期，如果这时供水不足或不及时，对产量影响很大，即所谓的“卡脖旱、瞎一半”的需水关键期。

以春玉米生育阶段潜在蒸散量为需水指标，以有效降水量为供水指标，基于作物水分亏缺指数构建春玉米生育阶段降水亏缺指数(SDI，Crop Water surples deficit Index)表征水分亏缺程度，降水亏缺指数计算公式为：

$$\mathrm{SDI} = \frac{\mathrm{SDL}}{\mathrm{ET}_i}$$

式中，降水亏缺量$\mathrm{SDL} = \mathrm{ET}_i - P_i$ $i(i=1,2,3)$表示春玉米的不同生育阶段，考虑研究区各地气候条件、种植品种及种植习惯，根据春玉米多年发育期资料，以旬为研究时段，采用生育阶段长度的多年平均值来代表当地一般生育阶段长度。1代表播种—七叶期(4月下旬—6月中旬)，2代表七叶—乳熟期(6月下旬—8月下旬)，3代表乳熟—成熟期(9月上旬—9月下旬)。ET_i为i生育阶段的需水量；P_i为有效降水量，SDI为降水亏缺指数。当$\mathrm{SDI}>0$时，表示i生育阶段水分亏缺；当$\mathrm{SDI}=0$时，表示水分收支平衡；当$\mathrm{SDI}<0$时，表示水分盈余。降水亏缺指数的计算是春玉米不同发育时段降水和需水量两项因子差和需水量的比值，所以从一定程度上消除了各地气候类型不同造成的差异，有效地反映区域和时间尺度的水分状况。计算过程中涉及的参数全部可以用气象资料、土壤水分资料计算获得，更为精确实用且代表性强。有效降雨量指降水入渗并能够保存在作物根系层中用于满足作物蒸发蒸腾需要的那部分雨量。

3. 有效降雨量的计算

在地表条件一定的情况下，雨强是决定降雨量的重要因素，一次有效降雨量的计算公式为：

$$P_{yj} = a_j \cdot p_j$$

式中，P_{yj}为有效降雨量，p_j为降水总量，a_j为降水有效利用系数。根据相关研究成果及近几年自动土壤水分观测资料与降水量的关系，a 的取值如下：

在播种—七叶期，当 $p_j \leqslant 3$ mm 时，$a_j=0$；当 $3< p_j \leqslant 50$ mm 时，$a_j=0.9$；当 $p_j>50$ mm 时，$a_j=0.75$。在七叶—成熟期，当 $p_j \leqslant 5$ mm 时，$a_j=0$；当 $5< p_j \leqslant 50$ mm 时，$a_j=0.9$；当 $p_j>50$ mm 时，$a_j=0.75$。

某生育阶段总有效降雨量：

$$P_y=\sum_{j=1}^{n} P_{yj}$$

式中，P_y 为某生育阶段总有效降雨量，P_{yj} 为第 j 次降水过程有效降雨量，$j=1,2,3,\cdots,n$ 为某生育阶段降水次序数，n 为总降水次数。

4. 玉米系数的计算方法

作物系数(K_c)是计算农田实际蒸散量的重要参数之一，其基本定义为作物的实际蒸散量(ET_c)与参考作物蒸散量(ET_0)的比值。作物系数的正确与否在很大程度上决定了农田实际蒸散量的计算精度。中外许多研究常常通过计算参考作物蒸散量，考虑作物因素函数项即作物系数，估算出作物实际蒸散量。当土壤水分不能充分供应时，还要考虑土壤因素函数项即土壤水分供应系数(K_w)对作物群体的影响，估算作物实际蒸散量。然而，作物系数通常要通过田间实验的方法确定，周期长且需要花费大量的人力物力。所以，目前利用联合国粮农组织(FAO)推荐的主要作物的作物系数或利用中国科学院禹城综合试验站计算的作物系数估算作物实际蒸散量，是普遍使用的手段。作物生长在不同的气候带，描述作物属性的各种气象指标将有很大的差异，而获取作物系数的试验站又不可能涵盖适应作物生长的所有气候区域，因此，用实验区获取的作物系数来评估各种气候区域的作物群体的实际蒸散是有局限性的。因此，针对不同气候区、不同作物、不同的发育时期，作物蒸散量计算中需要确定适宜的作物系数或确定适宜的作物系数计算方法，是目前急需解决的问题之一。

玉米作物系数为玉米最大蒸散量与作物蒸散量的比值，即：

$$K_c=\frac{ET_c}{ET_0}$$

该式成立条件为农田水分充分供应玉米群体生长发育的需求，也就是没有水分胁迫(田间有效相对含水量≥70%)。参照作物蒸散量的计算本节采用《气象干旱等级》(GB/T 20481—2006)中联合国粮农组织推荐的修正后的彭曼-蒙特斯(Penman-Monteith)公式进行计算，并以此作为确定新的作物系数和校准经验公式的标准。

$$P_e=\frac{0.408\Delta(R_n-G)+r\dfrac{900}{T_{mean}+273}u_2(e_s-e_a)}{\Delta+r(1+0.34u_2)}$$

式中，P_e为所求的可能蒸散量，R_n为地表净辐射，G 为土壤热通量(本节中忽略不计)，T_{mean}为日平均气温，e_a为实际水汽压，e_s为饱和水汽压，u_2为 2 m 高处风速，Δ 为饱和水汽压曲线斜率，r 为干湿表常数，均可根据各测站实测资料、地理信息求解。FAO Penman-Monteith 公式中各分量的计算方法和计算步骤参照《气象干旱》(GB/T 20481—2006)。

对全旗而言，虽因气候条件的差异各地玉米播种的时间不同，但玉米生长发育进程基本一致，玉米作物系数达到最大值的时间基本一致。玉米生育期各月作物系数计算结果见表 3.4。

表 3.4 巴林右旗玉米生育期各月作物系数

4月	5月	6月	7月	8月	9月
0.45	0.51	0.71	1.12	1.04	0.77

5. 水分指标的计算结果

(1)降水亏缺指数的季节变化规律

根据历史干旱发生和春玉米灌溉的情况，选取同期每旬逢 8 日有土壤湿度观测资料的站点作为验证站点，同时对照《气象干旱等级》(GB/T 20481—2006)以及农业气象观测站玉米灌溉次数，确定了春玉米生长这三个阶段水分亏缺指标的原则(表 3.5)。

播种到七叶期：亏缺指数 SDI＞0.69 为重度亏缺，灌溉是春玉米需水的主要来源，平均每年灌溉次数 2 次及以上(不包括播前，以下同)；亏缺指数 0.60＜SDI≤0.69 为中度亏缺，需要进行灌溉补水 1 次才能保证春玉米正常生长；亏缺指数 0.55＜SDI≤0.60 为较轻度亏缺，基本不需要灌溉补水。亏缺指数 SDI≤0.55 为轻度亏缺，完全满足玉米的水分需求，不需要灌溉补水。

七叶—乳熟期：SDI＞0.50 为重度亏缺，平均每年灌溉 4 次以上，0.45＜SDI≤0.50 为中度亏缺，灌溉 3 次，0.40＜SDI≤0.45 为较轻度亏缺，平均灌溉 2 次，SDI≤0.40 为轻度亏缺，平均灌溉 1 次或无灌溉。

乳熟—成熟期：SDI＞0.70 为重度亏缺，需灌溉 2 次，0.55＜SDI≤0.70 为中度亏缺，需灌溉 1 次，0.40＜SDI≤0.55 为较轻度亏缺，虽然出现旱情，但基本不影响玉米的正常灌浆，SDI≤0.40，不需要灌溉，籽粒灌浆良好，能保证籽多粒饱。

全生育期：SDI＞0.55 为重度亏缺，灌溉 5 次以上，0.50＜SDI≤0.55 为中度亏缺，需灌溉 3～4 次，0.45＜SDI≤0.50 为较轻度亏缺，需灌溉 2～3 次，SDI≤0.45，灌溉 1 次或不灌溉。

表 3.5 春玉米水分亏缺指标分级标准及措施

亏缺程度	生育期			
	播种—七叶 4月上旬—5月下旬	七叶—乳熟 6月上旬—8月下旬	乳熟—成熟 9月	全生育期 4—9月
轻度亏缺	≤0.55 不需要灌溉	≤0.40 1次或不灌溉	≤0.40 不需要灌溉	≤0.45 1次或不灌溉
较轻度亏缺	0.55～0.60 基本不需要灌溉	0.40～0.45 灌溉2次	0.40～0.55 基本不灌溉	0.45～0.50 2～3次
中度亏缺	0.60～0.69 灌溉补水1次	0.45～0.50 灌溉3次	0.55～0.70 灌溉1次	0.50～0.55 3～4次
重度亏缺	＞0.69 灌溉补水2次	＞0.50 灌溉4次及以上	＞0.70 灌溉2次	＞0.55 5次以上

3.2.1.4 风险评估与区划

1. 玉米干旱致灾因子危险性

对于内蒙古地区来说，玉米种植最大的限制因子一个是积温，另一个就是水分，水分的多寡直接影响玉米遭受干旱的风险以及最终产量的高低。

对于某一地区水分资源的评估，采用水分亏缺指数来进行。水分亏缺指数是用自然（有效）降水量与蒸散量之差，然后再与蒸散量的比。

计算某地某时段历年水分亏缺指数，根据水分亏缺指数的值，结合不同发育期对水分的敏感程度不同，将水分亏缺程度界定为4级：轻度亏缺、较轻度亏缺、中度亏缺、重度亏缺。然后对出现中度和重度亏缺的年份进行统计，并计算出现的频率，与强度进行加权，最终得出某地某发育期玉米干旱致灾因子的危险性（表3.6、图3.18）。

表3.6 巴林右旗玉米干旱灾害致灾危险性等级

危险性等级	含义	危险性指标
4	低危险性	≤0.45
3	较低危险性	0.45～0.50
2	较高危险性	0.50～0.55
1	高危险性	>0.55

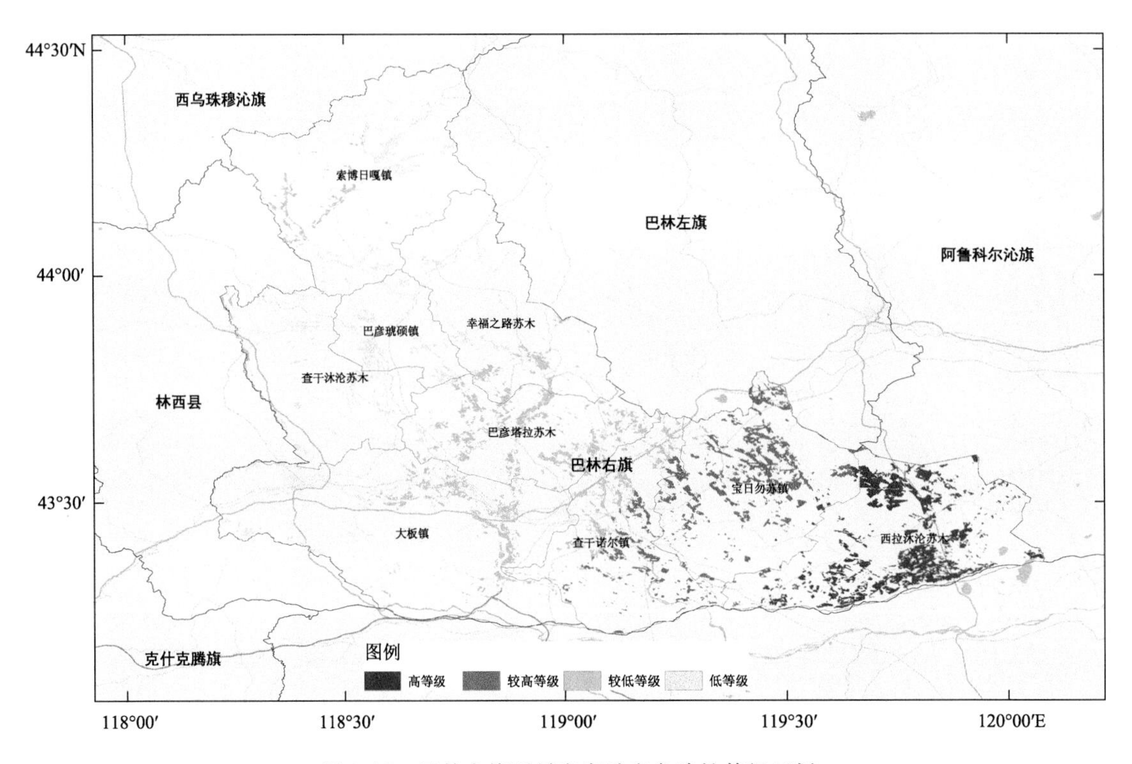

图3.18 巴林右旗干旱灾害致灾危险性等级区划

2. 玉米干旱孕灾环境敏感性

玉米干旱的孕灾环境主要考虑耕地的坡度和土壤类型两个因子。

首先，土壤的坡度对土壤中水分的均衡保持和减少自然降水的径流比较重要，另外，坡度较大也不利于有灌溉条件或灌溉设施的地区进行灌溉。对于坡度的处理方式为：坡度大于10°的坡地直接赋值为0，坡度小于10°的地区采用(10－坡度)/10进行处理，处理的意图是将此因子变为一个正向因子，方便与另一因子进行综合，同时进行归一化处理。

其次，不同的土壤类型涵养水分的能力不同，这对于自然降水相同的地区是否发生干旱至关重要。土壤类型主要分为三大类：砂土、壤土和黏土，根据涵养水分能力的不同，分别设置为0.5、0.8和1.0。

坡度和土壤类型的权重分配分别为0.4和0.6。

干旱孕灾环境敏感性因子为正向因子(此数据越大，结果数据也越大，对干旱评估而言就越干旱)，因此，在进行综合分析时需进行取反处理。

3. 玉米干旱承载体脆弱性分析

承载体脆弱性主要考虑某地的耕地面积占国土面积的比重，比重越大脆弱性也越大。还应该考虑地均GDP等因素，但由于这类要素不易反馈到任意空间点上，因此未予考虑(图3.19—图3.21)。对耕地比重直接进行归一化处理即可。

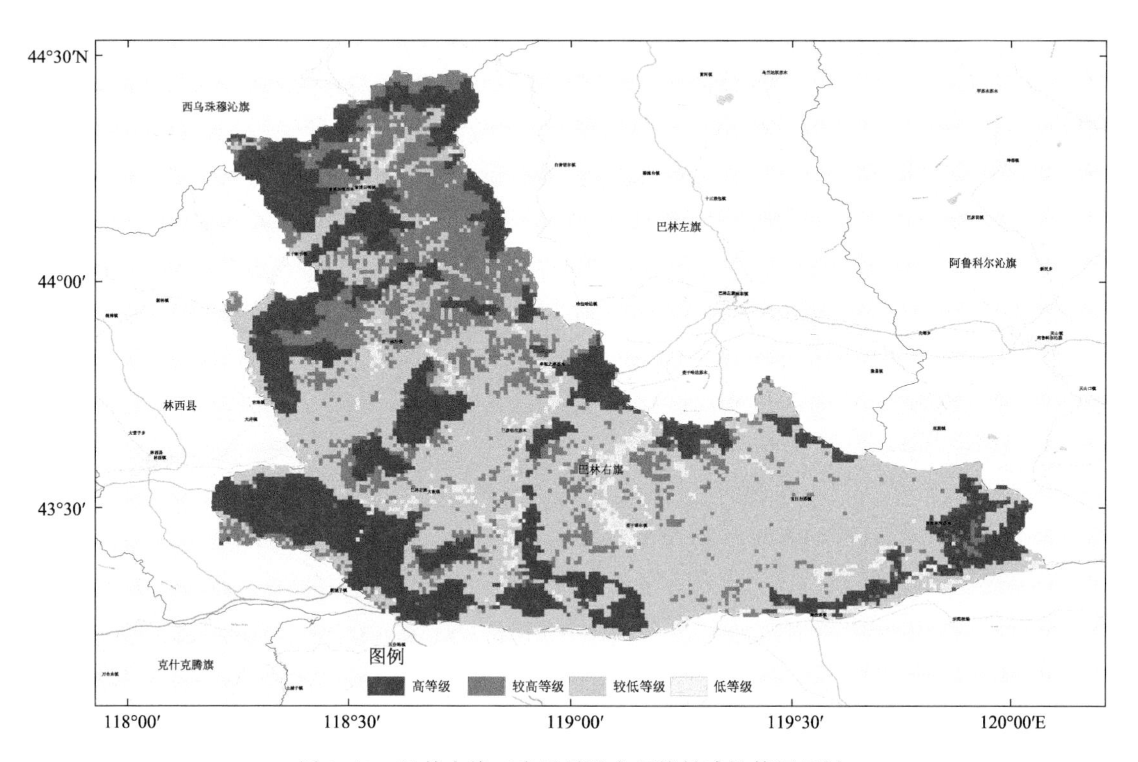

图3.19 巴林右旗玉米干旱孕灾环境敏感性等级区划

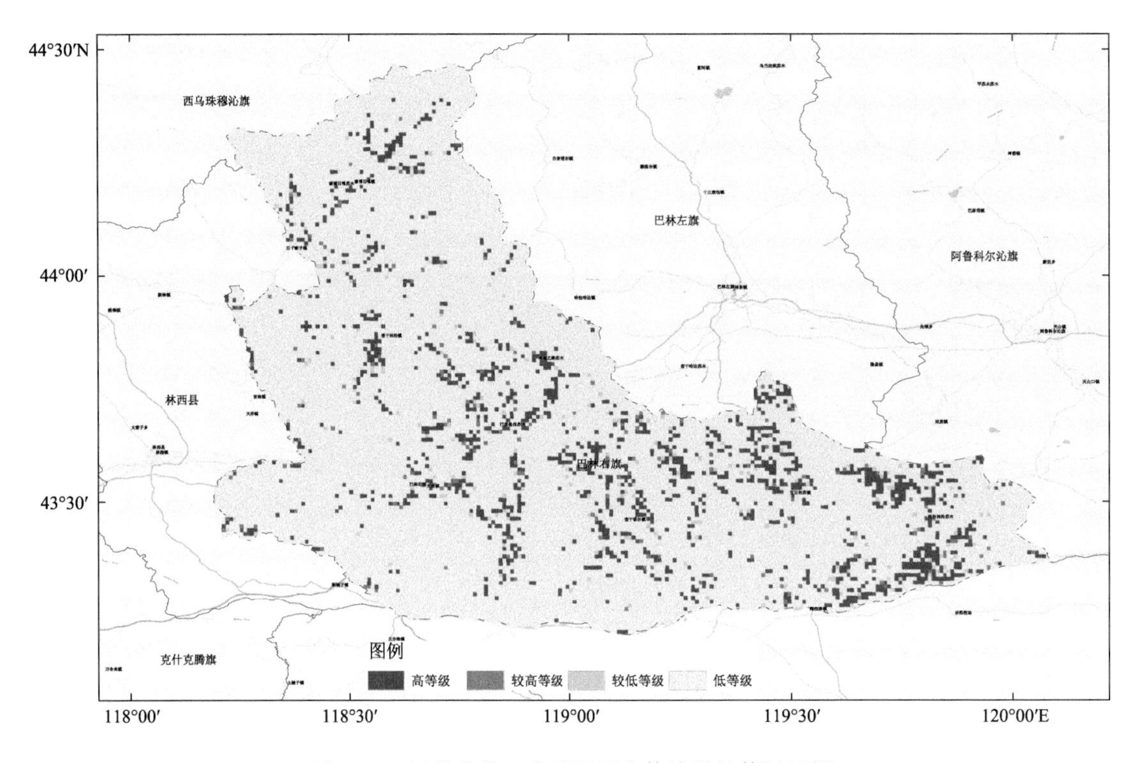

图 3.20 巴林右旗玉米干旱承灾体脆弱性等级区划

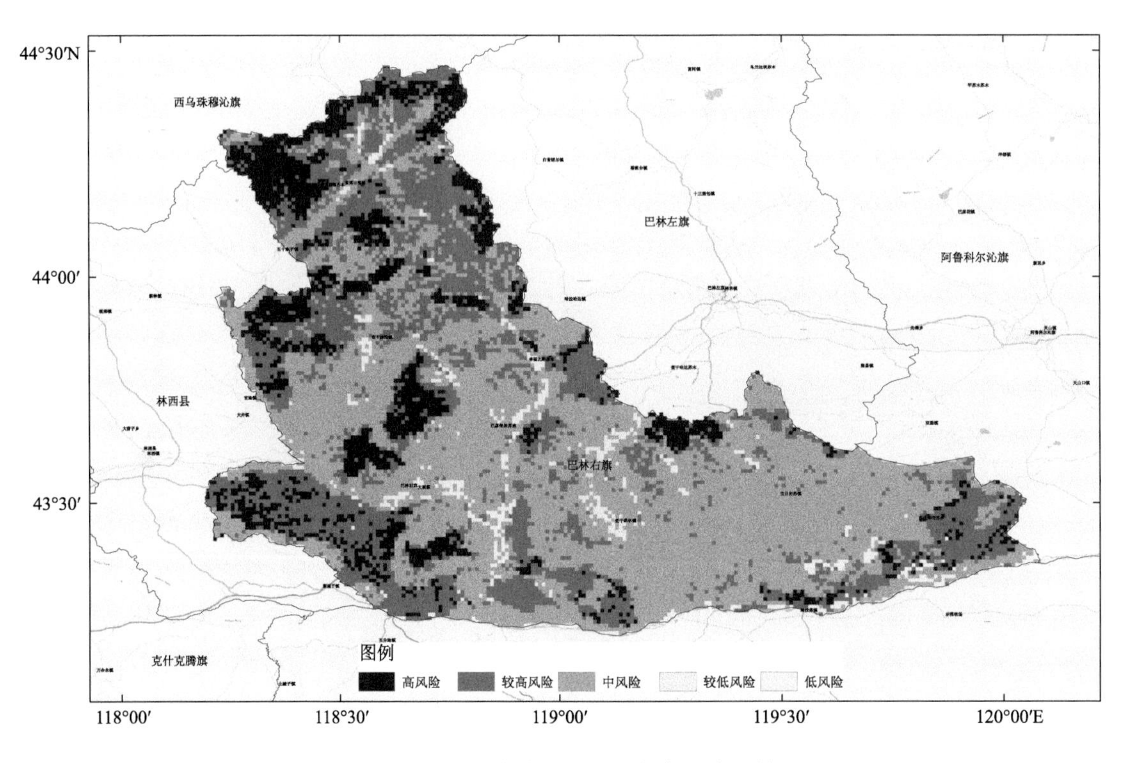

图 3.21 巴林右旗玉米干旱灾害风险区划

4. 玉米干旱风险区划(表 3.7)

表 3.7 巴林右旗玉米干旱灾害风险等级

风险等级	含义	指标值
5	低风险	≤0.35
4	较低风险	0.35～0.42
3	中风险	0.42～0.49
2	较高风险	0.49～0.56
1	高风险	＞0.56

3.2.1.5 小结

4 月下旬至 6 月中旬,亏缺量和亏缺指数较高,干旱风险也较高;6 月下旬—8 月下旬是全生长季降雨最充沛的时段,干旱风险以该阶段最小;9 月乳熟—成熟期需水量减少,降水量也迅速下降,干旱风险最高。

3.2.2 草原干旱

3.2.2.1 数据

1. 气象数据

范围:全自治区 119 个气象站。

时间:1990—2020 年。

灾情数据:内蒙古气候中心提供的灾情直报数据(1983—2013 年)、灾害大典(1960—2000 年)、气候公报(2000—2020 年)关于旱灾灾情的描述。综合以上 3 部分资料,将关于旱灾灾情的描述部分进行定量化、数字化处理,用于干旱灾害历史危险性的分析。

潜在危险性评估选取降水距平百分率、干燥度指数、气象干旱等级三个指标。通过三个指标的计算结果与干旱等级划分,及与灾情数据的对比分析,最终确定干旱指标:草原所有站点冬季干旱标准使用月尺度降水距平百分率划分的气象干旱等级标准,即月降水距平百分率＞−25%为无旱,−50%～−25%为轻旱,−70%～−50%为中旱,≤−70%为重旱;草原站点其他季节根据气象行业标准《北方草原干旱指标》采用降水距平百分率划分等级(表 3.8),共 5 级。

表 3.13 降水距平百分率指标干旱等级 (单位:%)

草原类型	季节	干旱等级				
		无旱	轻旱	中旱	重旱	特旱
草甸草原	春季	≥20	−10～20	−40～−10	−70～−40	＜−70
	夏季	≥10	−10～10	−30～−10	−50～−30	＜−50
	秋季	≥20	−10～20	−40～−10	−70～−40	＜−70
典型草原	春季	≥30	0～30	−30～0	−60～−30	＜−60
	夏季	≥10	−10～10	−30～−10	−50～−30	＜−50
	秋季	≥30	0～30	−30～0	−60～−30	＜−60

续表

草原类型	季节	干旱等级				
		无旱	轻旱	中旱	重旱	特旱
荒漠草原	春季	≥40	20～40	−10～20	−30～−10	<−30
	夏季	≥10	−20～10	−50～−20	−80～−50	<−80
	秋季	≥40	20～40	−10～20	−30～−10	<−30

牧区干旱的潜在危险性分析考虑了 CLDAS 降水融合数据(分辨率 6 km),1961—2007 年降水距平百分率仍然利用气象观测站的数据,2008—2016 采用降水融合数据来计算降水距平百分率,并依据以上干旱指标来划分干旱等级。

中国气象局陆面数据同化系统(简称 CLDAS),是利用数据融合与同化技术对地面观测数据、卫星遥感资料、数值模式产品等多源数据进行融合同化,获取格点化的温度、气压、湿度、风速、降水和辐射等气象要素,并驱动公用陆面模式(Community Land Model 3.5),获得土壤温度、湿度等陆面数据。CLDAS 数据集包括逐小时、空间分辨率为 0.0625°×0.0625°的东亚区域 2 m 比湿、地表气压、地面短波辐射、降水、2 m 气温、10 m 风速、土壤相对湿度等气象要素。其中,气温、气压、比湿、风速使用多重网格三维变分(LAPS/The Space and Time Mesoscale Analysis System,STMAS)同化方法,利用了包括中国基本、基准气象站和一般气象站在内的 2421 个国家级自动气象站以及业务考核的 29452 个区域自动气象站的逐小时观测数据,综合考虑台站信息(经纬度、海拔高度等),在 NCEP/GFS 背景场基础上制作而成,研究表明,融合自动气象站观测数据后的同化数据更接近实测资料。

2. 地理信息数据

在综合考虑牧区干旱灾害发生特点的基础上,承灾体暴露度因子选用海拔高度、河网密度等因子,所用资料包括:

DEM 数据:空间分辨率 1 km,范围为内蒙古及周边地区,由 SRTM 的 90 m 高程数据重采样得到;

坡度数据:空间分辨率 1 km,范围为内蒙古及周边地区,由 SRTM 的 90 m 高程数据反演及重采样得到;

距河流距离:原始数据使用 1∶5 万基础地理信息数据的河网数据,利用 ArcGIS 的成本距离计算工具计算得到,每个栅格值代表该栅格点中心位置到最近河流的距离。

在牧业生产中,干旱灾害所造成的牧草减产、绝产都会给牧区带来巨大的经济损失。衡量一个地区牧业经济发展的规模可采用牲畜密度来反映。在牧区干旱灾害风险评价中,牲畜密度能够代表干旱灾害对该地造成经济损失的易损程度,牲畜密度大的区域,在遭遇干旱时受灾严重。数据来源于《内蒙古社会经济统计年鉴》(2010 年)中的大牲畜数量数据,采用 IDW 空间插值方法得到空间分布数据。

牧区干旱的另一个重要的承灾体即为草地,草地也是地区畜牧业发展的最基本且重要的生产资料,因此,植被覆盖度及其分布作为衡量草地受干旱后草地受灾大小的指标。植被覆盖度越大,其需水量相对而言就越大,因此干旱灾害发生时承灾体危险性就越高。按照自然断点分级法可将内蒙古植被覆盖状况分为四个等级,分别为低覆盖度 、较低覆盖度 、中覆盖度和高覆盖度。数据来源:MODIS NDVI 数据,2000—2020 年第 209～225 d NDVI 平均值,空间分辨率为 231.67 m。

3. 社会经济数据

对内蒙古牧区干旱灾害的抗灾减灾能力而言，主要考虑救灾和减少干旱灾害损失的可能性，选择路网分布、打储草能力(GDP)等指标。一个地区的防灾减灾能力与其经济发展水平是密不可分的。没有经济基础，防灾减灾就无从谈起。对地方政府而言，政府决定着对灾害的监测、应急管理、减灾投入等资源准备等，这些基础建设与行动措施，均需要财政的支持；同时，交通状况也是影响抗旱减灾措施实施的重要因素。在经济基础较好、交通便利的地区，干旱灾害发生时，能及时实施牧草调运等措施，抗旱减灾能力较强。

3.2.2.2　技术路线及方法

1. 实施方案

气象灾害是一个特殊的变异系统，它是由致灾因子、孕灾环境、承灾体等部分组成的。自然的变异并不等于灾害，只有这种变异对人类社会及其生存环境、资源等形成危害或造成损失时，才能视为灾害。在一个特定地理区域内，孕灾环境一般具有相对的稳定性；致灾因子是自然变异的具体体现，致灾因子对灾情的形成有重要作用；而灾情的形成决定于致灾因子对承灾体的影响，同样的致灾因子作用于不同的承灾体，会形成不同的灾害。人类及其创造的文明社会，在气象灾害系统中扮演承灾体的角色，人类活动不仅能改变承灾体，同时也影响孕灾环境和灾情构成。

致灾因子、孕灾环境、承灾体的相互作用共同对干旱灾害风险的时空分布、易损程度造成影响，灾害形成就是承灾体不能适应或调整环境变化的结果。在干旱灾害风险评价的过程中，三者缺一不可。

在收集整理全自治区气象观测资料、灾情资料，查阅已有成果和文献的基础上，综合考虑干旱灾害的致灾因子危险性、承灾体暴露度、承灾体危险性等，借鉴国内外分析以上灾害常用的因子，对各灾害风险分析的要素进行筛选，借助 GIS 的空间分析功能，定量地分析干旱灾害各因子，在灾害风险理论的基础上，开展干旱灾害的风险区划工作，根据区划结果进行分区描述(图 3.22)。

2. 研究方法

研究过程中充分利用 GIS 技术，将致灾因子危险性、承灾体暴露度、承灾体危险性、防灾减灾能力模块以栅格图层的形式在空间上进行表达，通过空间分析运算获得牧区干旱灾害风险分级的空间分布图。各因子和各模块之间权重系数的确定采用主观和客观相结合的方法，主要包括专家打分法、层次分析法、熵权系数法。

(1)专家打分法

专家打分法是指通过征询有关专家的意见，对专家意见进行统计、处理、分析和归纳，客观地综合多位专家的经验与主观判断，对大量难以采用技术方法进行定量分析的因素做出合理估算，经过多轮意见征询、反馈和调整后，对各因子的权重进行分析的方法。

专家打分法的实现步骤如下：

①选择专家；

②确定影响因子权重的因素，设计专家征询意见表；

③向专家提供相关的背景资料，征询专家意见；

④对专家意见进行分析汇总，将统计结果反馈给专家；

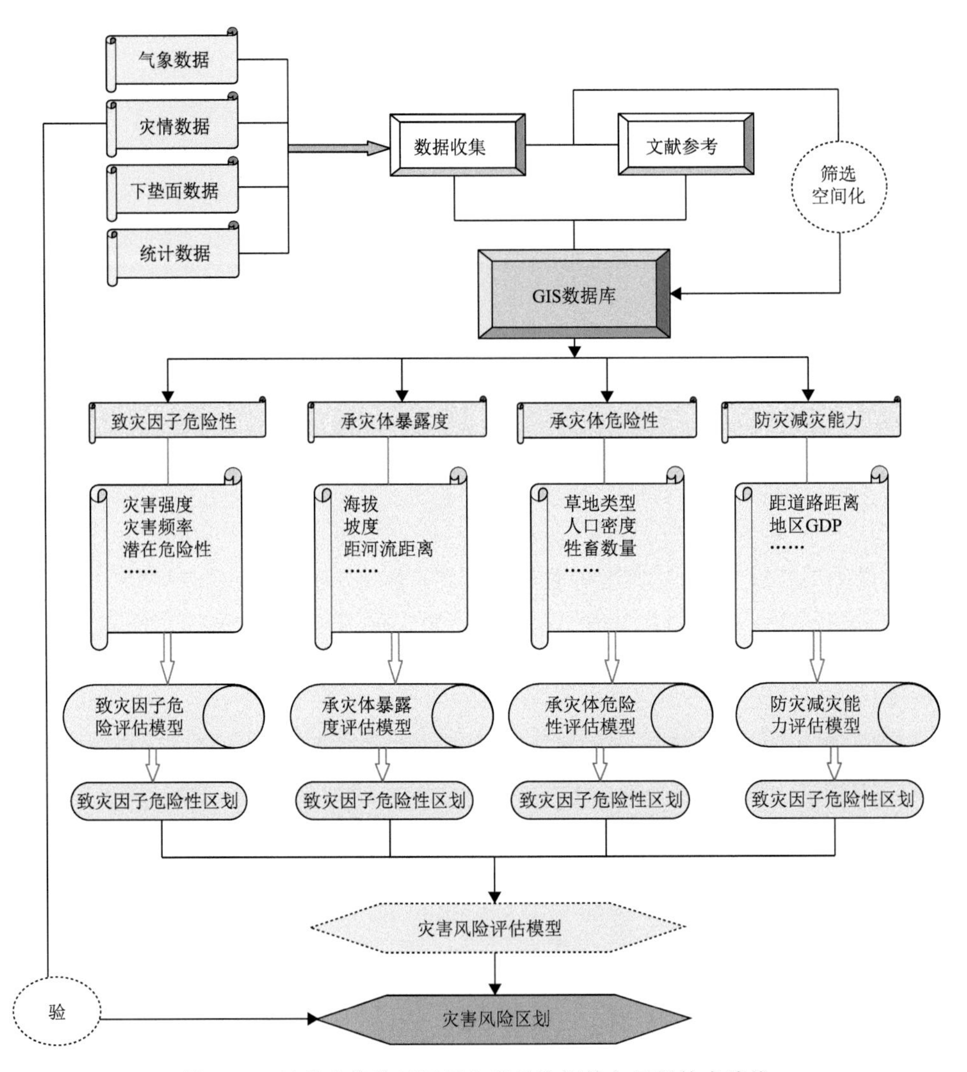

图 3.22 巴林右旗牧区干旱灾害风险评估与区划技术路线

⑤专家根据反馈结果修正自己的意见；

⑥经过多轮匿名征询和意见反馈，形成最终分析结论。

(2)层次分析法

层次分析法(Analytic Hierarchy Process，简称 AHP)是美国运筹学家匹茨堡大学教授萨蒂于 20 世纪 70 年代初提出的一种层次权重决策分析方法。层次分析法(AHP)将一个复杂的多目标决策问题作为一个系统，将目标分解为多个目标或准则，进而分解为多指标的若干层次，通过定性指标模糊量化方法算出层次单排序和总排序，以作为目标、多方案优化决策的系统方法。

层次分析法是一种比较简单可行的决策方法，其主要优点是可以解决多目标的复杂问题。AHP 法也是一种定性与定量相结合的方法，将复杂的决策系统层次化，通过逐层比较各种关联因素的重要性来为分析以及最终的决策提供定量的依据，能把定性因素定量化，将人的主观判断用数学表达处理，并能在一定程度上检验和减少主观影响，使评价更趋于科学化。层次分析法的特点是在对复杂的决策问题的本质、影响因素及其内在关系等进行深入分析的基础上，利用较少的定量信息使决策的思维过程数学化，从而为多目标、多准则或无结构特性的复杂决策问题提供简便的决策方法。尤其适合于对决策结果难以直接准确计量的场合。

(3)熵权系数法

熵最先由克劳德·香农(Claude Shannon)引入信息论，目前已经在工程技术、社会经济等领域得到了非常广泛的应用。熵权法的基本思路是根据指标变异性的大小来确定客观权重。一般来说，若某个指标的信息熵 E_j 越小，表明指标值的变异程度越大，提供的信息量越多，在综合评价中所能起到的作用也越大，其权重也就越大。相反，某个指标的信息熵 E_j 越大，表明指标值的变异程度越小，提供的信息量也越少，在综合评价中所起到的作用也越小，其权重也就越小。

熵权法赋权步骤：

A 数据标准化

将各个指标的数据进行标准化处理。

假设给定了 k 个指标 $X_1,X_2,\cdots,X_k$，其中 $X_i=\{x_1,x_2,\cdots,x_n\}$。假设对各指标数据标准化后的值为 $Y_1,Y_2,\cdots,Y_k$，那么 $Y_{ij}=\dfrac{x_{ij}-\min(x_i)}{\max(x_i)-\min(x_i)}$。

B 求各指标的信息熵

根据信息论中信息熵的定义，一组数据的信息熵 $E_j=-\ln(n)^{-1}\sum_{i=1}^{n}p_{ij}\ln p_{ij}$。其中 $p_{ij}=Y_{ij}/\sum_{i=1}^{n}Y_{ij}$，如果 $p_{ij}=0$，则定义 $\lim_{p_{ij}\to 0}p_{ij}\ln p_{ij}=0$。

C 确定各指标权重

根据信息熵的计算公式，计算出各个指标的信息熵 $E_1,E_2,\cdots,E_k$。通过信息熵计算各指标的权重 $W_i=\dfrac{1-E_i}{k-\sum E_i}(i=1,2,\cdots,k)$。

(4)空间分析方法

GIS 空间分析法是一种基于空间数据的深度分析技术，它以地学原理为基础，通过分析运算，从空间数据中获得关于地理对象的空间位置和分布、空间形态和形成与空间演变等多种信息。空间分析法是地理信息系统科学内容中最重要的组成部分，是评价地理信息系统功能的重要指标之一。空间分析是地理信息系统不同于其他类型系统的一个最重要的功能特征，是各种综合性地学分析模型的基础构件。空间分析是通过对空间数据的深度加工和分析，从而获取新的信息。

GIS 在空间数据采集、处理、存储与组织、空间查询以及图形交互显示等方面具有强大的功能，而干旱灾害评估是一种时间、空间非常复杂的过程，数据量大，关系复杂，其属性与空间数据有密切关系。空间过程是生态环境、社会经济和地理系统的基本运动形式之一，空间分析是指模拟、预测和调控空间过程的一系列理论和技术。

(5)加权综合评价法

加权综合评价法是一种广泛应用于决策或方案整体评价和优选的方法，其优点为具有全面性，从整体出发，考虑到了各种指标因子对评价目标的影响，并将各指标因子对评价目标的影响综合为一个数量化的指标，从而使得分析过程简便且同时具有精确性。加权综合评价法实际上就是在计算过程中根据相应因子对评价目标的影响程度，分配各因子权重系数，并将权重系数和量化后的各因子对应起来，而后进行相乘和相加。

(6)自然灾害风险指数法

自然灾害风险是指未来若干年内由于自然因子变异的可能性及其造成损失的程度。基于自然风险指数法，结合前人研究成果可认为草原牧区的自然风险是由致灾因子危险性、承灾体暴露度、承灾体危险性、防灾减灾能力共同构成的，因此可以得出自然灾害风险的数学计算公式为：

干旱灾害风险指数＝致灾因子危险性×承灾体暴露度×承灾体危险性×防灾减灾能力

(7)指标归一化

通常来讲，各个指标之间的量纲和数量级各不相同，因此在进行分析时不可以直接进行比较。有的指标值越大代表其相应的风险度越高，如干旱灾害发生频率越高其风险度就越大。而有的指标值则相反，指标值越大相应的风险度就越小。为了消除数据量纲的影响和可以使数据之间具有可比性，各种指标可以达到一个指向，就需要把选取的相应指标的原始数据进行无量纲化处理，具体方法如下：

正向指标是指其值越大，干旱灾害风险度越大，其公式如下：

新值＝(原数据－极小值)/(极大值－极小值)

负向指标是指其值越大，干旱灾害风险度反而越小，其公式如下：

新值＝(原数据－极大值)/(极大值－极小值)

3. 风险评估与区划

根据灾害风险综合评估模型，干旱对牧业影响的风险大小是致灾因子危险性(A)、承灾体暴露度(B)、承灾体危险性(C)和防灾抗灾能力(D)4个因子综合作用的结果，将以上4个因子的区划结果进行空间尺度匹配，结合各模块对内蒙古牧区局地孕灾环境的不同贡献程度，采用专家打分法和层次分析法相结合的方法，得到各因子的权重系数(表3.9)，空间分析后计算得到内蒙古牧区干旱灾害风险指数。利用自然断点法结合内蒙古牧区历史干旱灾情数据，将内蒙古牧区干旱灾害风险指数分为5级，绘制内蒙古牧区干旱灾害风险区划图。

依据自然灾害风险数学计算公式，确定出干旱灾害风险评估指数计算公式如下：

$$\mathrm{DRI}=A^{w_1}\times B^{w_2}\times C^{w_3}\times(1-D)^{w_4}$$

式中，DRI代表干旱灾害风险指数，用于表示风险程度，其值越大，则干旱灾害的风险程度越大，A、B、C、D分别表示风险评价模型中的致灾因子的危险性、孕灾环境的敏感性、承灾体的脆弱性和防灾减灾能力各评价因子指数。w_1、w_2、w_3和w_4为各评价因子的权重系数。

表3.9 干旱灾害各因子权重系数

因子	致灾因子危险性(w_1)	孕灾环境敏感性(w_2)	承灾体易损性(w_3)	防灾减灾能力(w_4)
权重系数	0.5193	0.2009	0.2009	0.0789

3.2.2.3 致灾因子特征分析

1. 致灾过程确定

(1)历史危险性分析

范围：全自治区119个气象站。

时间：1990—2020年。

灾情数据:内蒙古气候中心提供的灾情直报数据(1983—2013 年)、灾害大典(1960—2000 年)、气候公报(2000—2020 年)关于旱灾灾情的描述。综合以上 3 部分资料,将关于旱灾灾情的描述部分进行定量化、数字化处理,用于干旱灾害历史危险性的分析。

①灾情数据数字化

根据各盟(市)方位的划分结果及各气象站的空间分布,将各气象站历年干旱严重程度和发生次数进行定量化记录(分春、夏、秋、冬、年),重旱记录为 5,空为无旱;黑灾发生在牧区冬季,有记录为 3。

②计算历史灾情危险性指数

历史灾情危险性与干旱强度、发生频次密切相关,强度越大、频次越高,旱灾所造成的损失越严重。历史灾情危险性指数的计算方法是:将不同灾害强度及其出现次数两者相乘后再进行累加。

按照以上方法,统计了 1960 年以来春季、夏季、秋季、冬季干旱发生次数和强度,计算各牧业气象站干旱历史灾情危险性指数,利用 GIS 进行空间插值处理,得出各季节及年干旱危险性指数的分布图。

③历史危险性综合分析

通过将春季、夏季、秋季、冬季致灾因子危险性图层确定权重系数(春季 0.35、夏季 0.35、秋季 0.15、冬季 0.15)的方法,空间迭代运算后,得到年的干旱历史危险性。

(2)潜在危险性分析

选取降水距平百分率、干燥度指数、气象干旱等级 3 个指标。通过 3 个指标的计算结果与干旱等级划分,及与灾情数据的对比分析,最终确定干旱指标:草甸草原站及所有站冬季干旱标准使用月尺度降水距平百分率划分的气象干旱等级标准,即月降水距平百分率 $P_a>-25\%$ 为无旱,$-50\%<P_a\leqslant-25\%$ 为轻旱,$-70\%<P_a\leqslant-50\%$ 为中旱,$P_a\leqslant-80\%$ 为重旱;其他草原站及季节采用降水距平百分率根据气象行业标准《北方草原干旱指标》划分指标等级,共 5 级。

牧区干旱的潜在危险性分析考虑了 CLDAS 降水融合数据(分辨率 6 km),1961—2007 年降水距平百分率仍然利用气象观测站数据,2008—2016 年采用降水融合数据来计算降水距平百分率,并依据以上干旱指标来划分干旱等级。

通过将春季、夏季、秋季、冬季致灾因子危险性图层确定权重系数(春季 0.35,夏季 0.35,秋季 0.15,冬季 0.15)的方法,图层叠加分析后,得到干旱年潜在危险性分布图。

2. 致灾因子危险性评估

致灾因子危险性通过历史危险性指数与潜在危险性指数的综合分析确定,其中,历史危险性指数与潜在危险性指数的权重系数(a、b)通过主观判断与客观相结合的方法确定,权重的客观确定采用熵权系数法,主观采用专家打分法。

$$致灾因子危险性=a\times历史危险性指数+b\times潜在危险性指数$$

依据 1961 年以来各季及年历史危险性指数、潜在危险性指数,通过专家打分法、综合考虑,两者的权重系数 a、b 均为 0.50。

通过将春季、夏季、秋季、冬季致灾因子危险性图层确定权重系数(春季 0.35,夏季 0.35,秋季 0.15,冬季 0.15)的方法,图层叠加分析后,得到干旱年致灾因子危险性分布图。

3.2.2.4 致灾危险性评估

1. 致灾危险性评估结果(图 3.23、图 3.24、表 3.10、表 3.11)

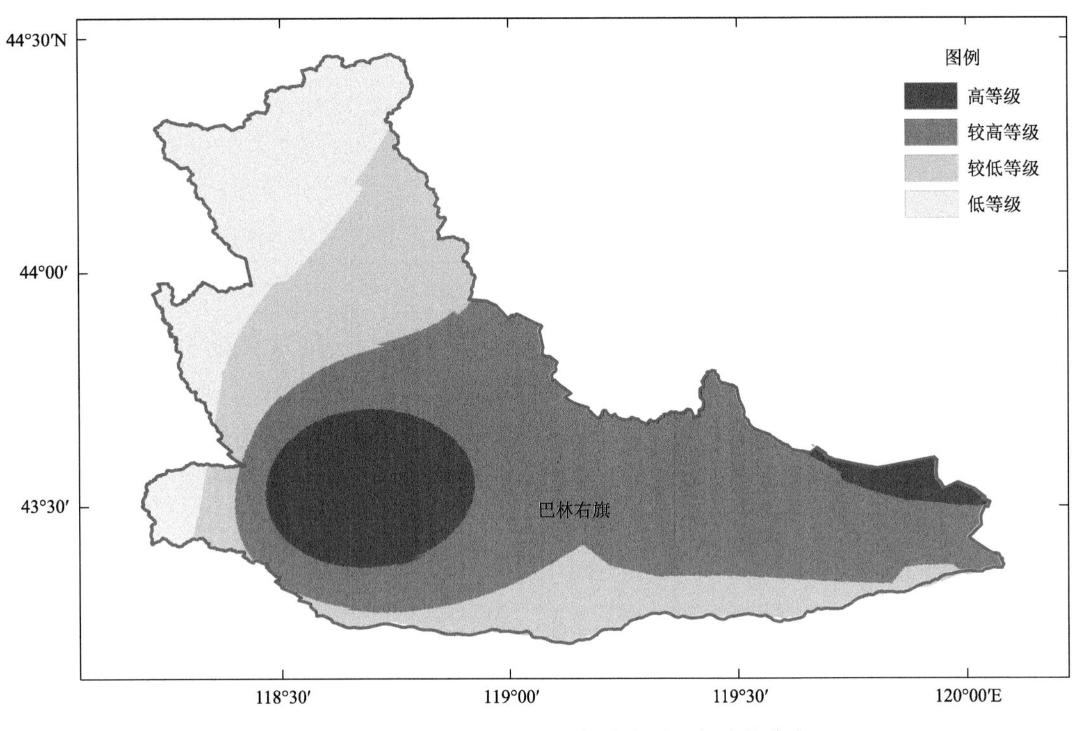

图 3.23 巴林右旗牧区干旱灾害致灾因子危险性分布

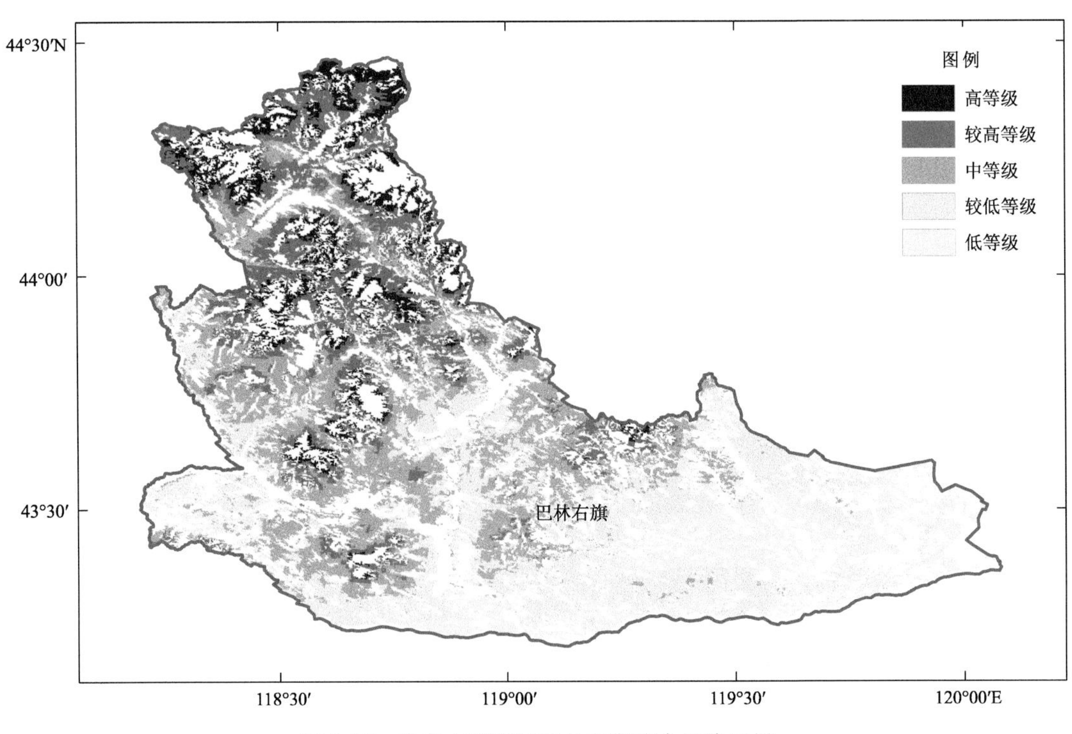

图 3.24 巴林右旗牧区干旱灾害综合风险区划

表 3.10 巴林右旗牧区干旱致灾因子危险性等级数据

等级	含义	指标
1	低危险区	0.40～0.48
2	较低危险区	0.48～0.51
3	较高危险区	0.51～0.54
4	高危险区	0.54～0.59

表 3.11 巴林右旗牧区干旱风险区划等级数据

等级	含义	指标
1	低风险区	0.12～0.24
2	较低风险区	0.24～0.26
3	中风险区	0.26～0.29
4	较高风险区	0.29～0.31
5	高风险区	0.31～0.37

2. 致灾危险性评估结果分析(表 3.12)

表 3.12 巴林右旗牧区干旱综合风险区划统计

类型	面积(km^2)	比例(%)
低风险区	1040.24	16.64
较低风险区	1749.52	27.98
中风险区	1768.36	28.28
较高风险区	1148.42	18.37
高风险区	545.45	8.72
合计	6251.99	100.00

高风险区:共 545.45 km^2,占巴林右旗总面积的 8.72%。主要分布在索博日嘎镇东北部、西北部和西南部、幸福之路苏木东北部和西北部、查干沐沦镇北部。以上地区海拔高,地形以中丘陵为主,河网密度低,致灾因子危险性高、承灾体暴露度高。综合评价,上述地区为巴林右旗干旱灾害高风险区。

较高风险区:共 1148.42 km^2,占巴林右旗总面积的 18.37%。主要分布在索博日嘎镇北部和南部、幸福之路苏木北部和南部、查干沐沦镇北部。以上地区海拔较高,地形以低丘陵为主,河网密度较低,致灾因子危险性较高、承灾体暴露度较高。综合评价,上述地区为巴林右旗干旱灾害较高风险区。

中风险区:共 1768.36 km^2,占巴林右旗总面积的 28.28%。主要分布在索博日嘎镇中南部、大板镇中北部、幸福之路苏木中南部、查干沐沦镇西部和南部、巴彦塔拉苏木西北部和东部地区。以上地区海拔较高,河网密度较低,致灾因子危险性较高、承灾体暴露度较高。综合评价,上述地区为巴林右旗干旱灾害中风险区。

较低风险区:共 1749.52 km^2,占巴林右旗总面积的 27.98%。主要分布在大板镇西北部和南部、查干沐沦镇西南部、查干诺尔镇中南部、巴彦塔拉苏木中南部和中北部、宝日勿苏镇北部和偏南地区。以上地区海拔较低，致灾因子危险性较低、承灾体暴露度较低且承灾体危险性也较低。综合评价，上述地区为巴林右旗干旱灾害较低风险区。

低风险区：共 1040.24 km^2，占巴林右旗总面积的 16.64%。主要分布在西拉沐沦苏木大部、查干诺尔镇中南部、宝日勿苏镇中部、大板镇东南角等地区。以上地区致灾因子危险性低、承灾体暴露度低且承灾体危险性也低。综合评价，上述地区为巴林右旗干旱灾害低风险区。

3.2.2.5 小结

巴林右旗面积 6251.99 km^2，灾害危险分布北部高，东南部低，全旗大部分区域属于中低风险区。依据致灾危险性评估结果分析，高海拔复杂地形地区致灾因子危险性高、承灾体暴露度高，干旱灾害风险高。

3.2.3 小麦干旱

3.2.3.1 数据

1. 气象数据

1980 年至 2016 年 3—8 月逐月的平均气温、平均最高气温、平均最低气温、平均降水量、平均相对湿度、平均日照时数、平均风速。

2. 地理信息数据

地理信息资料主要包括经度、纬度、海拔等，采用国家基础地理信息中心提供的 1∶25 万内蒙古基础地理背景数据。

3. 社会经济数据

统计年鉴中 1987—2020 年产量数据等。国务院普查办共享的巴林右旗小麦种植面积的标准格网数据，空间分辨率为 30″×30″，面积单位为 hm^2。人均 GDP 数据来源于国家科技基础条件平台——国家地球系统科学数据共享平台(http://www.geodata.cn)。

4. 其他资料

灌溉面积占耕地面积的比例数据来源于内蒙古第二次土地调查数据，分辨率为 1∶1 万。发育期资料来源于内蒙古小麦农业气象观测站农气报表。

3.2.3.2 技术路线及方法

根据灾害系统理论，春小麦干旱灾害风险分析主要内容包括 4 个因子：致灾因子危险性分析、承灾体脆弱性分析、承灾体暴露性和防灾减灾能力(图 3.25)。利用研究区气象观测站 1981—2010 年气象资料、农业气象观测资料和产量数据，根据确定的区划指标，分别计算各区划因子，并利用 ArcGIS 技术进行图层叠加计算，得分越高，风险越高。按照行政区划进行裁剪，得到春小麦干旱风险区划分布区。根据风险得分，按照自然断点法进行分级。

1. 小麦致灾过程确定

水分对春小麦的生长非常重要。播种时要求最适宜的土壤含水量为土壤田间最大持水量的 80%左右；分蘖期间土壤含水量不能低于 10%，超过 80%则会造成土壤缺氧，分蘖非常缓慢；春小麦抽穗 5 d 到抽穗后的 25 d 期间最适宜降水量为 80 mm；灌浆阶段需水量为 120 mm。

考虑干旱气象灾害风险的形成，本节结合内蒙古地区第二次土地调查数据，基于自然灾害风险评估方法，综合考虑干旱灾害的致灾因子危险性、承灾体脆弱性、承灾体暴露性及防灾减

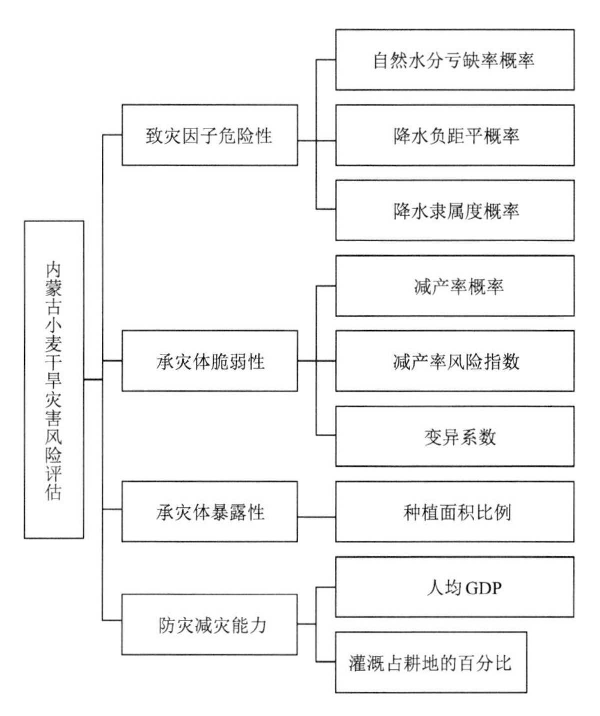

图 3.25 巴林右旗小麦干旱灾害风险评估技术路线

灾能力，构建内蒙古小麦干旱风险综合指数，并依托 GIS 技术进行精细化风险区划。

2. 小麦致灾因子危险性评估

(1)致灾因子危险性评估指标

①自然水分亏缺率概率

行业标准《小麦干旱灾害等级》(QX/T 81—2007)中定义小麦干旱灾害强度风险指数是自然水分亏缺率(G)等级(i)及其相应出现概率(P)的函数：

$$I = F(G,P) = \int_{G_1}^{G_2} GP(G)\mathrm{d}G = \sum_{i=G_1}^{G_2} G_i P_i$$

自然水分亏缺率(Natural moisture deficiency rates)是依据农田水分平衡原理常用的农业干旱指标。当作物水分在一定持续时间内得不到满足就会形成农业干旱，为了全面评估春小麦各发育期水分亏缺情况，本节根据现行国家标准《农业干旱等级》(GB/T 32136—2015)，选用作物水分亏缺指数表征作物水分亏缺的程度，适用于气象要素观测齐备的农区。水分亏缺指数是某时段累计水分亏缺指数，是各时间段水分亏缺指数的加权和，权重系数可以根据当地实际情况确定。某时段作物水分亏缺指数即自然缺水率在不考虑灌溉条件下，当作物潜在蒸散量(E)大于降水量(P)时，某时段自然水分亏缺指数用下式计算：

$$\mathrm{CWDI} = (1 - P/E) \times 100\% \qquad E > P$$

$$E = K_c \cdot \mathrm{ET}_0$$

式中，K_c 为作物系数，将春小麦全生育期划分为苗期、拔节期、抽穗开花期和灌浆成熟期 4 个生育阶段，不同的发育阶段作物系数不同(表 3.13)。ET_0 为可能蒸散量，采用 FAO 推荐的彭曼公式计算。

表 3.13 小麦生育期各月作物系数

4月	5月	6月	7月	8月
0.45	0.90	1.11	0.52	0.45

根据各月需水量占总需水量的百分比确定 3—8 月的权重，汇总计算全生育期自然水分亏缺率。按照上述方法，分别计算历年全生育期、拔节、灌浆期 CWDI 指数，按照表 3.14 分级标准将致灾等级划分为轻旱、中旱、重旱、严重干旱。

表 3.14 基于自然水分亏缺率的内蒙古小麦干旱等级指标

要素		轻旱	中旱	重旱	严重干旱
自然水分亏缺率(%)	全生育期	≤15	15～30	30～45	>45
	拔节期	≤15	15～45	45～70	>70
	灌浆期	≤20	20～35	35～45	>45

②降水负距平概率

降水负距平概率是降水负距平百分率等级及其相应出现概率的函数。计算历年 3—8 月(全生育期)降水负距平和拔节期降水负距平。对观测站农气报表中春小麦拔节期进行历年平均分析，以 5 月下旬至 6 月中旬作为拔节期进行计算。

按照上述方法，分别计算各站历年全生育期、拔节期降水负距平百分率指标，根据中国气象局发布的现行气象行业标准《小麦干旱灾害等级》(QX/T 81—2007)，确定小麦干旱灾害致灾等级指标，将降水距平百分率风险指数致灾等级划分为轻旱、中旱、重旱、严重干旱(表 3.15)。对历年各站点全生育期、拔节期出现的干旱等级分别进行频次统计，根据发生轻旱、中旱、重旱、严重干旱次数计算出现频率，并进行加权求和计算作为该站全生育期、拔节期降水负距平百分率概率得分，对全区站点不同发育期的降水负距平百分率概率进行等级划分。

表 3.15 基于降水负距平百分率的内蒙古小麦干旱等级指标

要素		轻旱	中旱	重旱	严重干旱
降水负距平百分率(%)	全生育期	≤15	15～35	35～55	>55
	拔节期	≤30	30～65	65～90	>90

③降水隶属度概率

降水量的隶属函数是分段函数。降水隶属度在 0～1 之间，当降水量在最低降水量与最高降水量之间时，降水隶属度为 1。r 为春小麦各生育期平均降水量，r_0 为需水量，$r_l=0.6\cdot r_0$ 为最小降水量，$r_h=1.5\cdot r_0$ 为最大降水量，降水隶属函数 计算公式为：

$$\widetilde{R}(r)=\begin{cases} r/r_l & r<r_l \\ 1 & r_l\leqslant r\leqslant r_h \\ r_h/r & r>r_h \end{cases}$$

当降水量在最大降水量与最小降水量之间时的降水隶属度为 1，最适宜作物生长发育要求，因此以降水隶属函数与 1 差值的绝对值作为降水适宜性指标。需水量简化为高产水平条件下的植株蒸腾量与棵间蒸发量之和，定义为作物系数 K_c 与可能蒸散量的乘积，采用 FAO 推荐的 P-M 公式求得。分别计算 3—8 月逐月需水量，计算得到各站历年 3—8 月的最小降水量、最大降水量，利用条件函数和下表中的致灾等级划分指标将降水隶属度风险指数致灾等级划分为轻旱、中旱、重旱、严重干旱（表3.16）。对历年各月出现的干旱等级分别进行频次统计，计算发生轻旱、中旱、重旱、严重干旱的频率，进行加权求和计算作为该站降水隶属度概率得分，并对全区站点的降水隶属度概率进行等级划分。

表3.16 基于降水负距平百分率的内蒙古小麦干旱等级指标

要素		轻旱	中旱	重旱	严重干旱
降水负距平百分率(%)	全生育期	>80	60～80	30～60	≤30

(2)致灾危险性评估模型

致灾危险性分别从自然水分亏缺率、降水负距平概率以及降水隶属度概率三个方面反映干旱灾害危险性的大小，考虑内蒙古小麦种植结构的实际情况，利用如下公式计算全区各站致灾因子危险性得分。

$$H=0.151H_{W1}+0.067H_{W2}+0.101H_{W3}+0.155H_{P1}+0.069H_{P2}+0.112H_{R}$$

式中，H_{W1}、H_{W2}、H_{W3}分别为全生育期、拔节期、灌浆期自然水分亏缺率概率，H_{P1}、H_{P2}分别为全生育期、拔节期降水负距平概率，H_{R}为降水隶属度概率。

经过对比不同插值方法的数据交叉检验后，在考虑气候要素与经度、纬度等地理信息的基础上，采用小网格推算模型进行干旱灾害发生危险性因子的空间分布的推算，利用基础地理信息建立的致灾因子危险性空间逐步回归拟合方程为：

$$H=14.06-0.126\mathrm{JD}+0.055\mathrm{WD}-0.00038\mathrm{DEM}$$

式中，JD、WD、DEM分别表示经度、纬度和海拔高度。

3. 风险评估与区划

根据灾害系统理论，春小麦干旱灾害风险分析主要内容包括4个方面：致灾因子危险性分析、承灾体脆弱性分析、孕灾环境暴露性分析和防灾减灾能力分析（表3.17）。其中致灾因子危险性从春小麦不同发育期的自然水分亏缺率概率、降水负距平概率、降水隶属度概率展开分析；承灾体脆弱性从减产率概率、减产率风险指数、变异系数3个方面分析；承灾体暴露性在全区级评估中利用春小麦种植面积占比；防灾减灾能力采用灌溉占耕地的百分比和千米网格人均GDP两个指标。

表3.17 内蒙古小麦干旱灾害风险指标体系

<table>
<tr><td rowspan="12">小麦干旱灾害风险指标体系(R_{xm})</td><td rowspan="6">致灾因子危险性(H)</td><td rowspan="3">自然水分亏缺率概率(H_{W})</td><td>全生育期(H_{W1})</td></tr>
<tr><td>拔节期(H_{W2})</td></tr>
<tr><td>灌浆期(H_{W3})</td></tr>
<tr><td rowspan="2">降水负距平概率(H_{P})</td><td>全生育期(H_{P1})</td></tr>
<tr><td>拔节期(H_{P2})</td></tr>
<tr><td colspan="2">降水隶属度概率(H_{R})</td></tr>
<tr><td rowspan="3">承灾体脆弱性(E)</td><td colspan="2">减产率概率(E_{D})</td></tr>
<tr><td colspan="2">减产率风险指数(E_{K})</td></tr>
<tr><td colspan="2">变异系数(E_{C})</td></tr>
<tr><td>承灾体暴露性(V)</td><td colspan="2">种植面积比例(V)</td></tr>
<tr><td rowspan="2">防灾减灾能力(D)</td><td colspan="2">灌溉占耕地百分比(D_{G})</td></tr>
<tr><td colspan="2">人均GDP (D_{D})</td></tr>
</table>

各级评估指标权重采用层次分析+专家打分法进行设定，综合各级评估指标，巴林右旗春小麦干旱灾害风险区划模型如下：

$$R_{xm}=0.151H_{W1}+0.067H_{W2}+0.101H_{W3}+0.155H_{P1}+0.069H_{P2}+0.112H_{R}+0.087E_{D}+0.069E_{K}+0.052E_{C}+0.089V+0.031D_{G}+0.017D_{D}$$

3.2.3.3 致灾因子特征分析

1. 小麦致灾因子危险性等级划分

小麦干旱致灾因子危险性划分为4个等级，由低到高分别为低、中、较高和高，分别对应等级4、3、2、1(表3.18)。小麦干旱灾害致灾因子危险性是决定综合干旱风险高低的主要因子，干旱致灾因子危险性指数越大，灾害风险越高。

表3.18 巴林右旗小麦干旱灾害致灾危险性等级

危险性等级	含义	指标
4	低危险性	0.043～0.129
3	较低危险性	0.129～0.156
2	较高危险性	0.156～0.175
1	高危险性	0.175～0.201

2. 小麦致灾因子危险性评估

从致灾因子危险性等级分布来看，低风险区面积为454.05 km²，占全旗总面积的4%，主要分布在东北部地区。较低风险区面积为1796.70 km²，占全旗总面积的18%，主要分布在北部地区。较高风险区面积为4209.54 km²，占全旗总面积的41%，包括东南部地区。高风险区面积为3706.87 km²，占全旗总面积的36%，主要分布在西南部地区(图3.26)。

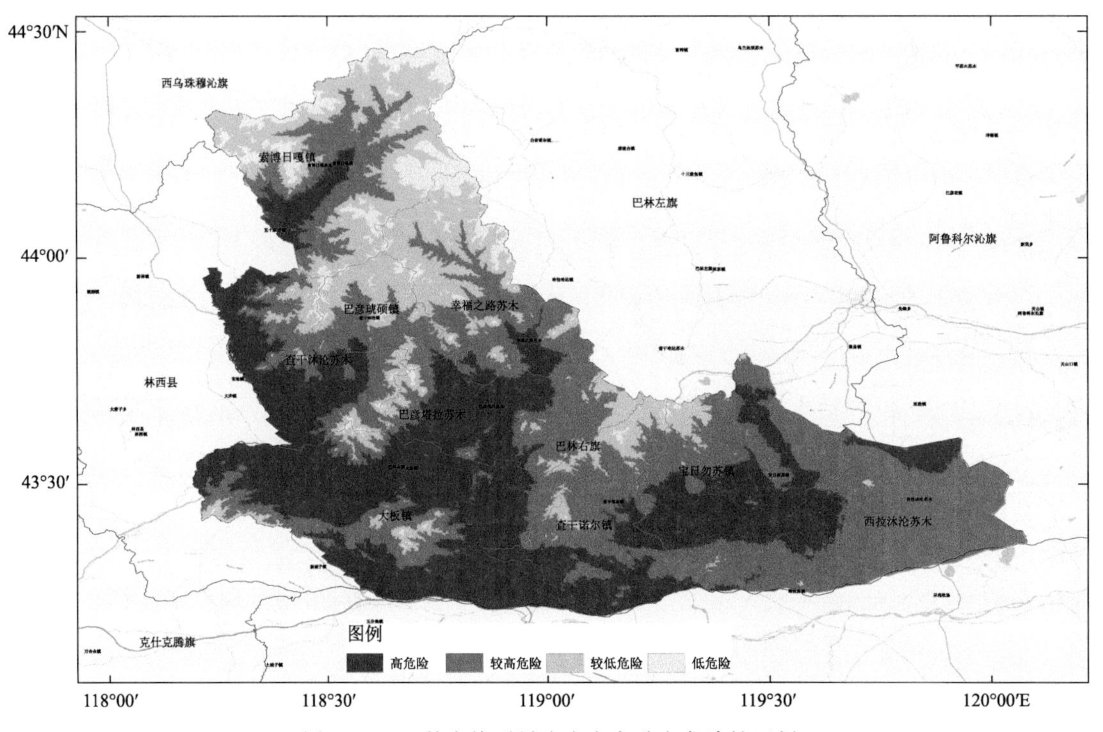

图3.26 巴林右旗干旱小麦灾害致灾危险性区划

3.2.3.4 灾害风险评估与区划

1. 小麦干旱灾害风险等级划分

按照全国气象灾害综合风险普查技术规范——《干旱灾害调查与风险评估技术规范(评估与区划类)》要求，采用自然断点法将小麦干旱灾害风险划分为5个等级，分别为低风险区、较低风险区、中风险区、较高风险区和高风险区，分别对应等级5、4、3、2、1，风险等级值见表3.19。

表3.19 巴林右旗小麦干旱灾害风险等级

风险等级	分区	指标
5	低风险	0～0.443
4	较低风险	0.443～0.545
3	中风险	0.545～0.612
2	较高风险	0.612～0.757
1	高风险	0.757～1.000

2. 小麦干旱风险区划分区评估

①低风险区。本区面积占全旗面积的1%，主要分布在东北部地区。上述地区位于西辽河灌区北端，抗灾能力强，但属于大兴安岭的沿山地区，由于地形及海拔高度原因，春小麦播种面积不大。本区要因地制宜优化农牧生产结构，适当调整春小麦种植面积。

②较低风险区。本区面积占全旗面积的26%，主要集中在北部地区。上述地区位于沿河一带，浇灌便利，抗灾能力略高，可适当扩种春小麦，并进一步保持和优化当前灌溉条件，使春小麦产量高而稳定。

③中等风险区。本区面积占全旗面积的61%，包括偏东部地区。该区域隶属西辽河平原边缘地带，地势相对平坦开阔，可通过植树造林，建造防护林带的方式来改善农田小气候，防御干旱危害。

④较高风险区。本区面积占全旗面积的9%，主要分布在西南部地区。上述地区距离河流水系相对较远，灌溉成本高，防灾减灾能力弱。本区应重点发展节水灌溉如喷、滴灌措施等，不能灌溉的旱地应采取一系列保墒措施，提高自然水的利用率。

⑤高风险区。本区面积占全旗面积的3%，主要分布在大板镇偏北部地区和查干沐沦苏木西部地区。上述地区为大兴安岭山脉沿山地区，春小麦干旱灾害风险最高，该区应积极推广和应用滴灌、喷灌等先进的农业节水新技术，同时适当开展退耕还林工程建设，提高总体农业效益(图3.27)。

3.2.3.5 小结

从巴林右旗春小麦干旱风险区划来看，中部和西部地区为干旱高风险，其余大部分地区为干旱中低风险。从致灾因子危险性来看，小麦干旱灾害致灾因子危险性受拔节期、灌浆期降水量影响较大，呈北低、南高的分布趋势，东部大部分农区自然水分亏缺率、降水负距平百分率较低，降水隶属度较高，水分条件基本满足春小麦生长发育需求。从承灾体脆弱性来看，大部分地区均为中风险，表明该地区减产率不稳定，减产率风险指数及变异系数较高。从承灾体暴露性来看，大部分地区为中风险区，春小麦占粮食作物种植面积的比例相对较高。从防灾减灾能

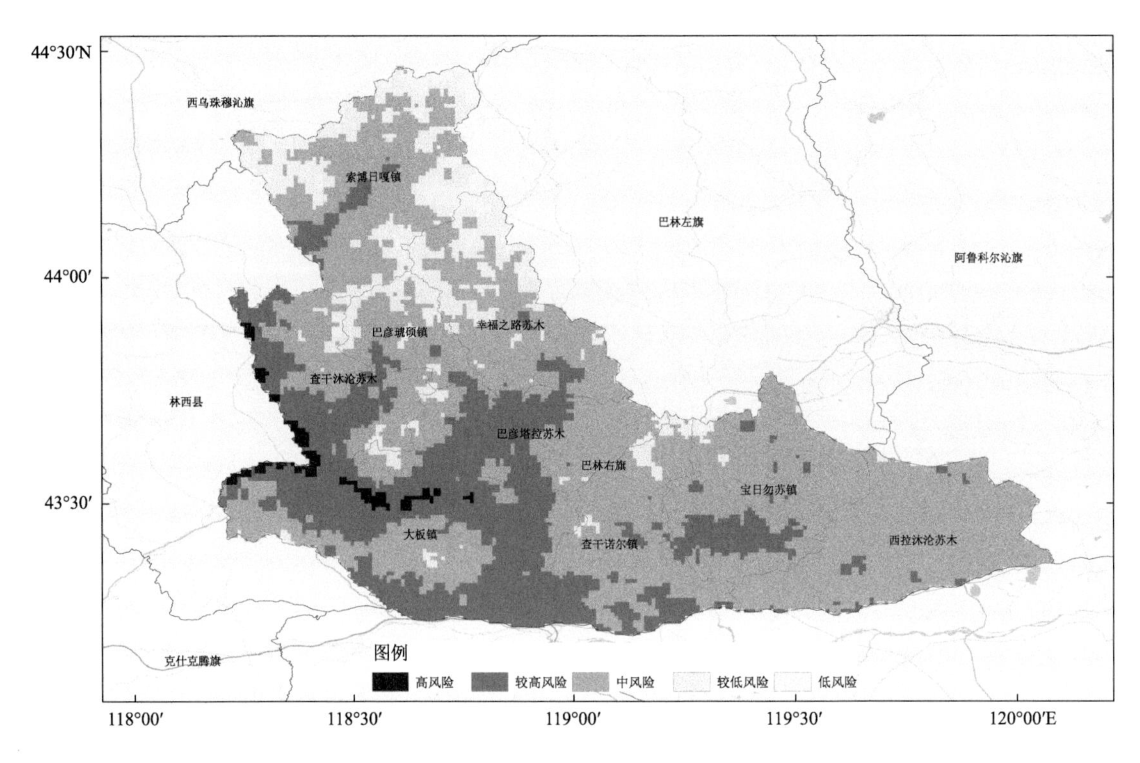

图 3.27 巴林右旗干旱灾害小麦风险区划

力来看，西部大部分地区为防灾减灾能力高值区，灌溉占耕地的比例和人均 GDP 均较高，中东部大部分地区为防灾减灾能力低值区，表现为灌溉占耕地的比例和人均 GDP 偏低。

受地形、灌溉水平和经济状况等因素的共同影响，低风险区和较低风险区主要分布在北部地区，占全旗面积的 27%，而较高风险区和高风险区主要分布于中西部地区，占全旗面积的 12%。整体来看，巴林右旗小麦干旱风险呈北部低、南部高分布，说明巴林右旗南部大部分农田干旱灾害风险等级较高，要因地制宜地优化巴林右旗农业生产结构，适当调整小麦种植面积，除采取必要的保墒措施外，应加强农田的水利基础设施建设，改善灌溉条件，提高该区防御干旱的能力。

第4章 大 风

4.1 数据

4.1.1 气象数据

巴林右旗设有国家级气象站和区域气象站共12个，其中的1个国家级地面气象观测站（巴林右旗站），为平原站。在进行巴林右旗大风危险性评估时，综合考虑观测站建站时间和观测要素齐全性，最终采用了1个国家级气象站和11个区域气象站的1961—2020年的风速逐日数据。站点分布如图4.1所示，站点的基本信息见表4.1。

表4.1 巴林右旗气象站基本信息

站名	海拔高度(m)	地面观测类型	使用要素	建站环境
巴林右旗站	689	国家一般气象站	最大风速 极大风速	
索博日嘎	911	区域自动气象站	极大风速	
幸福之路	724	区域自动气象站	极大风速	集镇
查干诺尔	545	区域自动气象站	极大风速	集镇
宝日勿苏	486	区域自动气象站	极大风速	集镇
西拉沐沦	398	区域自动气象站	极大风速	集镇
巴彦尔灯	629	区域自动气象站	极大风速	
巴彦琥硕	891	区域自动气象站	极大风速	集镇
巴彦塔拉	681	区域自动气象站	极大风速	
巴罕宝力格	760	区域自动气象站	极大风速	
查干沐沦	783	区域自动气象站	极大风速	乡村
赛罕乌拉保护区	1098	区域自动气象站	极大风速	

4.1.2 地理信息数据

（1）地形高程数据（DEM）：来源于中国科学院计算机网络信息中心地理空间数据云平台（http://www.gscloud.cn）共享的ASTER GDEM 30 m分辨率数字高程数据。

（2）土地利用数据：来源于自然资源部共享的我国2020年30 m分辨率的地表覆盖数据。

（3）森林覆盖数据：中国科学院空天信息创新研究院发布的2018年全球30 m分辨率森林覆盖分布图（GFCM），该数据是基于Landsat系列卫星数据和国产高分辨率卫星数据构建了

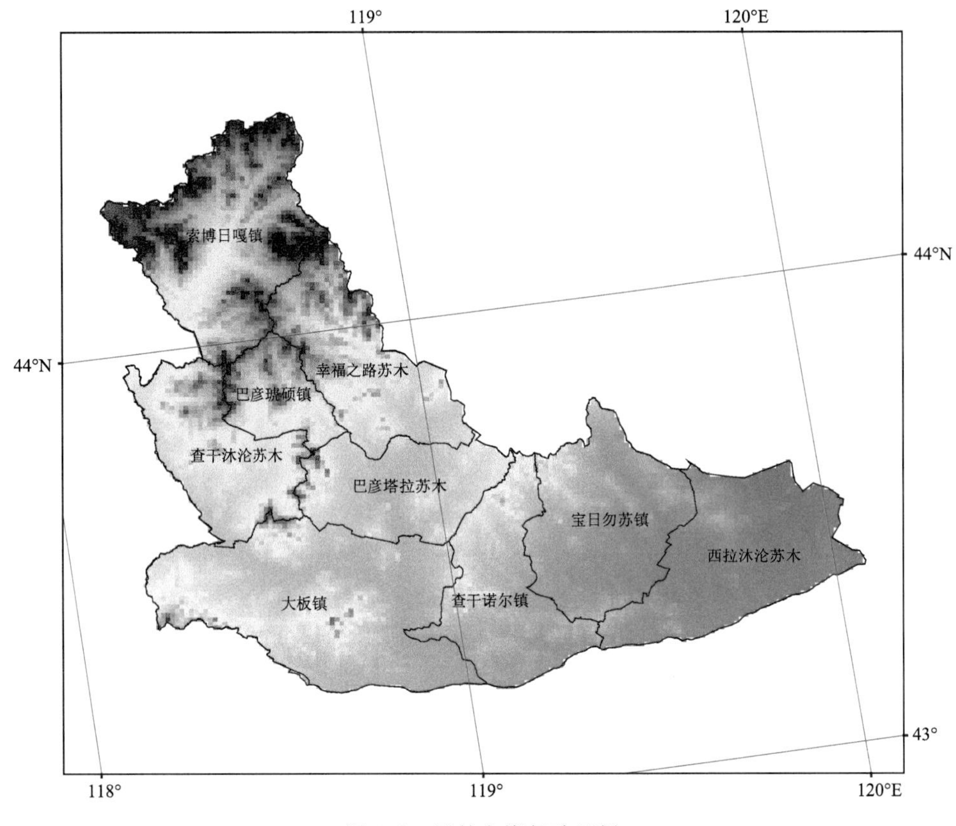

图 4.1 巴林右旗行政区划

全球高精度森林和非森林样本库，利用机器学习和大数据分析技术实现全球森林覆盖高精度自动化提取，完成 2018 年全球 30 m 分辨率森林覆盖分布图。通过利用随机分层抽样的方式在全球范围选取精度验证样区（样区的选择兼顾不同地表覆盖类型和森林类型分区）进行精度验证，精度验证结果表明，2018 年全球 30 m 分辨率森林覆盖分布图的总体精度约为 90.94%。

4.1.3 风向风速自记纸

由内蒙古自治区气象信息中心档案馆提供的巴林右旗国家级气象站 1951 年至自动气象站正式使用前一年的 EL 型电接风自记图像扫描件和纸质记录，用于大风致灾过程中致灾因子特征信息的确定。

4.1.4 承灾体数据

承灾体数据来源于国务院普查办共享的巴林右旗人口、GDP 和三大农作物（小麦、玉米、水稻）种植面积的标准格网数据，空间分辨率为 30″×30″。

4.2 技术路线及方法

4.2.1 致灾过程确定

4.2.1.1 历史大风过程的确定

根据调查旗(县)(区)国家级地面观测站天气现象和极大风风速的记录,以当日该站出现大风天气现象为标准确定历史大风过程,无大风天气现象观测记录以日极大风风速≥17.2 m/s为标准确定历史大风过程。并根据小时数据确定历史大风过程中致灾因子的基本信息,包括开始日期、结束日期、持续时间、影响范围;历史大风灾害事件的致灾因子信息包括大风分类(雷暴大风、非雷暴大风)、日最大风速和风向、日极大风速和风向等(图 4.2)。

4.2.1.2 历史大风致灾过程的确定

根据《中国气象灾害年鉴》《中国气象灾害大典》及内蒙古自治区、盟(市)、旗(县)三级的气象灾害年鉴、防灾减灾年鉴、灾害年鉴、地方志等、文献及灾情调查部门的共享数据,确定历次大风事件是否致灾,并根据灾情数据、观测数据、风速自记纸等记录确定本次大风致灾过程中致灾因子的基本信息,包括开始日期、结束日期、持续时间、影响范围;历史大风灾害事件的致灾因子信息,包括大风分类(雷暴大风、非雷暴大风)、日最大风速和风向、日极大风速和风向。

4.2.2 致灾因子危险性评估

4.2.2.1 确定大风灾害危险性指标

选择发生大风的年平均次数(频次,单位:d/a)和极大风速大小(强度,单位:m/s)作为大风灾害致灾因子的危险性评估指标(H)。大风日数越多,大风发生越频繁,极大风速越大,可能发生强度越大,则大风灾害的危险性就越高。大风日数表示大风频次(P),各个站点一年内大风日数作为频次信息,频次统计单位为 d/a;极大风速最大值表示大风强度(G),各个站点每年大风日的极大风速最大值作为强度信息,统计单位为 m/s。

采用层次分析法、文献调研、专家打分等方法对大风频次和强度分别赋予权重,两个指标进行归一化处理后通过加权相加后得到 H。计算公式为:

$$H = w_G \times G + w_P \times P$$

式中,w_G 是大风强度的权重,w_P 是大风频次的权重,G 是对于大风强度因子指标的归一化值,P 是对于大风频次因子指标的归一化值。

4.2.2.2 确定大风和频次的权重

采用熵权法确定大风频次和强度的权重,熵权法相对层次分析法、专家打分法来说更具客观性,因此在大风灾害危险性评估中采用了熵值赋权法来确定评价因子的权重。

4.2.2.3 大风危险性评估

基于大风危险性评估指标,计算大风灾害平均危险性水平值($\overline{H}$)。计算网格化或者行政区划(区/县或乡(镇)/街道)的评估单元的基础上进行,即针对每个评估单元下垫面的危险性评估指标进行计算,得到内蒙古自治区大风灾害平均危险性水平值($\overline{H}$)。

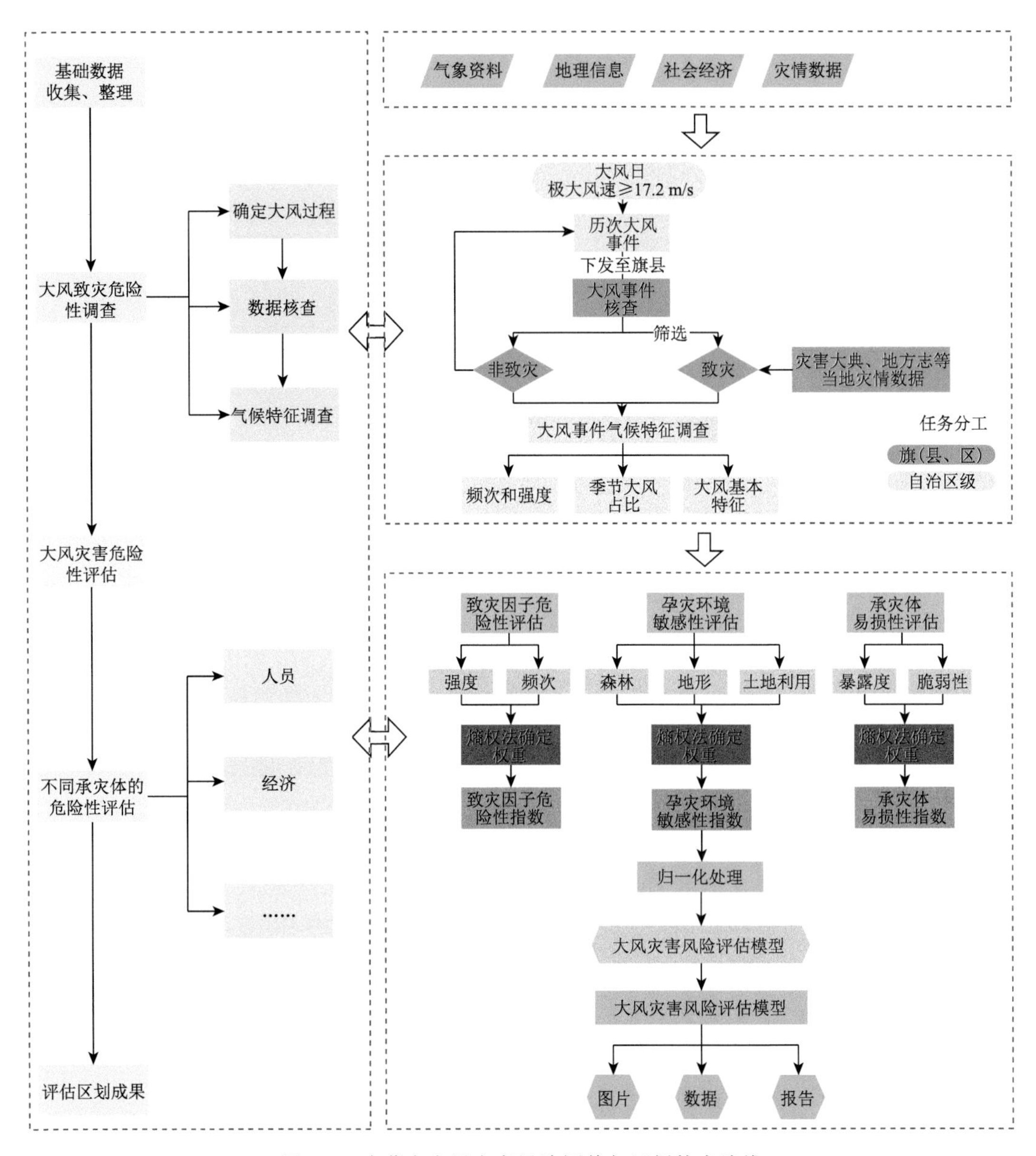

图 4.2 内蒙古大风灾害风险评估与区划技术路线

$$\overline{H} = \frac{1}{n}\sum_{i=1}^{n} H_i$$

式中，H_i 为每个评估单元下垫面的大风灾害危险性评估指标。

根据 $\overline{H}$ 值大小参考表 4.2 或者根据实际情况采用其他分级方法，如自然断点法等，确定大风灾害危险性评估等级。

采用自然断点法将计算得到的大风灾害危险性指数分为高、较高、较低、低共 4 个等级，得到巴林右旗大风灾害危险性等级结果。

表 4.2 大风灾害危险性评估等级划分标准

危险性级别	含义	指标
1	高危险性	$[5\overline{H},\infty)$
2	较高危险性	$[2\overline{H},5\overline{H})$
3	较低危险性	$[\overline{H},2\overline{H})$
4	低危险性	$[0,\overline{H})$

4.2.3 风险评估与区划

4.2.3.1 技术流程与方法

气象灾害风险是气象致灾因子在一定的孕灾环境中作用在特定的承灾体上所形成的。因此，致灾因子、孕灾环境和承灾体这 3 个因子是灾害风险形成的必要条件，缺一不可。根据灾情调查情况，结合实际情况，选择基于风险指数的大风风险评估方法开展大风灾害风险评估工作。根据风险＝致灾因子危险性×孕灾环境敏感性×承灾体易损性，确定不同承灾体的风险评估指数。不同承灾体的致灾因子危险性、孕灾环境敏感性和承灾体的易损性 3 个评价因子选择相应的评价因子指数得到(图 4.3)。评价因子指数的计算采用加权综合评价法，计算公式为：

$$V_j = \sum_{i=1}^{n} w_i D_{ij}$$

式中，V_j 是各评价因子指数，w_i 是指标 i 的权重，D_{ij} 是对于因子 j 的指标 i 的归一化值，n 是评价指标个数。

4.2.3.2 大风灾害孕灾环境敏感性评估指标

大风孕灾环境主要指地形、植被覆盖等因子对大风灾害形成的综合影响。综合考虑各影响因子对调查区域孕灾环境的不同贡献程度，运用层次分析法设置相应的权重。地形主要以高程指示值代表，按高程越高越敏感进行赋值。

将高程指标及植被覆盖度指标进行归一化处理后通过加权求和计算得到孕灾环境敏感性评估指标(S)。计算公式为：

$$S = w_{\text{高程}} \times \text{高程指标(归一化)} + w_{\text{植被覆盖度}} \times \text{植被覆盖指数(归一化)}$$

4.2.3.3 大风对人员安全影响的风险评估

大风对人员安全的影响风险评估以人口作为主要的承灾体，以人口密度因子描述承灾体的易损状况，评估方程为：

$$R_p = H \times S \times (E_p \times F(p))$$

式中，R_p 为大风灾害对人员安全影响的风险度，H 为大风危险性，S 为孕灾环境敏感性，E_p 为人口暴露度，即人口密度(p)，F 为以人口密度 p 为输入参数的大风规避函数。在城市地区，人口密度越大的地区，建筑物越多，大风可规避性越强，其函数的输出系数则越小，导致的风险则越低，$F(p)$计算公式为：

$$F(p) = \frac{1}{\ln(e + p/100)}$$

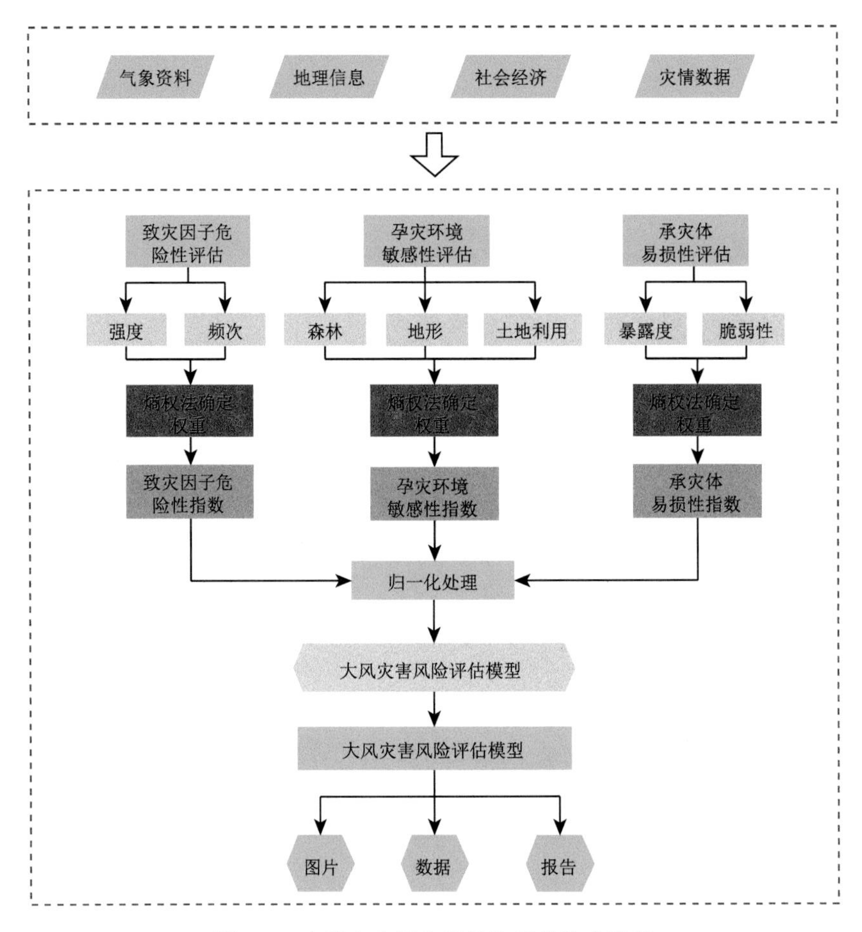

图 4.3 内蒙古大风灾害风险评估技术路线

在非城市地区，人口越多的地方，损失相对越大，不使用大风规避函数，即

$$R_p = H \times S \times E_p$$

4.2.3.4 大风对经济影响的风险评估与区划

大风灾害对社会经济影响的风险评估，以社会经济作为承灾体，大风对经济影响的风险评估方程为：

$$R = H \times S \times V$$

式中，R 为大风灾害对经济影响的风险度，V 为社会经济的易损性指标，即易损度，社会经济易损度包括社会经济的暴露度(E)和脆弱性(F)，根据承灾体及灾情信息收集情况，承灾体易损度可使用承灾体暴露度和脆弱性共同表示，即：

$$V = E \times F$$

或者仅使用承灾体暴露度表示，即：

$$V = E$$

选取地均 GDP 代表经济暴露度指标，选取大风直接经济损失占 GDP 的比重代表经济脆弱性指标。

对于巴林右旗大风灾害对经济影响的风险评估与区划，使用社会经济暴露度表示社会经济的易损性。

4.2.3.5 大风对农业影响的风险评估与区划

大风灾害对农业影响的风险评估方程为：

$$R = H \times S \times V$$

式中，R 为大风灾害对农业影响的风险度，V 为农业的易损性指标，即易损度，农业易损度包括其暴露度(E)和脆弱性(F)，根据承灾体及灾情信息收集情况，承灾体易损度可使用承灾体暴露度和脆弱性共同表示，即：

$$V = E \times F$$

或者仅使用承灾体暴露度表示，即：

$$V = E$$

选取农业用地面积比代表农业的暴露度指标；选取农业受损面积占农业面积的比例代表农业脆弱性指标。

对于巴林右旗大风灾害对农业影响的风险评估与区划，使用农业暴露度表示农业的易损性。

4.3 致灾因子特征分析

4.3.1 极大风速的年际变化特征

图 4.4 为 1961—2020 年巴林右旗站极大风速年平均值的变化。该站的极大风速平均值为 18.4～22.8 m/s。1961—2020 年，巴林右旗站的极大风速未出现明显的年代际变化，且 60 年来有逐渐下降的趋势。

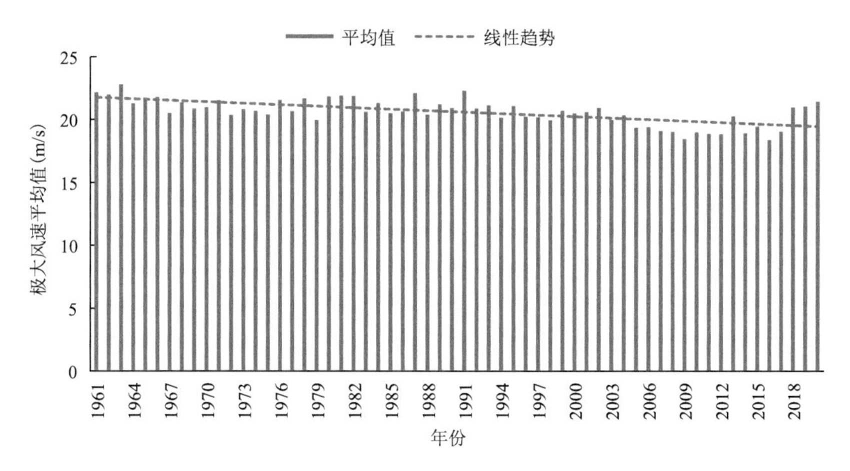

图 4.4　1961—2020 年巴林右旗站极大风速年平均值变化

图 4.5 是巴林右旗气象观测站 1961—2020 年极大风速最大值的统计结果。站点的极大风速最大值为 19.9～38.2 m/s。前 30 年巴林右旗站极大风速极大值无明显的变化趋势，1991—2015 年极大风速极大值有逐年下降趋势。

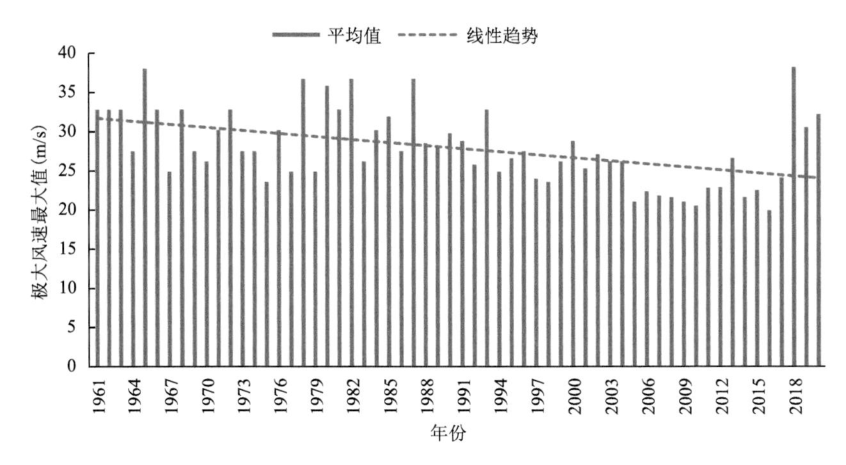

图 4.5 1961—2020 年巴林右旗站极大风速年最大值变化

4.3.2 大风日数的年际变化特征

图 4.6 是巴林右旗气象观测站 1961—2020 年大风日数的统计结果。该站大风日数具有明显的年代际变化,巴林右旗站 1961—2020 年有 35 年大风日数超过 20 d,其中 1980—1981 年大风日数超过 59 d,2018—2020 年大风日数超过 98 d。

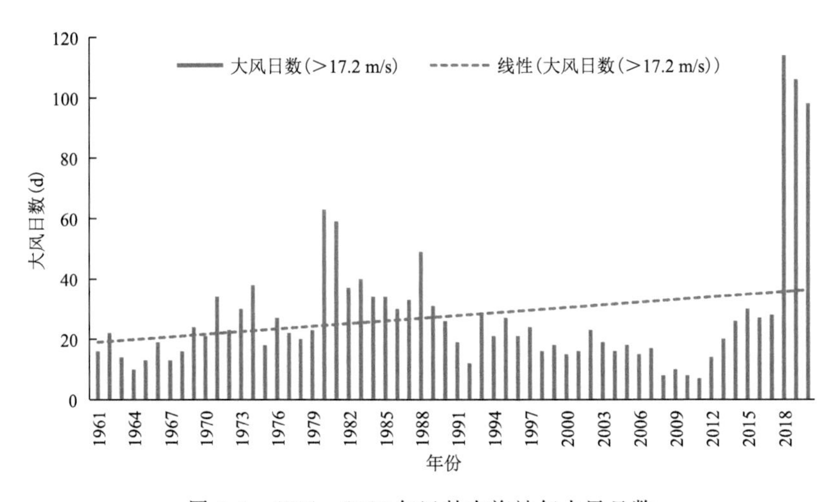

图 4.6 1961—2020 年巴林右旗站年大风日数

4.4 典型过程分析

受高空槽和台风“烟花”变性北上的共同影响,2021 年 7 月 30 日至 8 月 2 日,内蒙古自治区东部出现一次大到暴雨天气过程,局部地区大暴雨,并伴有短时强降水、雷暴大风、冰雹等强对流天气。7 月 31 日下午,赤峰市巴林右旗中部出现强对流天气,极大风速达到 20.7 m/s,同时出现局地强降雨,本次过程中,受雷暴大风影响,共造成巴林右旗 189 户 626 人受灾,农作物受灾面积 170.67 hm^2,成灾面积 170.67 hm^2,绝收面积 75 hm^2,损坏棚圈 3 处,灾害造成直接经济损失102.72万元。其中,农业损失100.62万元,家庭财产损失2.1万元。

4.5 致灾危险性评估

4.5.1 大风灾害危险性评估

利用熵值赋权法确定了巴林右旗国家级气象站历年大风日数和极大风速的权重,依据大风日数和极大风速的权重,确定巴林右旗大风的综合风险指数,利用归一化方法得到巴林右旗大风归一化后的综合风险指数。基于地理信息系统中自然断点分级法,将大风灾害危险性指数划分四个危险性等级,分别为1级高危险性、2级较高危险性、3级中等危险性、4级低危险性,具体危险性指标值如表4.3所示。从巴林右旗大风灾害危险性等级分布图可以看出(图4.7),巴林右旗大风灾害危险性高和较高地区主要分布在巴林右旗北部海拔相对较高处的索博日嘎苏木、查干诺尔镇。地形高度较高、森林植被覆盖较少地区的大风危险性相对较高。

表4.3 巴林右旗大风灾害致灾危险性等级

危险性等级	含义	指标
4	低危险性	0～0.196
3	较低危险性	0.196～0.298
2	较高危险性	0.298～0.427
1	高危险性	0.427～1.000

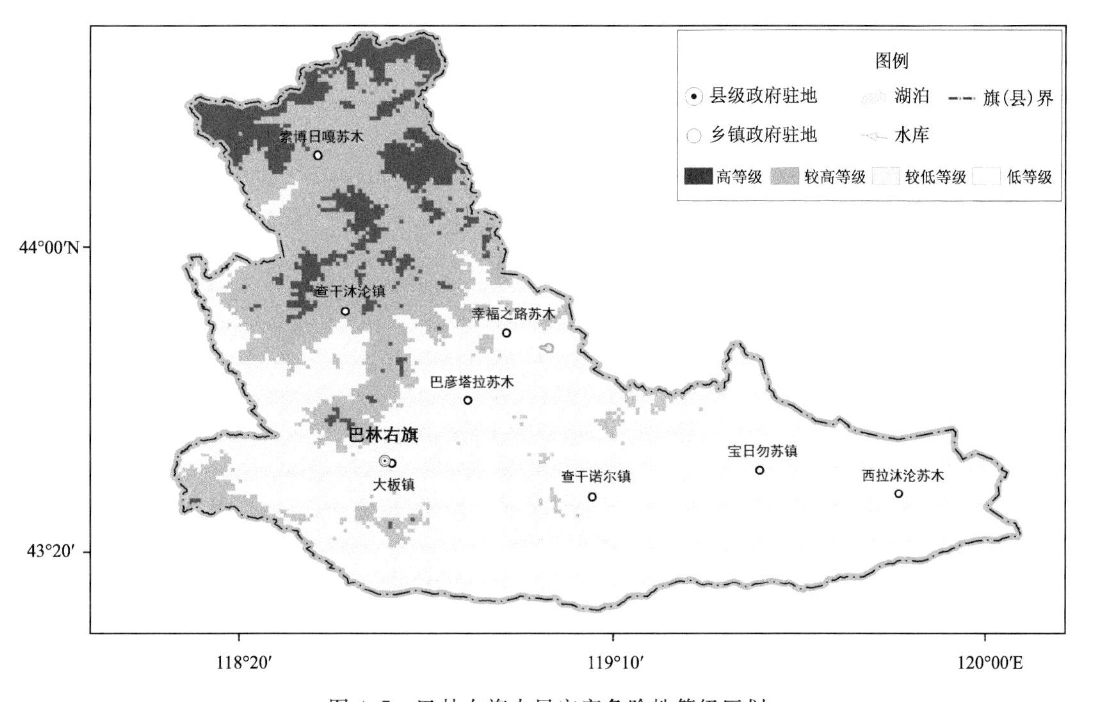

图4.7 巴林右旗大风灾害危险性等级区划

4.5.2 大风灾害孕灾环境敏感性评估

孕灾环境敏感性区划结果见图 4.8，巴林右旗的孕灾环境敏感性大致和地形分布一致。

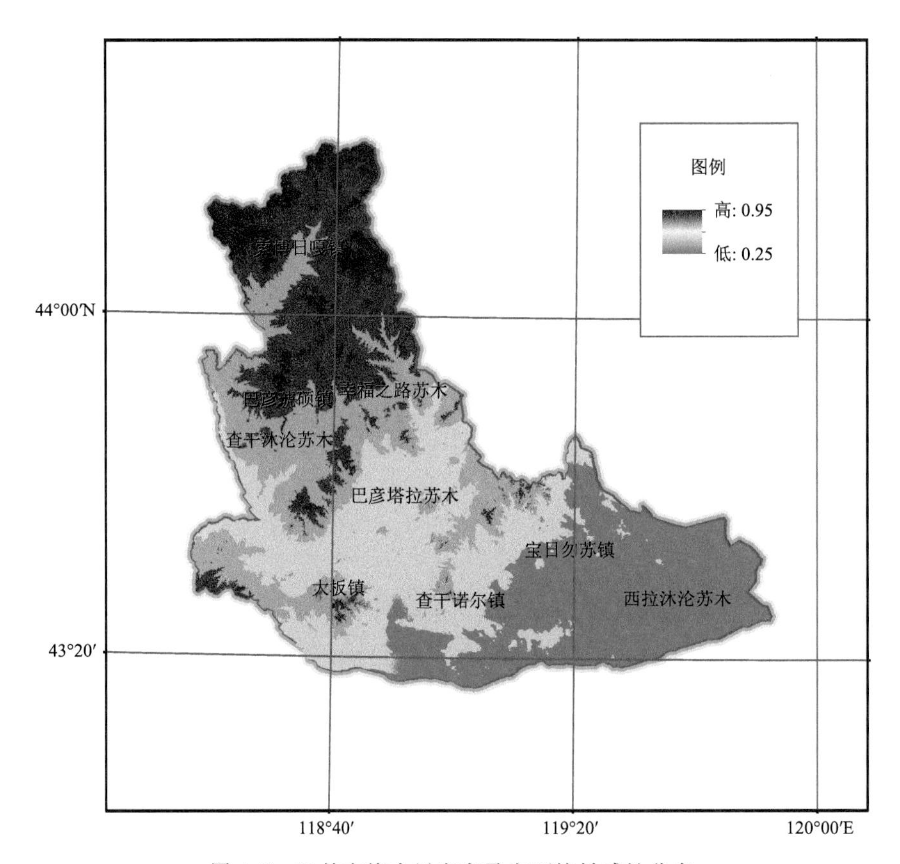

图 4.8 巴林右旗大风灾害孕灾环境敏感性分布

4.6 灾害风险评估与区划

4.6.1 人口风险评估与区划

基于地理信息系统中自然断点分级法，将大风对人员安全影响的风险分为 5 个等级，分别为 1 级高风险地区、2 级较高风险地区、3 级中等风险地区、4 级较低风险地区、5 级低风险地区，具体划分指标如表 4.4 所示，从巴林右旗大风灾害对人员安全影响的评估结果(图 4.9)可以看出，巴林右旗大风灾害对人员安全影响风险较高的区域主要分布在巴林右旗北部和南部部分人口密度较高的地区，其中，索博日嘎苏木大风灾害对人口影响较高危险性区域最大，人口密度较低的地区如西拉沐沦苏木、宝日勿苏镇其人口受大风灾害影响的风险也相对较低。

表 4.4 巴林右旗大风灾害人口风险等级

风险等级	含义	指标
5	低风险	0～0.080
4	较低风险	0.080～0.142
3	中风险	0.142～0.265
2	较高风险	0.265～0.461
1	高风险	0.461～0.926

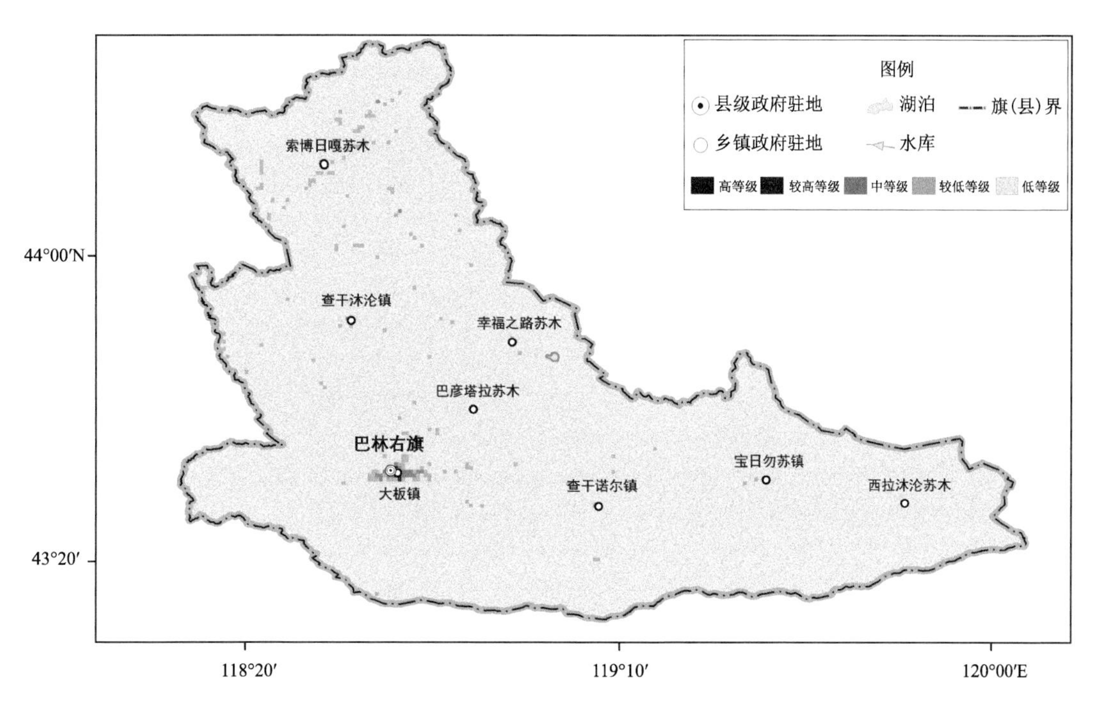

图 4.9 巴林右旗大风灾害人口风险等级区划

4.6.2 GDP 风险评估与区划

基于地理信息系统中自然断点分级法，将大风对经济影响的风险分为 5 个等级，分别为 1 级高风险地区、2 级较高风险地区、3 级中等风险地区、4 级较低风险地区、5 级低风险地区，具体划分指标如表 4.5 所示。从巴林右旗大风灾害对经济影响的评估结果(图 4.10)可以看出，巴林右旗大风灾害对经济影响风险较高的区域主要分布在巴林右旗大板镇，其中高风险地区分布面积较小，大部分地区以低风险和较低风险为主。

表 4.5 巴林右旗大风灾害 GDP 风险等级

风险等级	含义	指标
5	低风险	0～0.007
4	较低风险	0.007～0.013
3	中风险	0.013～0.028
2	较高风险	0.028～0.062
1	高风险	0.062～0.115

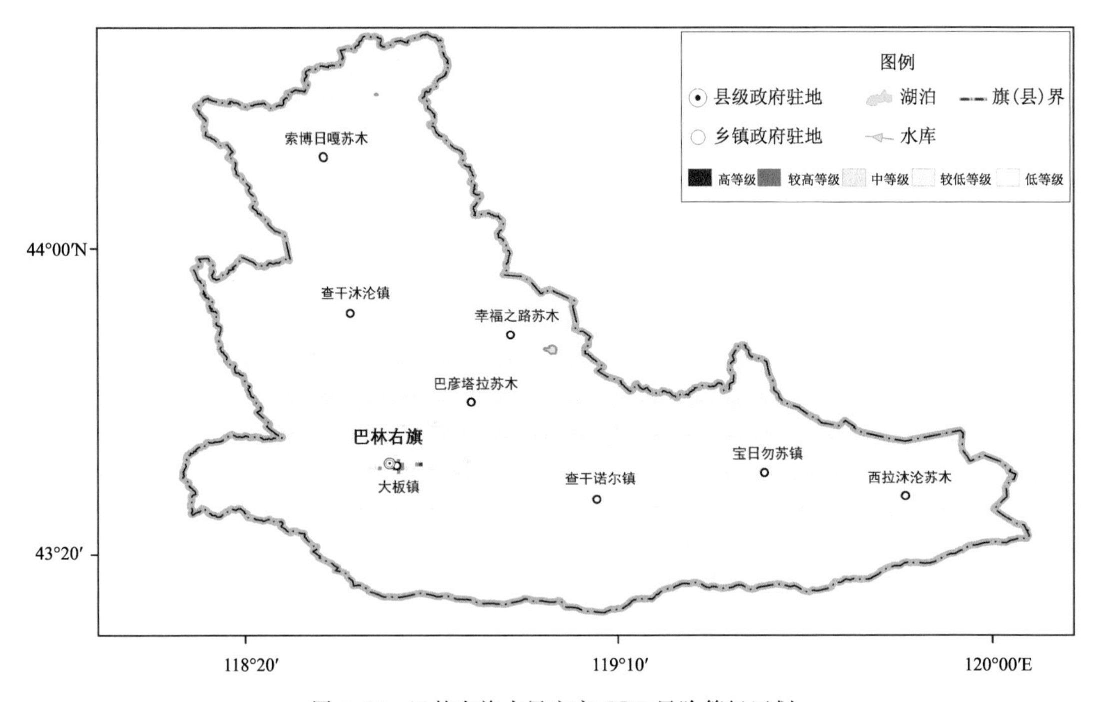

图 4.10 巴林右旗大风灾害 GDP 风险等级区划

4.6.3 小麦风险评估与区划

基于地理信息系统中自然断点分级法，将大风对小麦影响的风险分为 5 个等级，分别为 1 级高风险地区、2 级较高风险地区、3 级中等风险地区、4 级较低风险地区、5 级低风险地区，具体划分指标如表 4.6 所示，从巴林右旗大风灾害对小麦影响的评估结果(图 4.11)可以看出，巴林右旗大风灾害对小麦影响风险较高的区域主要分布在巴林右旗北部索博日嘎苏木、查干诺尔镇，其余乡镇大风灾害风险均为低等级。

表 4.6 巴林右旗大风灾害小麦风险等级

风险等级	含义	指标
5	低风险	0～0.014
4	较低风险	0.014～0.023
3	中风险	0.023～0.045
2	较高风险	0.045～0.078
1	高风险	0.078～0.119

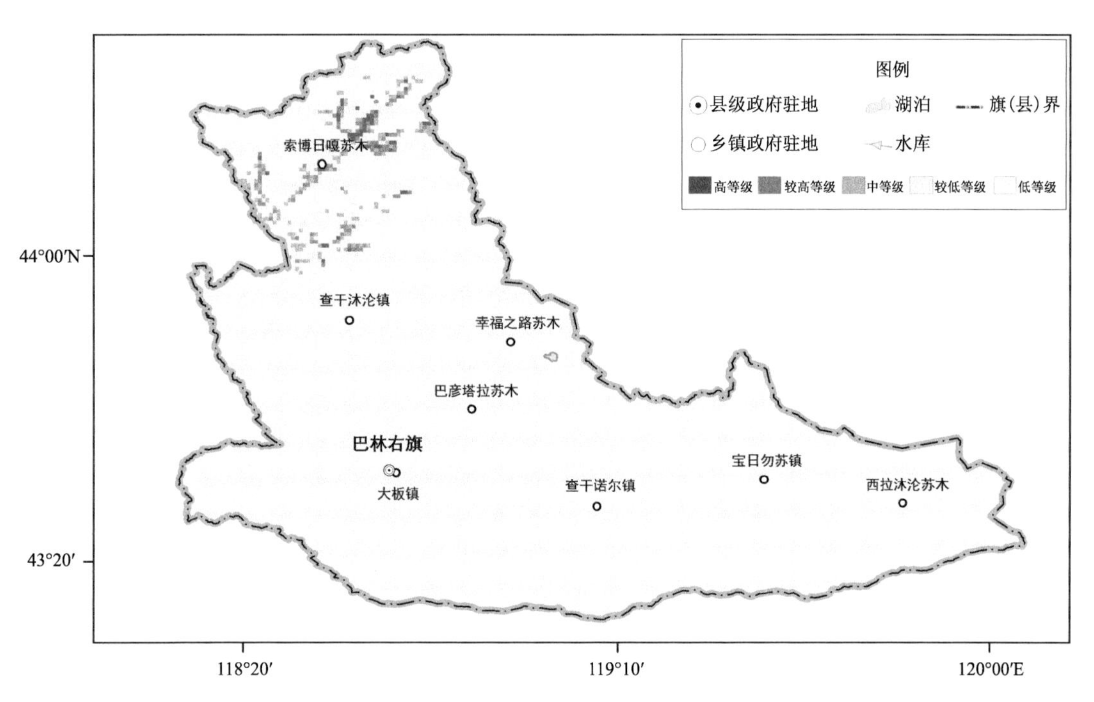

图 4.11 巴林右旗大风灾害小麦风险等级区划

4.6.4 水稻风险评估与区划

基于地理信息系统中自然断点分级法，将大风对水稻影响的风险分为 5 个等级，分别为 1 级高风险地区、2 级较高风险地区、3 级中等风险地区、4 级较低风险地区、5 级低风险地区，具体划分指标如表 4.7 所示，从巴林右旗大风灾害对水稻影响的评估结果(图 4.12)可以看出，巴林右旗大风灾害对水稻影响风险较高的区域主要分布在巴林右旗南部大板镇、西拉沐沦苏木，其余地区风险等级均为低等级。

表 4.7 巴林右旗大风灾害水稻风险等级

风险等级	含义	指标
5	低风险	0～0.013
4	较低风险	0.013～0.031
3	中风险	0.031～0.051
2	较高风险	0.051～0.074
1	高风险	0.074～0.149

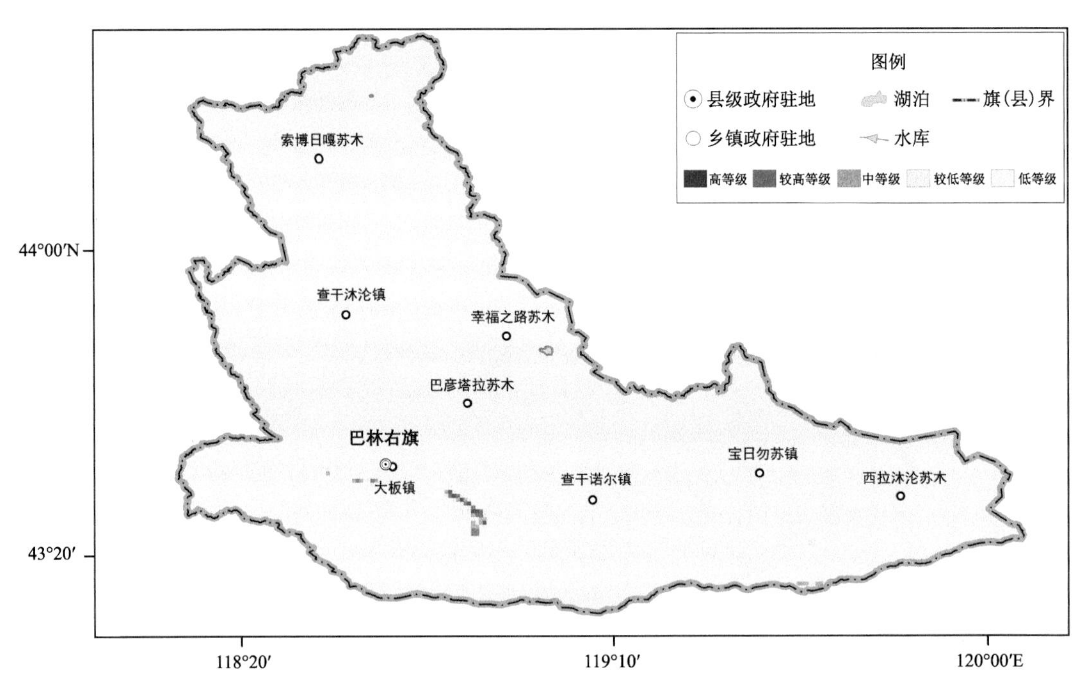

图 4.12 巴林右旗大风灾害水稻风险等级区划

4.6.5 玉米风险评估与区划

基于地理信息系统中自然断点分级法，将大风对玉米影响的风险分为 5 个等级，分别为 1 级高风险地区、2 级较高风险地区、3 级中等风险地区、4 级较低风险地区、5 级低风险地区，具体划分指标如表 4.8 所示，从巴林右旗大风灾害对玉米影响的评估结果(图 4.13)可以看出，巴林右旗大风灾害对玉米影响风险较高的区域各个乡镇均有分布，高风险等级主要分布在幸福之路苏木。

表 4.8　巴林右旗大风灾害玉米风险等级

风险等级	含义	指标
5	低风险	0～0.019
4	较低风险	0.019～0.040
3	中风险	0.040～0.065
2	较高风险	0.065～0.138
1	高风险	0.138～0.278

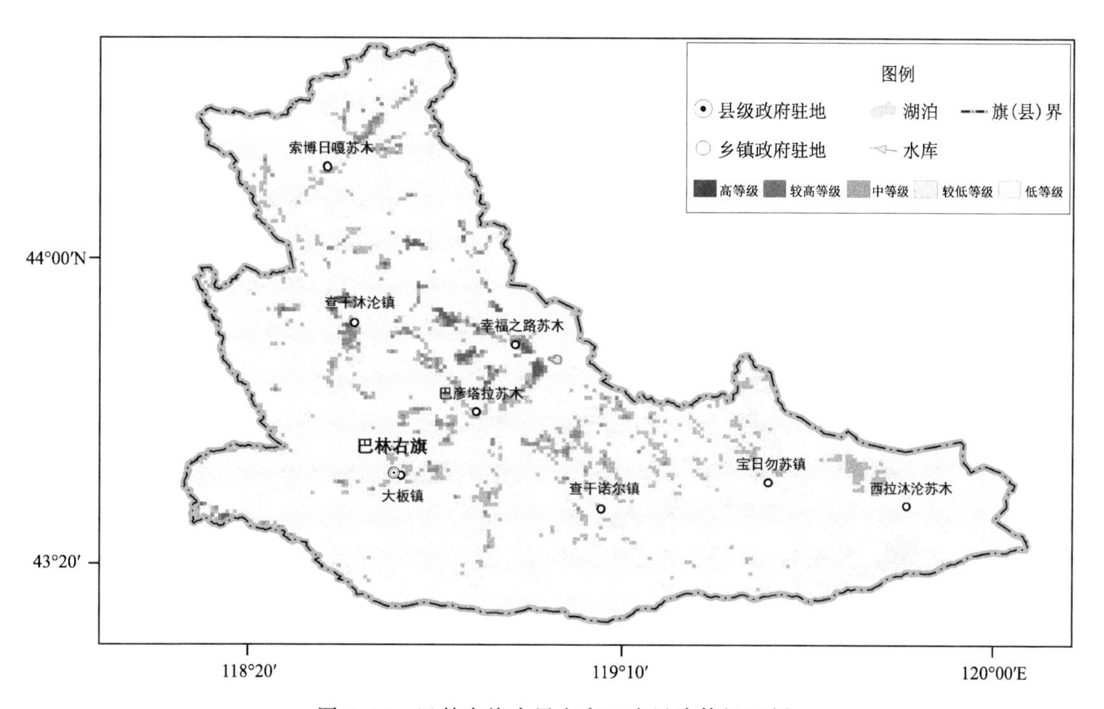

图 4.13　巴林右旗大风灾害玉米风险等级区划

4.7　小结

大风灾害致灾因子危险性较高等级的区域主要在巴林右旗北部和西部地区，对人员安全和经济的影响尤以人员较密集、经济发展较好的区域最突出，对农作物的影响以种植面积较大的地区风险程度较高。

第5章 冰 雹

5.1 数据

5.1.1 气象数据

冰雹观测数据:使用巴林右旗范围内1个国家级地面气象观测站(巴林右旗站)1978年至2020年的地面观测数据中冰雹相关记录,并调查巴林右旗区域内信息员上报的降雹记录,结合旗(县)级搜集整理的当地人工影响天气作业点、气象灾害年鉴、气象志、地方志以及相关文献中的冰雹记录。

冰雹观测数据集包括:经度、纬度、海拔高度、降雹日期、降雹频次、降雹开始时间、降雹结束时间、降雹持续时间、冰雹最大直径、降雹时极大风速、降雹时最大风速、当日最大风速、当日极大风速等数据。

5.1.2 地理信息数据

行政区划数据为国务院普查办提供的巴林右旗行政边界。数字高程模型(DEM)数据为空间分辨率90 m的SRTM(Shuttle Radar Topography Mission)数据。

5.1.3 社会经济数据

使用国务院普查办下发的巴林右旗人口、GDP标准格网数据,空间分辨率为30″×30″。

5.1.4 农作物数据

使用国务院普查办下发的巴林右旗三大农作物(小麦、玉米、水稻)种植面积的标准格网数据,空间分辨率为30″×30″。

5.1.5 历史灾情数据

历史灾情数据为巴林右旗气象局通过冰雹灾害风险普查收集到的资料,主要来源于灾情直报系统、灾害大典、旗(县)统计局、旗(县)地方志,以及地方民政部门等。

5.2 技术路线及方法

内蒙古冰雹灾害风险评估与区划是基于冰雹致灾因子危险性、承灾体暴露度和脆弱性指标综合建立风险评估模型。冰雹灾害风险评估与区划主要技术路线如图5.1所示。

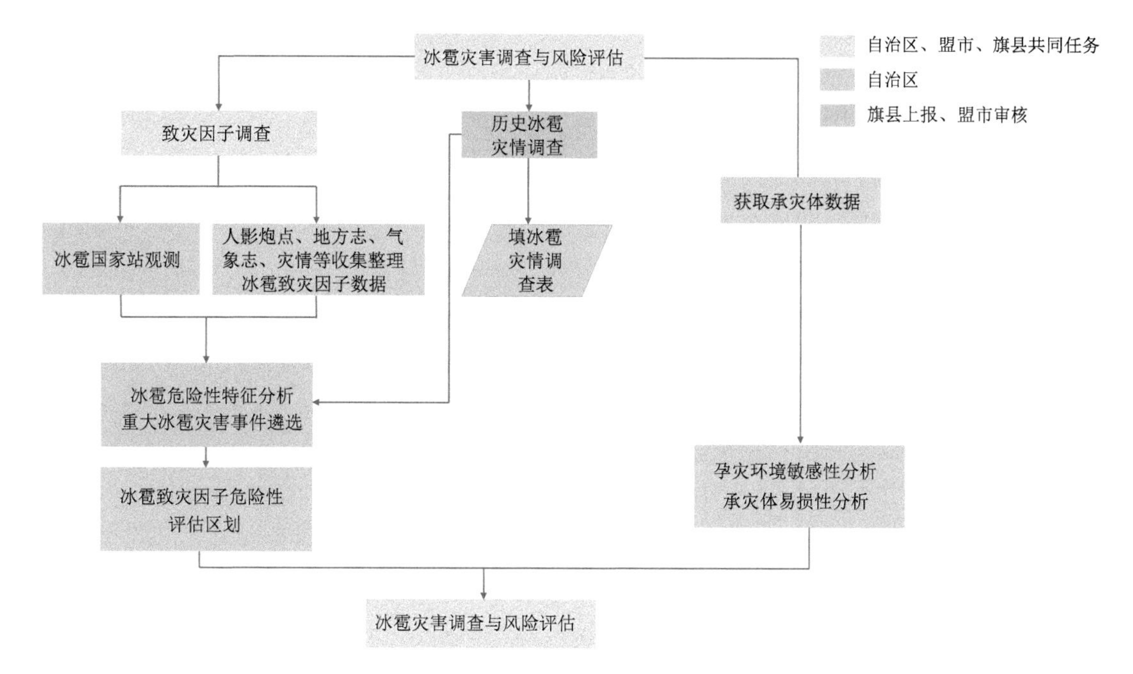

图 5.1 内蒙古冰雹灾害风险评估与区划技术路线

5.2.1 致灾过程确定

冰雹灾害过程的确定以国家级气象观测站观测数据为基础，并计算降雹持续时间，形成基于国家级气象观测站的冰雹灾害过程数据，在此数据基础上利用辖区地面观测、人工影响天气作业点、气象灾害年鉴、气象志、地方志以及相关文献中的冰雹记录，对基于国家级气象观测站的冰雹灾害过程数据进行核实、补充；最后对冰雹灾害致灾因子数据进行审核。

5.2.2 致灾因子危险性评估

5.2.2.1 冰雹危险性指数

参考《全国气象灾害综合风险普查技术规范 冰雹》及相关方案，主要考虑冰雹致灾因子调查中获取到的能够反映冰雹强度的参数进行计算和评估。选用最大冰雹直径、降雹持续时间、雹日(或降雹频次)进行加权求和，得到致灾因子危险性指数(VE)，即：

$$\mathrm{VE} = W_D X_D + W_T X_T + W_R X_R$$

式中，X_D 为最大冰雹直径平均值，X_T 为降雹持续时间平均值，X_R 为雹日(或降雹频次)累计值，W_D、W_T、W_R 分别为三个因子的权重，推荐权重分别为 0.3、0.2、0.5，各权重系数之和为 1。最大冰雹直径平均值、降雹持续时间平均值、雹日(或降雹频次)累计值应先做归一化处理，前两者在时间序列样本中归一化，后者在空间样本中归一化。

将有量纲的致灾因子数值经过归一化处理，化为无量纲的数值，进而消除各指标间的量纲差异。

归一化采用线性函数归一化方法，其计算公式为：

$$x' = \frac{x - x_{\min}}{x_{\max} - x_{\min}}$$

式中，x'为归一化后的数据，x为原始数据值，x_{min}为原始数据中的最小值，x_{max}为原始数据中的最大值。

当用雹日计算危险性指数时，对于一个雹日有多次降雹的情况，致灾因子取一个雹日当中的最大值；当用降雹频次计算危险性指数时，各致灾因子取过程最大值。

5.2.2.2 冰雹危险性评估

基于计算的评估区域内冰雹危险性指数，结合周边旗(县)的危险性指数值，计算评估区域及周边区域的危险性指数平均值，根据表5.1的划分原则将冰雹灾害危险性划分为4个等级，绘制评估区域的冰雹灾害危险性等级空间分布图。

表5.1 冰雹灾害危险性评估等级划分标准

危险性级别	含义	指标
1	高危险性	$[2.5\overline{VE},+\infty)$
2	较高危险性	$[1.5\overline{VE},2.5\overline{VE})$
3	较低危险性	$[\overline{VE},1.5\overline{VE})$
4	低危险性	$[0,\overline{VE})$

5.2.3 孕灾环境敏感性

统计计算内蒙古自治区范围内119个国家级气象站通过普查得到的雹日与该站海拔高度的相关系数，并计算雹日与地形坡度的相关系数，经对比分析得出，内蒙古范围内雹日与坡度相关更好。因此，将坡度划分为不同的等级，对每个等级进行0～1的赋值来表征孕灾环境敏感性指数(VH)。

5.2.4 风险评估与区划

将气象资料、社会经济资料和地理信息资料处理成相同空间分辨率和空间投影坐标系统。综合考虑评估区域冰雹致灾因子危险性、孕灾环境敏感性、承灾体易损性，开展冰雹灾害风险评估。根据评估结果，按照行政空间单元对风险评估结果进行空间划分。

结合致灾因子危险性指数(VE)、孕灾环境敏感性指数(VH)、承灾体易损性指数(VS)采用加权求积，得到评估区域内的冰雹灾害风险评估指数(V)$=VE^{WE}\cdot VH^{WH}\cdot VS^{WS}$，WE、WH、WS分别为各指数的权重，计算前各因子进行归一化处理，利用熵值赋权法、专家打分法等确定权重。也可以采用推荐权重0.5、0.2、0.3，各地可结合当地实际情况进行调整。此处VE、VH、VS均为0～1的值，当权重越大时各指数影响反而越小。

5.2.5 对不同承灾体的风险评估

以经济为承灾体进行风险评估时，以地均GDP表征表露度，冰雹灾害直接经济损失占GDP的比例表征脆弱性。

以人口为承灾体进行风险评估时，以人口密度表征暴露度，冰雹灾害造成人员伤亡数占总人口的比例表征脆弱性。

以农业为承灾体进行风险评估时，以小麦、玉米、水稻等农作物播种面积表征暴露度，以农业受灾面积占播种面积的比例表征脆弱性。

当无法获取冰雹造成的直接经济损失、人员伤亡、农作物受灾面积等数据时，则直接用承灾体暴露度表征其易损性。

5.2.5.1 风险区划技术方法

计算评估区域内冰雹风险指数的平均值($\overline{V}$)，根据表5.2的划分原则将冰雹灾害风险划分为5个等级，绘制评估区域的冰雹灾害风险等级空间分布图。

表5.2 冰雹灾害风险评估等级划分标准

风险级别	含义	指标
1	高风险	$[2.5\overline{V},+\infty)$
2	较高风险	$[1.5\overline{V},2.5\overline{V})$
3	中等风险	$[\overline{V},1.5\overline{V})$
4	较低风险	$[0.5\overline{V},\overline{V})$
5	低风险	$[0,0.5\overline{V})$

5.2.5.2 风险区划制图

根据中国气象局全国气象灾害综合风险普查工作领导小组办公室《关于印发气象灾害综合风险普查图件类成果格式要求的通知》(气普领发〔2021〕9号)，气象灾害受灾人口、GDP、农作物综合风险图色彩样式要求(表5.3—表5.5)，绘制风险区划图。

表5.3 气象灾害受灾人口综合风险图色彩样式

风险级别	色带	色值(CMYK值)
高等级		0,100,100,25
较高等级		15,100,85,0
中等级		5,50,60,0
较低等级		5,35,40,0
低等级		0,15,15,0

表5.4 气象灾害GDP综合风险图色彩样式

风险级别	色带	色值(CMYK值)
高等级		15,100,85,0
较高等级		7,50,60,0
中等级		0,5,55,0
较低等级		0,2,25,0
低等级		0,0,10,0

表5.5 气象灾害农作物综合风险图色彩样式

风险级别	色带	色值(CMYK值)
高等级		0,40,100,45
较高等级		0,0,100,45
中等级		0,0,100,25
较低等级		0,0,60,0
低等级		0,5,15,0

5.3 致灾因子特征分析

根据《内蒙古冰雹灾害调查与风险评估技术细则》，基于巴林右旗范围内1个国家级地面气象观测站1978—2020年冰雹数据，完成了巴林右旗冰雹时空特征分析制图（图5.2—图5.8），包括雹日变化、降雹持续时间变化、雹日年内变化、降雹持续时间年内变化、冰雹最大直径年内变化、降雹日变化以及冰雹日数空间分布图。其中，图5.3、图5.5和图5.6中，实心圆点代表平均值，空心点代表最大值与最小值，无空心点的年份表示该年份只有一个值。

巴林右旗冰雹日数每年均在8 d以内，呈现先减少后增多的趋势（图5.2）；降雹持续时间均在20 min以内，1978—1994年呈现出增加的趋势，1994年后变化趋势不明显（图5.3）。

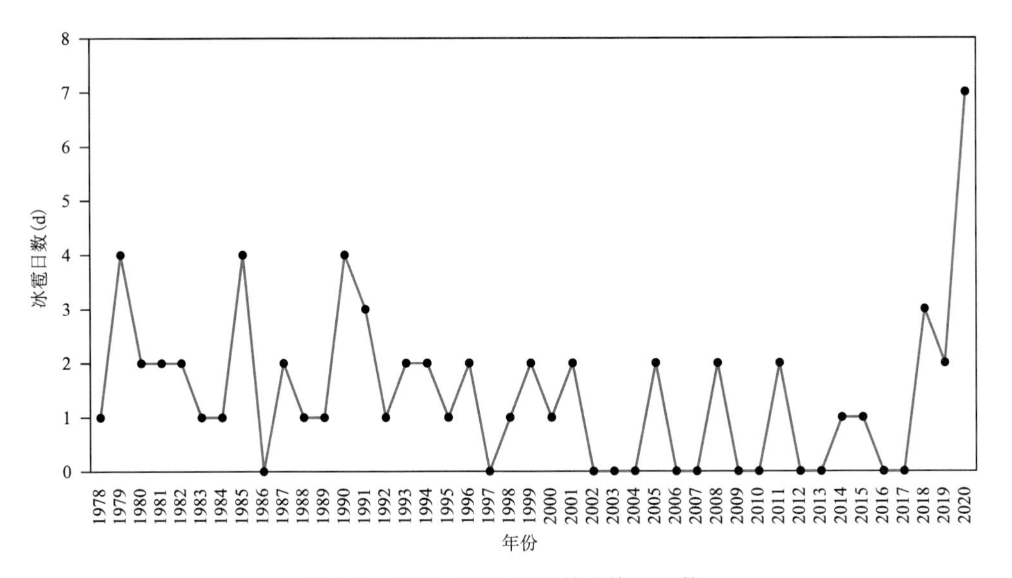

图5.2 1978—2020年巴林右旗雹日数

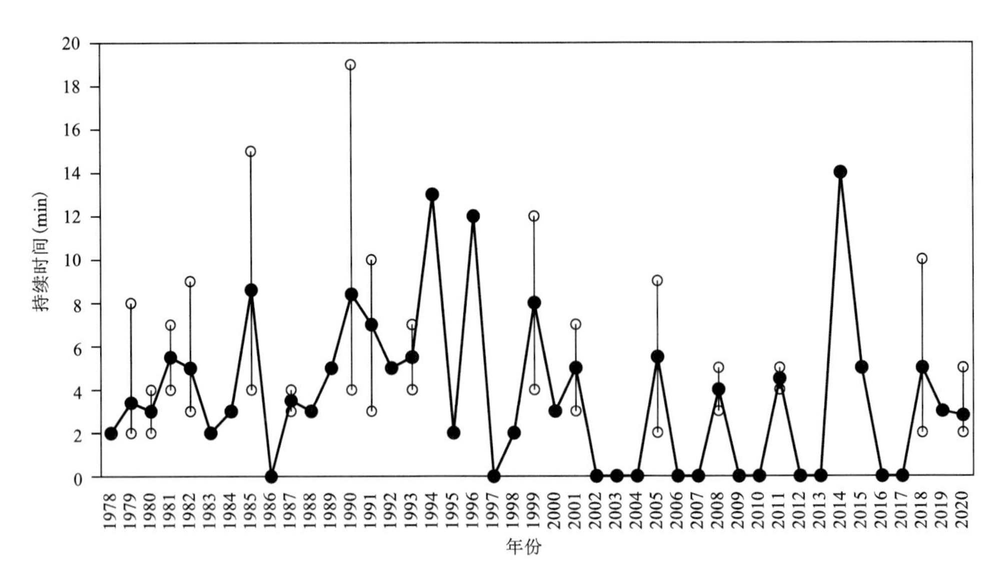

图5.3 1978—2020年巴林右旗降雹持续时间

巴林右旗降雹主要集中在4月至10月,5月开始雹日明显增多,6月降雹日数最多(图5.4)。

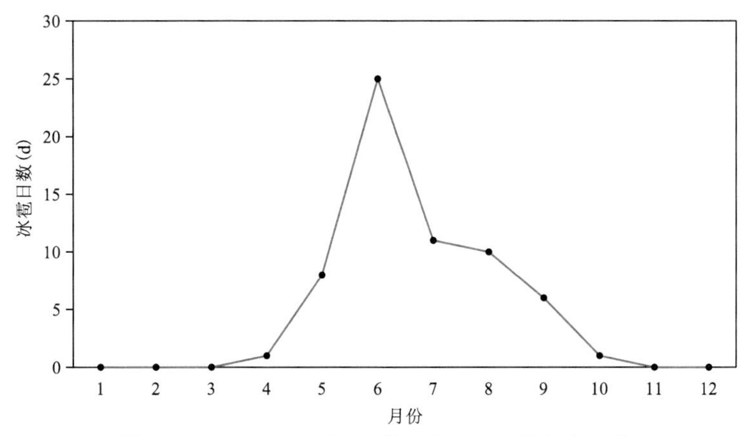

图5.4　1978—2020年巴林右旗冰雹日数年内变化

巴林右旗冰雹平均降雹持续时间8月最长,平均降雹持续时间为8 min,最长可持续降雹达19 min,其余月份差别较小(图5.5)。

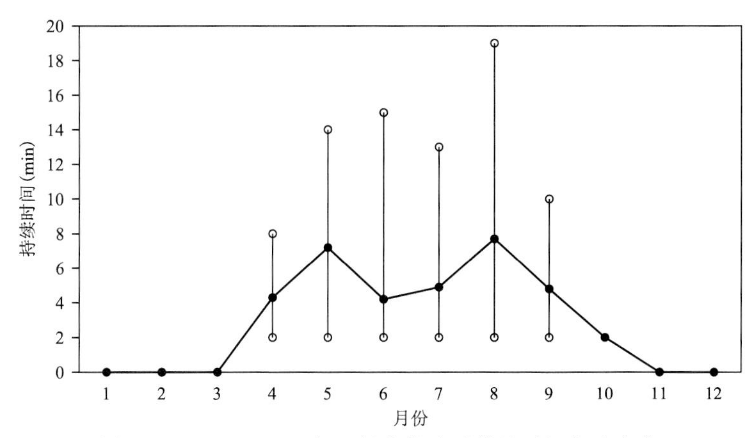

图5.5　1978—2020年巴林右旗降雹持续时间年内变化

巴林右旗冰雹最大直径出现在6月(6 mm)。4月、9月和10月没有降雹直径的观测资料(图5.6)。

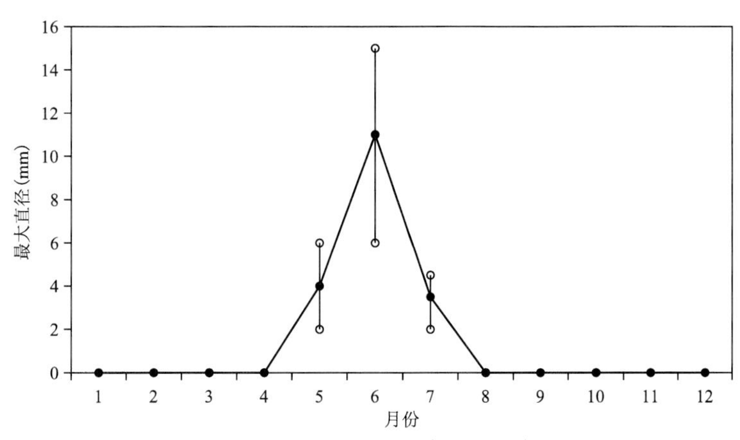

图5.6　1978—2020年巴林右旗降雹最大直径年内变化

巴林右旗降雹主要出现在11—19时，下午降雹最多，午夜及凌晨无冰雹记录(图5.7)。

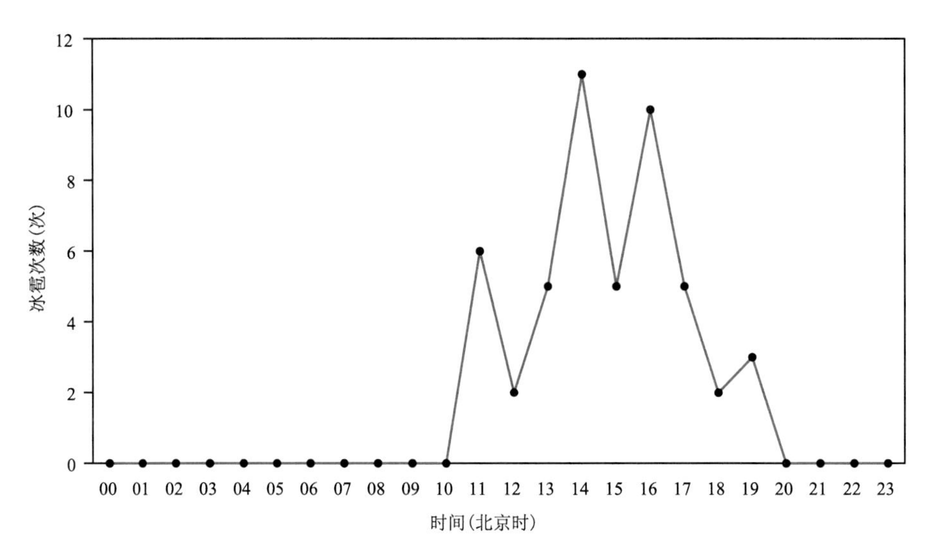

图5.7 1978—2020年巴林右旗降雹日变化

巴林右旗冰雹日数空间分布整体呈西多东少的态势，由西至东呈带状递减(图5.8)。主要原因是旗政府所在地靠近西南部，而总体冰雹观测资料较少，插值时出现误差所致。

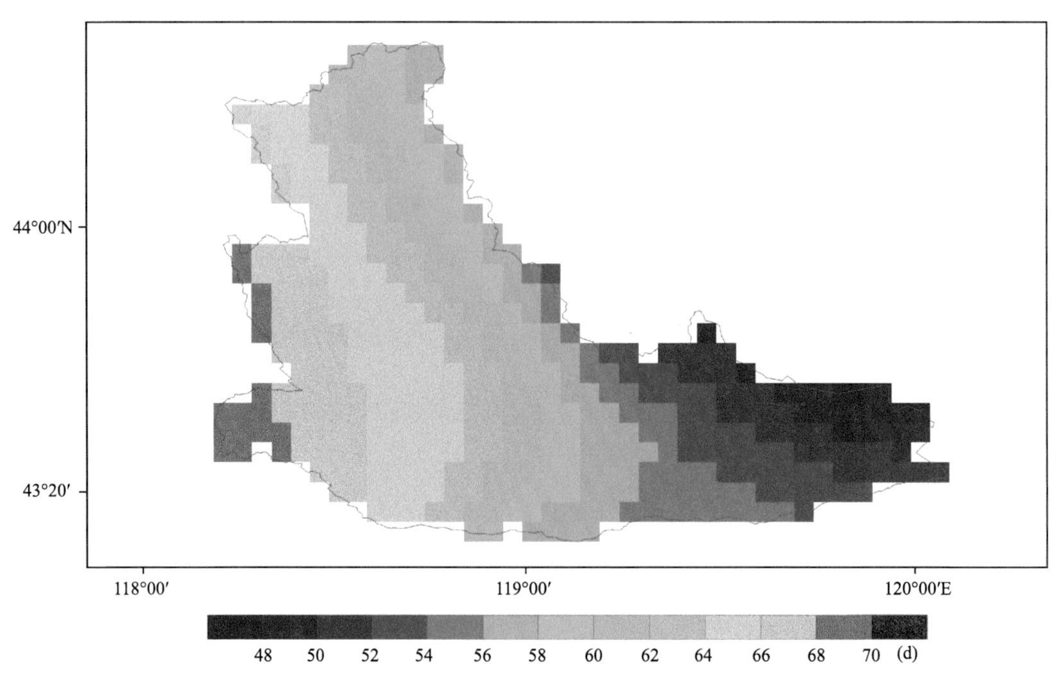

图5.8 1978—2020年巴林右旗冰雹日数空间分布

初步完成了巴林右旗的雹日数重现期分析(图5.9)。

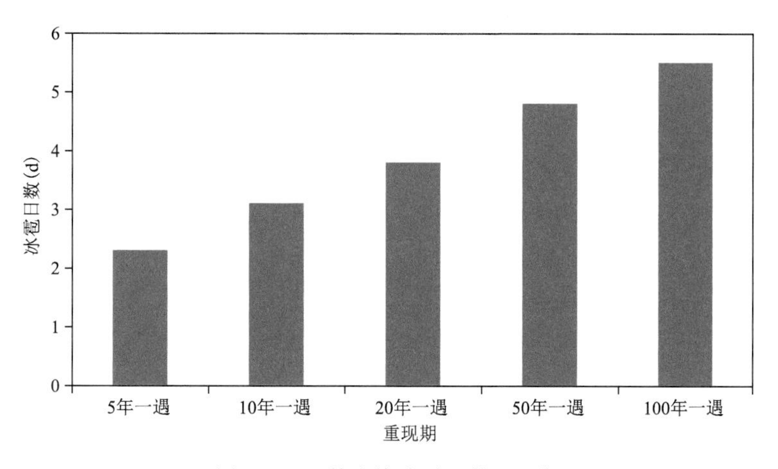

图 5.9 巴林右旗冰雹日数重现期

5.4 典型过程分析

2017 年 8 月 12 日，巴林右旗达尔罕街道、赛尔罕街道、查干沐沦、西拉沐沦、幸福之路、查干诺尔、索博日嘎发生雹灾，受灾人口 11215 人，直接经济损失 52.3 万元，倒塌农房 5 户 15 间，严重损坏房屋 29 户 88 间，因灾死亡牲畜 475 头（只），其中大畜 12 头，冲走家禽 68 头（只）。

2019 年 6 月 28 日，巴林右旗大板镇发生雹灾，受灾人口 2949 人，直接经济损失 3698 万元，损毁玉米 1459 hm^2、西瓜 55 hm^2、香瓜 102 hm^2、葵花 204 hm^2、水稻 309 hm^2、青贮 127 hm^2、大豆 42 hm^2。

5.5 致灾危险性评估

基于巴林右旗冰雹致灾危险性指数，综合考虑行政区划，采用自然断点法将冰雹致灾危险性进行空间单元的划分，共划分为 4 个等级（表 5.6），分别为高危险性区（1 级）、较高危险性区（2 级）、中等危险性区（3 级）和低危险性区（4 级），并绘制巴林右旗冰雹致灾危险性等级图（图 5.10）。

表 5.6 巴林右旗冰雹危险性区划等级数据

危险性等级	分区	指标
4	低危险性	0～0.701
3	中等危险性	0.701～0.741
2	较高危险性	0.741～0.780
1	高危险性	0.780～1.000

由图 5.10 可知：巴林右旗冰雹致灾危险性总体呈自西向东逐渐减小，巴林右旗的东南部偏东为低危险性区，西部地区为高危险性区。

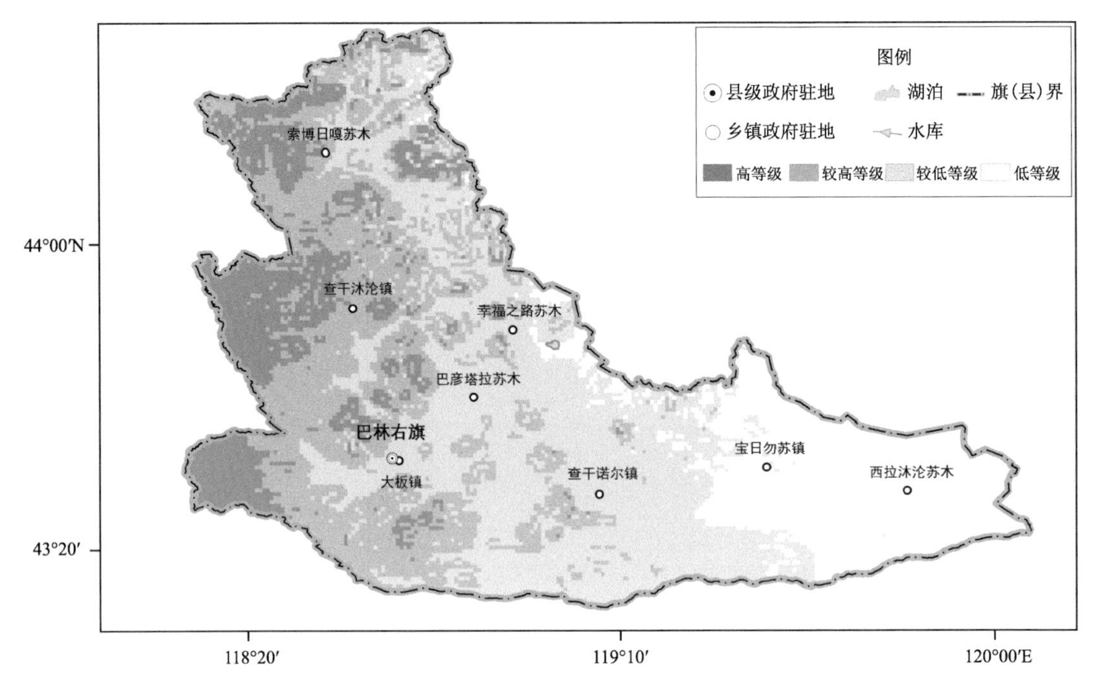

图 5.10 巴林右旗冰雹灾害危险性等级区划

5.6 灾害风险评估与区划

5.6.1 人口风险评估与区划

基于巴林右旗冰雹灾害人口风险评估指数,结合行政单元进行空间划分,采用自然断点法将风险等级划分为5个等级(表5.7),分别对应高风险区(1级)、较高风险区(2级)、中风险区(3级)、较低风险区(4级)和低风险区(5级),并绘制巴林右旗冰雹灾害人口风险区划图(图5.11)。

表 5.7 巴林右旗冰雹灾害人口风险等级

风险等级	分区	指标
5	低风险	0～0.057
4	较低风险	0.057～0.089
3	中风险	0.089～0.120
2	较高风险	0.120～0.276
1	高风险	0.276～1.000

巴林右旗冰雹灾害人口风险空间分布特征与冰雹危险性空间分布有一定的相似,可以看出:巴林右旗冰雹灾害对人口风险高和较高的区域主要分布在巴林右旗西部和北部,即:大板镇和索博日嘎苏木,巴林右旗西南部为人口风险高等级区域,巴林右旗的东部为人口风险较低和低等级区域。

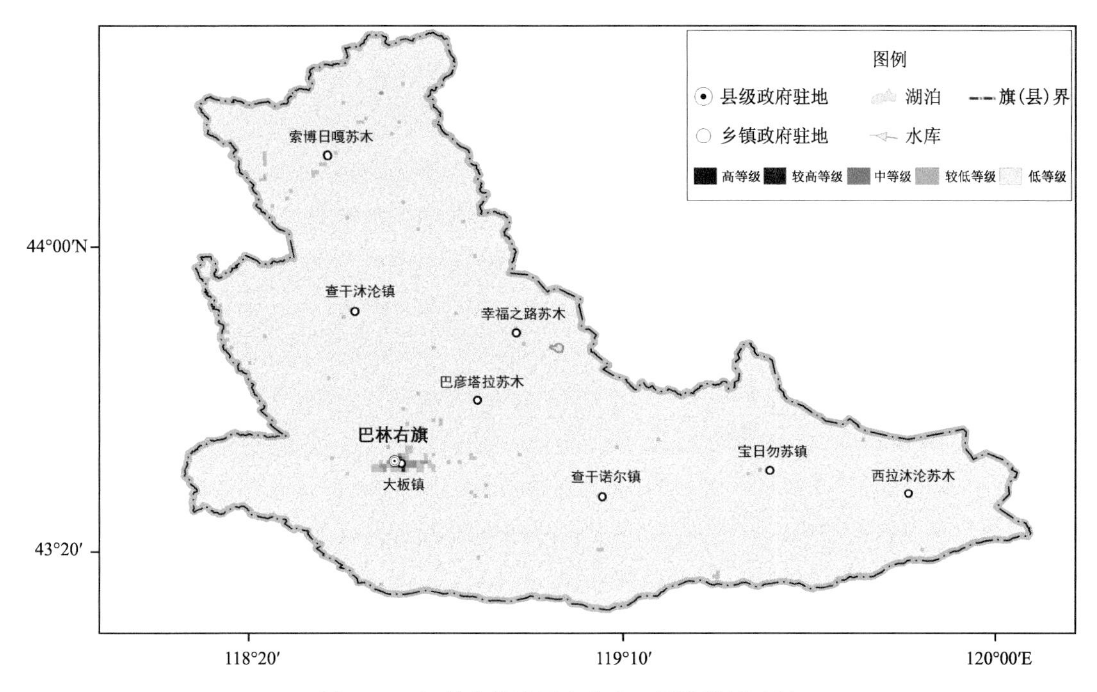

图 5.11 巴林右旗冰雹灾害人口风险等级区划

5.6.2 GDP 风险评估与区划

基于巴林右旗冰雹灾害 GDP 风险评估指数,结合行政单元进行空间划分,采用自然断点法将风险等级划分为 5 个等级(表 5.8),分别对应高风险区(1 级)、较高风险区(2 级)、中风险区(3 级)、较低风险区(4 级)和低风险区(5 级),并绘制巴林右旗冰雹灾害 GDP 风险区划图(图 5.12)。

表 5.8 巴林右旗冰雹灾害 GDP 风险等级

风险等级	分区	指标
5	低风险	0～0.057
4	较低风险	0.057～0.089
3	中风险	0.089～0.012
2	较高风险	0.012～0.282
1	高风险	0.282～1.000

从巴林右旗冰雹灾害 GDP 风险空间分布特征与冰雹人口风险空间分布特征相似,可以看出:巴林右旗冰雹灾害 GDP 风险高和较高的区域主要分布在巴林右旗西南部,即大板镇,其他区域均为 GDP 风险较低和低等级。

5.6.3 小麦风险评估与区划

基于巴林右旗冰雹灾害小麦风险评估指数,结合行政单元进行空间划分,采用自然断点法将风险等级划分为 5 个等级(表 5.9),分别对应高风险区(1 级)、较高风险区(2 级)、中风险

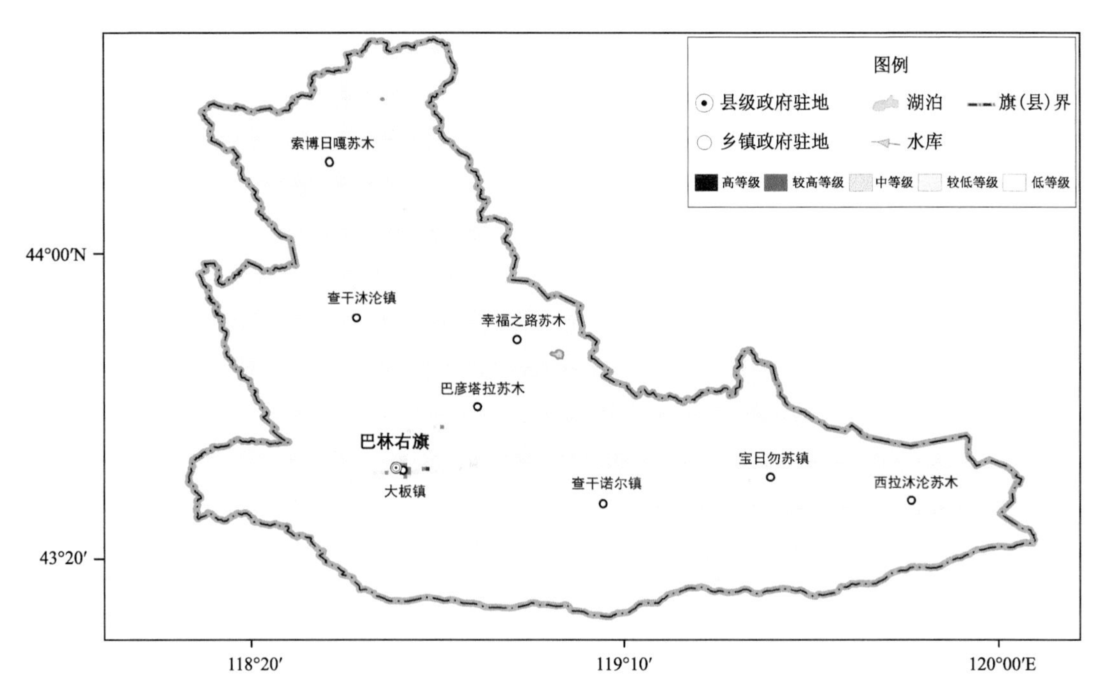

图 5.12 巴林右旗冰雹灾害 GDP 风险等级区划

区(3 级)、较低风险区(4 级)和低风险区(5 级),并绘制巴林右旗冰雹灾害小麦风险区划图(图 5.13)。

表 5.9 巴林右旗冰雹灾害小麦风险等级

含义	分区	指标
5	低风险	0～0.067
4	较低风险	0.067～0.111
3	中风险	0.111～0.230
2	较高风险	0.230～0.457
1	高风险	0.457～1.000

由巴林右旗冰雹灾害小麦风险分布(图 5.13)可知:巴林右旗冰雹灾害小麦风险整体以低和较低等级为主,中等级以上的风险区主要集中在巴林右旗北部。冰雹灾害小麦风险高等级区域主要位于索博日嘎苏木、查干沐沦镇北部。

5.6.4 玉米风险评估与区划

基于巴林右旗冰雹灾害玉米风险评估指数,结合行政单元进行空间划分,采用自然断点法将风险等级划分为 5 个等级(表 5.10),分别对应高风险区(1 级)、较高风险区(2 级)、中风险区(3 级)、较低风险区(4 级)和低风险区(5 级),并绘制巴林右旗冰雹灾害玉米风险区划图(图 5.14)。

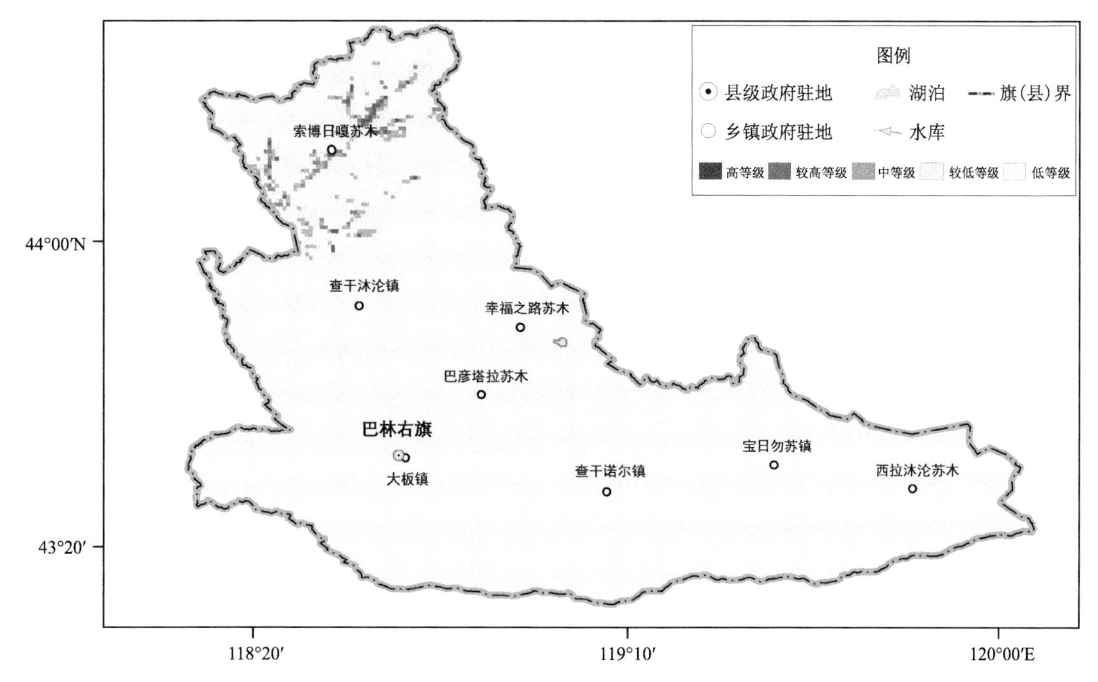

图 5.13 巴林右旗冰雹灾害小麦风险等级区划

表 5.10 巴林右旗冰雹灾害玉米风险等级

风险等级	分区	指标
5	低风险	0～0.097
4	较低风险	0.097～0.173
3	中风险	0.173～0.295
2	较高风险	0.295～0.481
1	高风险	0.481～1.000

由巴林右旗冰雹灾害玉米风险分布(图 5.14)可知:总体上,冰雹灾害玉米风险在全区风险性较高,巴林右旗南部偏西为冰雹灾害玉米较低风险地区,其余地区分散分布着冰雹灾害玉米中等到较高风险区,玉米高风险区位于查干诺尔镇中部和宝日勿苏镇北部。

5.6.5 水稻风险评估与区划

基于巴林右旗冰雹灾害水稻风险评估指数,结合行政单元进行空间划分,采用自然断点法将风险等级划分为 5 个等级(表 5.11),分别对应高风险区(1 级)、较高风险区(2 级)、中风险区(3 级)、较低风险区(4 级)和低风险区(5 级),并绘制巴林右旗冰雹灾害水稻风险区划图(图 5.15)。

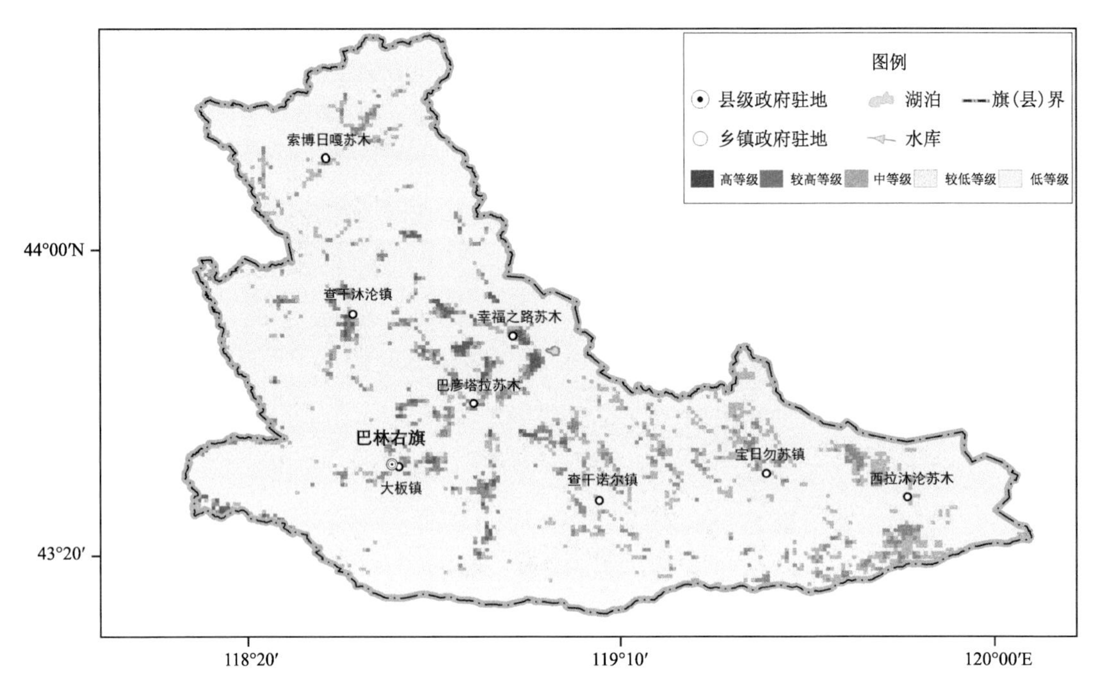

图 5.14　巴林右旗冰雹灾害玉米风险等级区划

表 5.11　巴林右旗冰雹灾害水稻风险等级

风险等级	分区	指标
5	低风险	0～0.057
4	较低风险	0.057～0.088
3	中风险	0.088～0.120
2	较高风险	0.120～0.359
1	高风险	0.359～1.000

由巴林右旗冰雹灾害水稻风险分布(图 5.15)可知:冰雹灾害水稻风险主要出现在巴林右旗西南部,其中,较高风险至高风险区主要出现在大板镇东部和查干诺尔镇西部。

5.7　小结

巴林右旗冰雹日数每年均在 8 d 以内,并呈现出先减少后增多的趋势,降雹主要集中在 4 月至 10 月,平均降雹持续时间 8 月最长。降雹最大直径出现在 6 月。降雹主要出现在 11 时至 19 时,冰雹日数空间分布整体呈西多东少的态势。巴林右旗冰雹灾害人口和 GDP 风险区划空间分布特征基本一致,其中查干诺尔镇、宝日勿苏镇和西拉沐沦苏木冰雹灾害人口和 GDP 风险较高,其他地区相对较低。巴林右旗冰雹灾害小麦高风险区和较高风险区分布较为分散,主要位于索博日嘎镇、巴彦琥硕镇、巴彦塔拉苏木、西拉沐沦苏木南部。巴林右旗中部分散分布着冰雹灾害玉米高风险区域,北部和南部分布为冰雹灾害玉米低风险和较低风险区域。

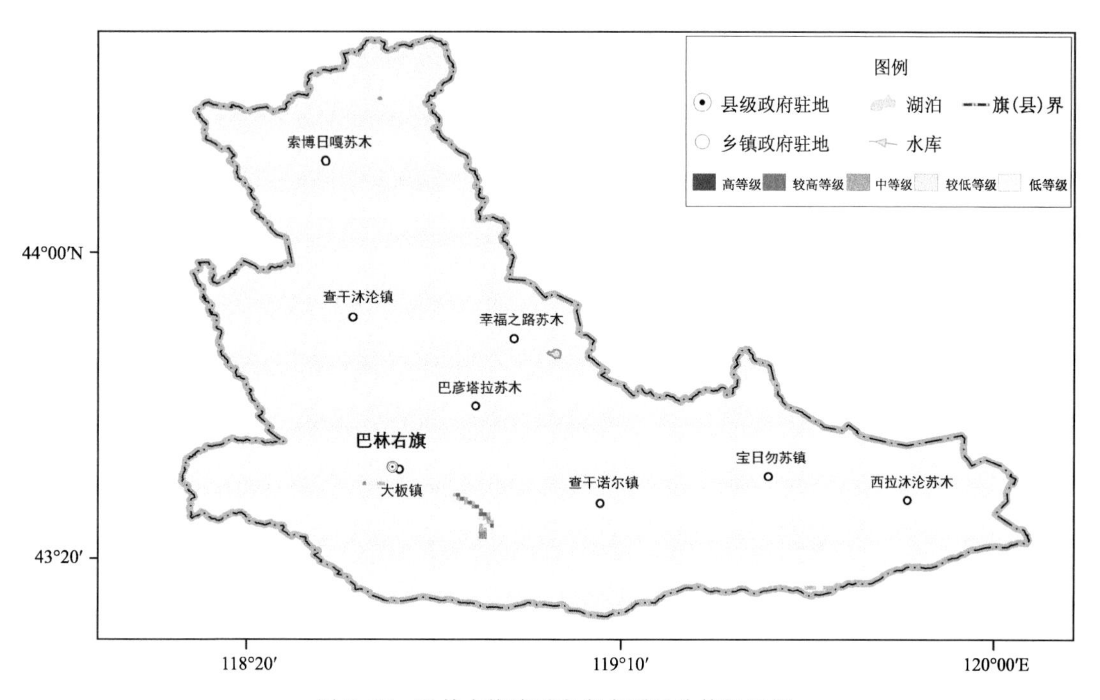

图 5.15 巴林右旗冰雹灾害水稻风险等级区划

冰雹灾害水稻风险呈自西北向东南逐渐增大的趋势,冰雹灾害水稻较高风险区位于巴林右旗东部,东南部的西拉沐沦苏木中南部为高风险区。

第6章 高 温

6.1 数据

6.1.1 气象数据

使用内蒙古自治区气象信息中心提供的巴林右旗范围内1个国家级地面气象观测站(巴林右旗站)建站至2020年逐日气温数据(平均气温、最高气温、最低气温)和6个骨干区域自动气象站2016—2020年逐日气温数据。

6.1.2 地理信息数据

行政区划数据为国务院普查办下发的内蒙古旗(县)边界,提取其中巴林右旗行政边界。

巴林右旗数字高程模型(DEM)数据为空间分辨率为90 m的SRTM(Shuttle Radar Topography Mission)数据。

同时收集巴林右旗各乡(镇)镇政府所在地的经度、纬度、海拔高度等数据。

6.1.3 承灾体数据

承灾体数据来源于国务院普查办共享的巴林右旗人口、GDP和三大农作物(小麦、玉米、水稻)种植面积的标准格网数据,空间分辨率为30″×30″。

6.2 技术路线及方法

内蒙古高温灾害风险评估与区划技术路线如图6.1所示。

6.2.1 致灾过程确定

6.2.1.1 高温过程的确定及过程强度的判别

以单个国家级气象观测站日最高气温≥35 ℃的高温日为单站高温日。将连续3 d及以上最高气温≥35 ℃作为一个高温过程。高温过程首个/最后一个高温日是高温过程开始日/结束日。

根据高温过程持续时间、过程日最高气温,将高温过程强度分为弱、中等、强三个强度等级,判别标准见表6.1。

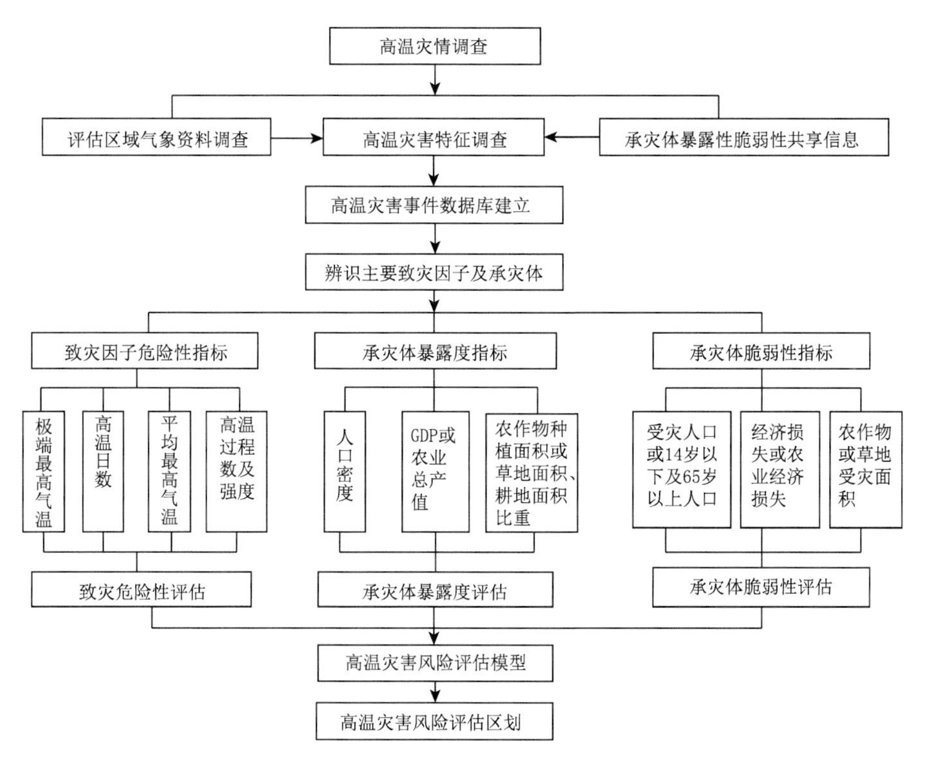

图 6.1 高温灾害风险评估与区划技术路线

表 6.1 高温过程强度判别标准

强度	统计标准
弱	连续 3～4 d 出现日最高气温≥35 ℃，且未超过 38 ℃
中等	连续 5～7 d 出现日最高气温≥35 ℃，且未超过 38 ℃
强	连续 8 d 及以上出现日最高气温≥35 ℃，或连续 3 d 最高气温≥38 ℃

6.2.1.2 致灾因子危险性调查

主要调查巴林右旗从建站以来高温过程开始时间、高温过程结束时间、影响范围（气象站）、影响范围（乡（镇））、过程平均最高气温、日较差、单日最大范围（气象站）、单日最大范围（乡（镇））、单日最大范围出现日期、单日最高气温、单日平均气温、单日最高气温出现日期。

6.2.1.3 高温灾害承灾体社会经济调查

主要调查 1978 年以来巴林右旗及其各乡（镇）的总人口数、14 岁以下及 65 岁以上人口数，地区生产总值、土地面积、主要农作物（小麦、玉米、水稻）种植面积。

6.2.1.4 高温灾害灾情信息调查

主要调查 1978 年以来巴林右旗及其各乡（镇）的受灾人口，主要农作物（小麦、玉米、水稻）受灾面积、农业受灾损失或直接经济损失。

6.2.1.5 骨干区域气象站数据处理及重构

因巴林右旗仅有 1 个国家级气象观测站，为解决旗（县）级国家级气象站少、空间分辨率不高的问题，选用骨干区域气象站数据序列重构方法提高站点密度，提高空间分辨率。首先对巴林右旗6个骨干区域气象站与国家级气象站分别进行相关分析，拟合相关系数均不低于0.99，各区域气象站的线性回归方程参数如表6.2。重构出1961—2020年骨干区域气象站的逐日气温时间序列数据。

表6.2 巴林右旗各骨干区域气象站线性回归方程的参数

区域站	回归系数项	常数项	拟合相关系数
幸福之路	0.9997	−0.5135	0.9965
查干诺尔	0.9932	1.1366	0.9949
宝日勿苏	1.0013	1.4012	0.9946
西拉沐沦	1.0060	1.5083	0.9920
巴彦琥硕	1.0066	−1.7890	0.9951
查干沐沦	1.0194	−1.0944	0.9935

6.2.2 致灾因子危险性评估

根据评估区域高温灾害特点，基于高温事件的发生强度、发生频率、持续时间、影响范围等，依据高温致灾机理确定高温致灾因子。通过归一化处理、权重系数的确定构建致灾危险性评估模型，计算危险性指数，对高温灾害危险性进行基于空间单元的危险性等级划分。

高温灾害致灾危险性评估技术路线如图6.2所示。

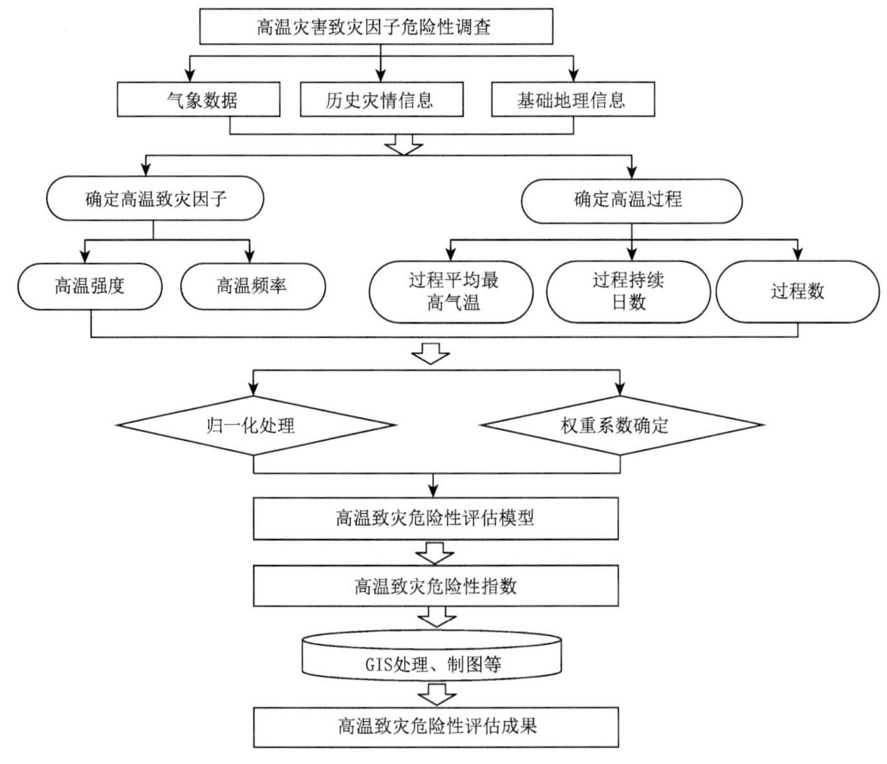

图6.2 高温灾害致灾危险性评估技术路线

6.2.2.1 致灾因子定义与识别

高温灾害致灾因子包括高温过程持续时间和高温强度。高温强度可选取高温过程的极端最高气温、过程平均最高气温等。亦可根据评估区域的高温灾害气候特点、资料收集情况等识别或选取不同高温灾害致灾因子，如极端最高气温、平均最高气温、≥35 ℃高温日数、≥32 ℃高温日数等。基于高温灾害的影响和危害程度，结合评估区域高温灾害气候特点，确定高温灾害致灾因子。

6.2.2.2 归一化处理

将有量纲的致灾因子数值经过归一化处理转化为无量纲的数值，进而消除各指标间的量纲差异。

归一化采用线性函数归一化方法，其计算公式为：

$$x' = \frac{x - x_{\min}}{x_{\max} - x_{\min}}$$

式中，x'为归一化后的数据，x 为原始数据，$x_{\min}$为原始数据中的最小值，$x_{\max}$为原始数据中的最大值。

6.2.2.3 高温灾害危险性指数计算

当高温气象过程异常或超常变化达到某个临界值时，才有给经济社会系统造成破坏的可能。综合考虑高温过程的强度、持续时间和发生频率等特征，定义一个综合高温指数来对高温过程危险性进行评价分级，该综合指数包括了能较好表征高温过程特征的关键指标，综合高温指数通过多个过程指标的加权综合得到。

高温灾害致灾因子危险性指数计算如下：

$$H = \sum_{i=1}^{N} (a_i \times x_i)$$

式中，H 为高温灾害致灾因子危险性指数，x_i 为第 i 种致灾因子归一化值，a_i 为第 i 种致灾因子权重系数，各评价指标对应的权重系数总和为 1。

危险性评估的权重系数可采用熵值赋权法或专家打分法等确定。熵值赋权法的计算可由以下步骤实现：

设评价体系是由 m 个指标 n 个对象构成的系统，首先计算第 i 项指标下第 j 个对象的指标值 r_{ij} 所占指标比重 P_{ij}：

$$P_{ij} = \frac{r_{ij}}{\sum_{j=1}^{n} r_{ij}} \qquad i = 1,2\cdots,m;j = 1,2\cdots,n$$

由熵权法计算第 i 个指标的熵值 S_i

$$S_i = -\frac{1}{\ln n} \sum_{j=1}^{n} P_{ij} \ln P_{ij} \qquad i = 1,2,\cdots,m;j = 1,2\cdots,n$$

计算第 i 个指标的熵权，确定该指标的客观权重 W_i。

$$W_i = \frac{1 - S_i}{\sum_{i=1}^{m} (1 - S_i)} \qquad i = 1,2,\cdots,m$$

根据巴林右旗高温灾害事件的发生强度、持续时间、影响范围、发生频率等特点，选取巴林右旗年极端最高气温、平均最高气温、高温日数作为高温灾害的致灾因子。根据专家打分法确定各致灾因子的权重系数，其中极端最高气温权重系数为0.4、平均最高气温权重系数为0.3、高温日数权重系数为0.3。然后采用加权求和法构建危险性指数计算模型，计算高温灾害危险性指数。

高温灾害危险性＝0.4×极端最高气温＋0.3×平均最高气温＋0.3×高温日数(均一化后的数据)

6.2.2.4 高温灾害危险性指数空间推算

利用小网格推算法建立危险性指数空间推算模型。以海拔高度、经度、纬度为自变量，危险性指数为因变量，进行多元回归分析，确定回归方程参数，建立多元回归模型。基于海拔高度、经度、纬度格点数据，通过GIS空间分析法得到危险性指数格点数据，从而绘制出更为精细的高温灾害危险性指数空间分布图。

巴林右旗高温灾害危险性指数空间推算的多元回归方程为：

危险性指数＝－6.88926＋0.143043×经度－0.22891×纬度＋0.000415×海拔高度

6.2.2.5 危险性等级划分

根据高温致灾危险性指数值分布特征，可使用标准差等方法将高温灾害危险性划分为高(1级)、较高(2级)、较低(3级)、低(4级)四个等级。具体分级标准如下：

1级：危险性值≥平均值＋1σ；

2级：平均值≤危险性值＜平均值＋1σ；

3级：平均值－1σ≤危险性值＜平均值；

4级：危险性值＜平均值－1σ。

危险性值为危险性指数值，平均值为区域内非0危险性指数值均值，σ为区域内非0危险性指数值标准差。

6.2.2.6 高温灾害危险性制图

基于高温灾害危险性评估结果，运用自然断点法或最优分割法对高温灾害危险性进行基于空间单元的划分，绘制高温灾害危险性等级区划图。高温灾害危险性4个等级级别含义及色值见表6.3。

表6.3 高温灾害危险性等级、级别含义和色值

危险性等级	含义	色值(CMYK值)
1	高危险性	20,90,65,20
2	较高危险性	20,85,100,0
3	较低危险性	0,55,80,0
4	低危险性	0,30,85,0

6.2.3 风险评估与区划

6.2.3.1 高温灾害承灾体暴露度评估

承灾体暴露度指人员、生计、环境服务和各种资源、基础设施，以及经济、社会或文化资产处在有可能受不利影响的位置，是灾害影响的最大范围。

暴露度评估工作视承灾体信息项做遴选后开展。

暴露度评估可采用评估范围内各旗(县)或各乡(镇)人口密度、地区生产总值(GDP)、农作物种植面积占土地面积的比例等经过标准化处理后作为高温暴露度的评价指标,开展承灾体暴露度评估,暴露度指数计算方法如下:

$$I_{vs} = \frac{S_E}{S}$$

式中,I_{vs}为承灾体暴露度指标,S_E 为各旗(县)或乡(镇)人口、地区生产总值(GDP)或主要农作物种植面积,S 为区域总面积(参照 QX/T 527—2019)。

对评价指标进行归一化处理,得到不同承灾体的暴露度指数。暴露度评估可根据承灾体数据调整。

根据巴林右旗人口、GDP 和农作物种植面积数据获取情况,选取地均人口密度、地均生产总值、小麦种植面积、玉米种植面积、水稻种植面积格网数据作为高温灾害人口、GDP、小麦、玉米、水稻暴露度评价指标。首先采用线性函数归一化法对地均人口密度、地均生产总值、小麦种植面积、玉米种植面积、水稻种植面积格网数据进行归一化处理,然后开展高温灾害人口、GDP、小麦、玉米、水稻暴露度评估。

6.2.3.2 高温灾害承灾体脆弱性评估

承灾体脆弱性指受到不利影响的倾向或趋势。一是承受灾害的程度,即灾损敏感性(承灾体本身的属性);二是可恢复的能力和弹性(应对能力)。

脆弱性评估工作视灾情信息项做遴选后开展。

高温灾害脆弱性评估可采用评估范围内各旗(县)或乡(镇)受灾人口、直接经济损失、农作物受灾面积比例、14 岁以下及 65 岁以上人口数比例等数据标准化后作为高温脆弱性的评价指标,开展承灾体脆弱性评估,脆弱性指数计算方法如下:

$$V_i = \frac{S_v}{S}$$

式中,V_i 为第 i 类承灾体脆弱性指数,S_v 为各旗(县)或乡(镇)受灾人口、直接经济损失或主要农作物受灾面积,S 为各旗(县)或乡(镇)总人口、国内生产总值或农作物种植总面积(参照 QX/T 527—2019)。

对各评价指标进行归一化处理,得到不同承灾体的脆弱性指数。脆弱性评估可根据灾情信息处理结果做调整。

由于巴林右旗高温灾害受灾人口、直接经济损失、三大农作物受灾面积与农作物总种植面积等灾害灾情信息获取不理想,不能满足计算人口、GDP、小麦、玉米、水稻承灾体脆弱性评估的数据要求,因此巴林右旗高温灾害暂未开展灾害人口、GDP 及三大农作物脆弱性评估。

6.2.3.3 高温灾害风险评估

根据高温灾害的成灾特征和风险评估的目的、用途,将致灾危险性指数、承灾体暴露度指数、承灾体脆弱性指数进行加权求积,建立风险评估模型,权重确定方法采用熵值赋权法或专家打分法,计算风险评估指数。加权求积评估模型如下:

$$I_{HRI} = I_{VH} \times I_{VSI} \times I_{VE}$$

式中,I_{HRI}为特定承灾体高温灾害风险评价指数,I_{VH}为致灾因子危险性指数,I_{VSI}为承灾体暴露度指数,I_{VE}为脆弱性指数。当脆弱性数据获取不到时,直接将 I_{VH}和 I_{VSI}进行加权求积计算高温灾害风险。

巴林右旗高温灾害人口风险评估、GDP风险评估及农作物(小麦、玉米、水稻)风险评估计算方法如下:

人口风险=致灾因子危险性×人口暴露度(均一化后数据)

GDP风险=致灾因子危险性×GDP暴露度(均一化后数据)

农作物风险=致灾因子危险性×农作物暴露度(均一化后数据)

6.2.3.4 高温灾害风险等级划分

根据高温灾害风险评估模型评估结果和评价指数的分布特征,可使用标准差或自然断点分级法定义风险等级区间,将高温灾害风险划分为5个等级(表6.4)。

表6.4 高温灾害风险分区等级

等级	1	2	3	4	5
风险	高	较高	中等	较低	低

标准差方法具体分级标准如下:

1级:风险值≥平均值+1σ;

2级:平均值+0.5σ≤风险值<平均值+1σ;

3级:平均值−0.5σ≤风险值<平均值+0.5σ;

4级:平均值−1σ≤风险值<平均值−0.5σ;

5级:风险值<平均值−1σ。

风险值为风险评估结果指数,平均值为区域内非0风险指数均值,σ为区域内非0风险值标准差。

评估区域亦可根据实际数据分布特征,对风险值最大值或最小值的分级标准做适当调整。

6.2.3.5 高温灾害风险区划

根据高温灾害风险评估结果,综合考虑地形地貌、区域性特征等,对高温灾害风险进行基于空间单元的划分,按照不同的色值(表6.5—表6.7)绘制风险区划(分区)图,完成高温灾害人口、GDP及农作物风险区划。

表6.5 高温灾害人口风险等级及色值

风险等级	含义	色值(CMYK值)
1	高风险	0,100,100,25
2	较高风险	15,100,85,0
3	中等风险	5,50,60,0
4	较低风险	5,35,40,0
5	低风险	0,15,15,0

表6.6 高温灾害GDP风险等级及色值

风险等级	含义	色值(CMYK值)
1	高风险	15,100,85,0
2	较高风险	7,50,60,0
3	中等风险	0,5,55,0
4	较低风险	0,2,25,0
5	低风险	0,0,10,0

表 6.7 高温灾害农作物风险等级及色值

风险等级	含义	色值(CMYK 值)
1	高风险	0,40,100,45
2	较高风险	0,0,100,45
3	中等风险	0,0,100,25
4	较低风险	0,0,60,0
5	低风险	10,5,15,0

6.3 致灾因子特征分析

6.3.1 年际变化特征

6.3.1.1 平均最高气温

1959—2020 年巴林右旗年平均最高气温整体上呈波动升高的趋势(图 6.3),线性升高速率为 0.24 ℃/10a;年际波动较大,极大值出现在 2007 年,为 14.7 ℃,极小值出现在 1969 年,为 10.1 ℃。

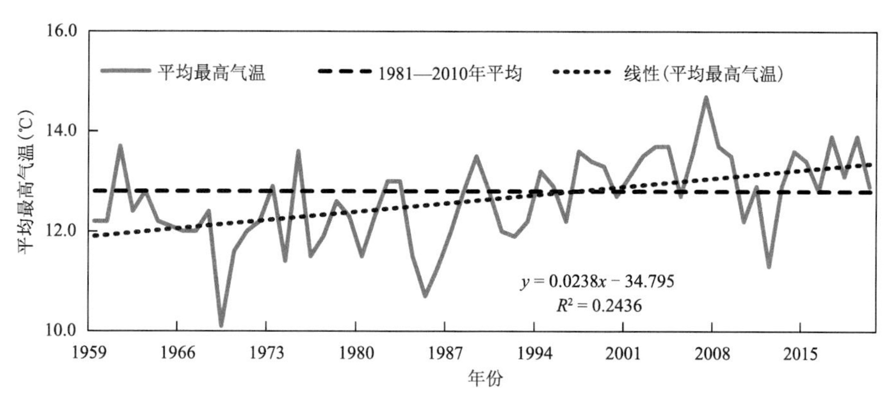

图 6.3 1959—2020 年巴林右旗年平均最高气温变化

6.3.1.2 极端最高气温

1959—2020 年巴林右旗年极端最高气温整体上呈波动升高的趋势(图 6.4),线性升高速率为 0.28 ℃/10a;年际波动较大,极大值出现在 2000 年,为 42.1 ℃,极小值出现在 1993 年,为 32.2 ℃。1995 年开始年极端最高气温上升速率明显增大。

6.3.1.3 高温日数

1959—2020 年巴林右旗年高温日数整体上呈增多的趋势(图 6.5),线性增加速率为 0.76 d/10a;年高温日数年际波动较大,极大值出现在 2000 年,为 17 d。1996 年之后,年高温日数较常年(1981—2010 年)平均值偏高的年份明显增多。

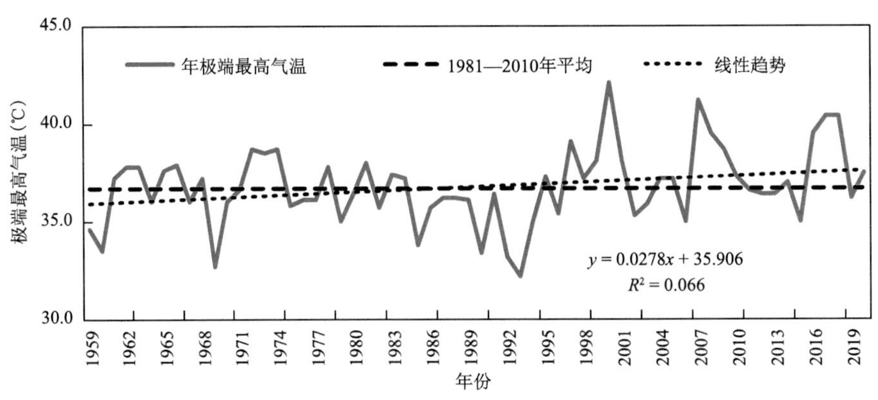

图 6.4 1959—2020 年巴林右旗年极端最高气温变化

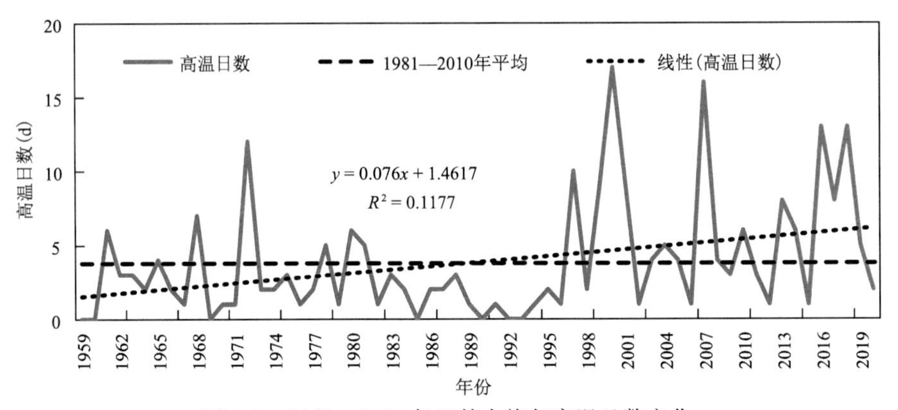

图 6.5 1959—2020 年巴林右旗年高温日数变化

6.3.1.4 高温过程

1959—2020 年巴林右旗共出现高温过程 13 次,年高温过程次数呈略上升趋势。1959—1997 年共出现高温过程 5 次(1968 年、1980 年和 1988 年各 1 次,1972 年 2 次),1998—2020 年高温过程有所增加,共 8 次(图 6.6)。根据高温过程强度判别标准,巴林右旗高温过程强度为弱过程的有 11 次,中等过程的 2 次(2000 年和 2016 年各 1 次)(图 6.7、表 6.8)。

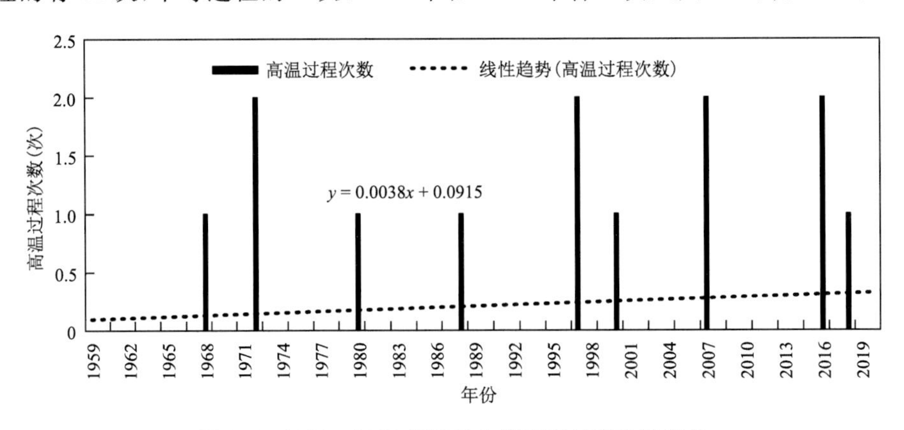

图 6.6 1959—2020 年巴林右旗高温过程次数变化

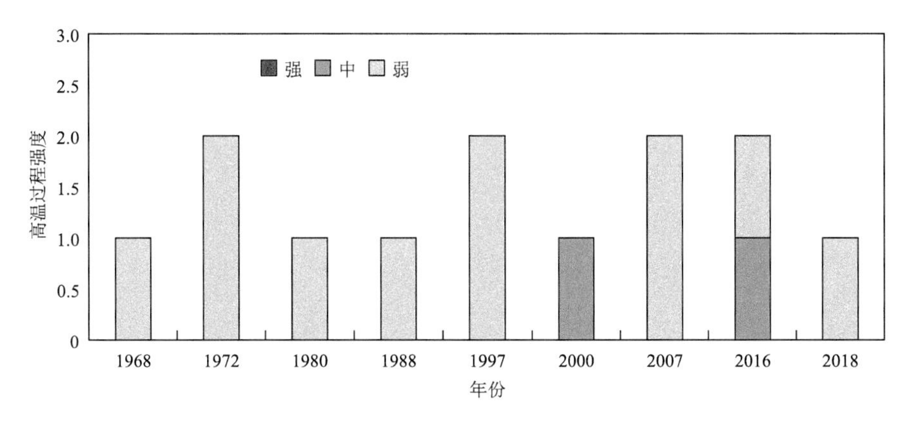

图 6.7　1959—2020 年巴林右旗高温过程强度变化

1959—2020 年的 13 次高温过程平均最高气温为 36.7 ℃，平均极端最高气温为 39.0 ℃，均呈上升趋势(图 6.8、图 6.9)。

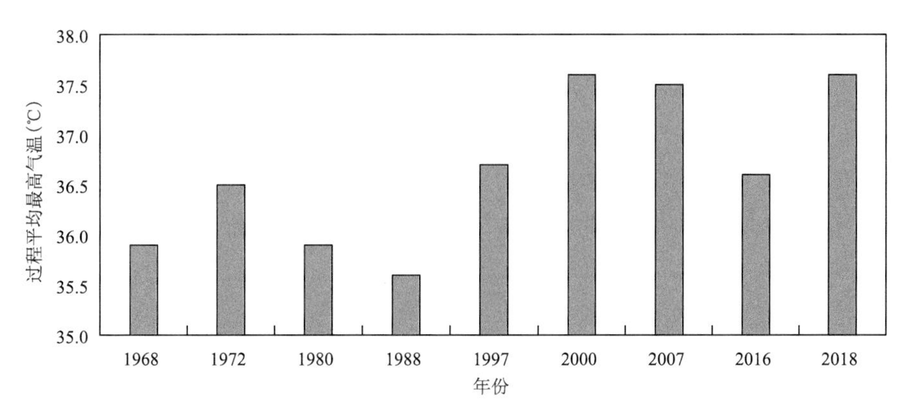

图 6.8　1959—2020 年巴林右旗高温过程平均最高气温变化

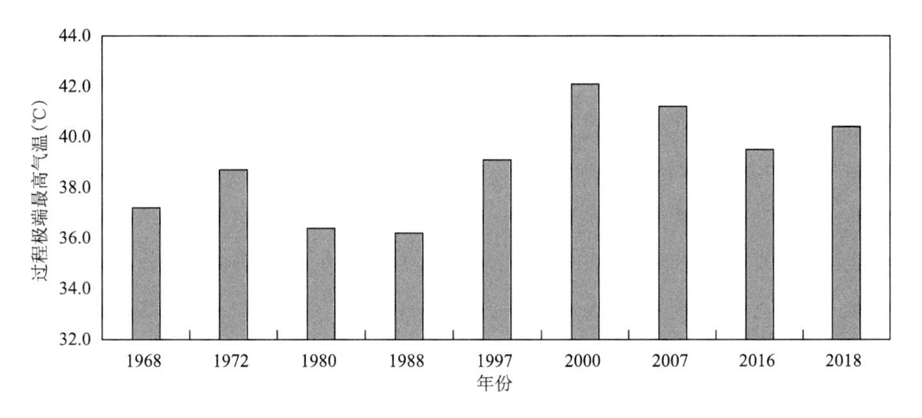

图 6.9　1959—2020 年巴林右旗高温过程极端最高气温年变化趋势

表 6.8 巴林右旗高温过程次数及强度

年份	高温过程持续日数(d)	高温过程次数(次)	弱(次)	中(次)	强(次)	平均高温强度	过程平均最高气温(℃)	过程极端最高气温(℃)
1968	4	1	1	0	0	弱	35.9	37.2
1972	6	2	2	0	0	弱	36.5	38.7
1980	4	1	1	0	0	弱	35.9	36.4
1988	3	1	1	0	0	弱	35.6	36.2
1997	8	2	2	0	0	弱	36.7	39.1
2000	6	1	0	1	0	中	37.6	42.1
2007	7	2	2	0	0	弱	37.5	41.2
2016	9	2	1	1	0	弱	36.6	39.5
2018	3	1	1	0	0	弱	37.6	40.4
总计	50	13	11	2	0	弱	36.7	39.0

6.3.2 月变化特征

6.3.2.1 最高气温

1959—2020 年巴林右旗平均最高气温夏季最高，为 27.6 ℃；春、秋季次之，分别是 14.3 ℃和 13.0 ℃；冬季最低，为−4.7 ℃。春季极端最高气温出现在 5 月，为 38.5 ℃；夏季出现在 7 月，为 42.1 ℃；秋季出现在 9 月，为 35.7 ℃；冬季出现在 2 月，为 18.7 ℃(图 6.10)。

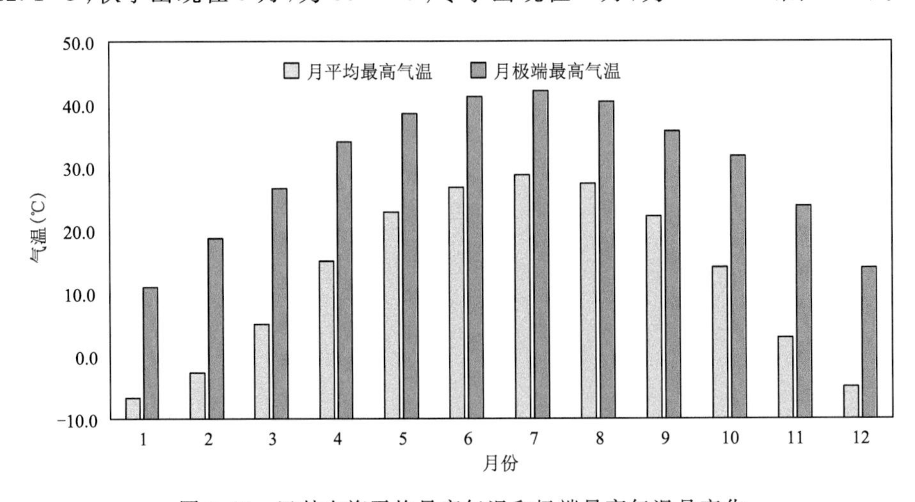

图 6.10 巴林右旗平均最高气温和极端最高气温月变化

6.3.2.2 高温日数

1959—2020 年巴林右旗高温日出现在 5—9 月，其中主要分布在 7 月，为 111 d，占全年高温日的 46%；6 月和 8 月高温日数分别为 59 d 和 45 d，5 月和 9 月高温日数较少(分别为 22 d 和 2 d)(图 6.11)。

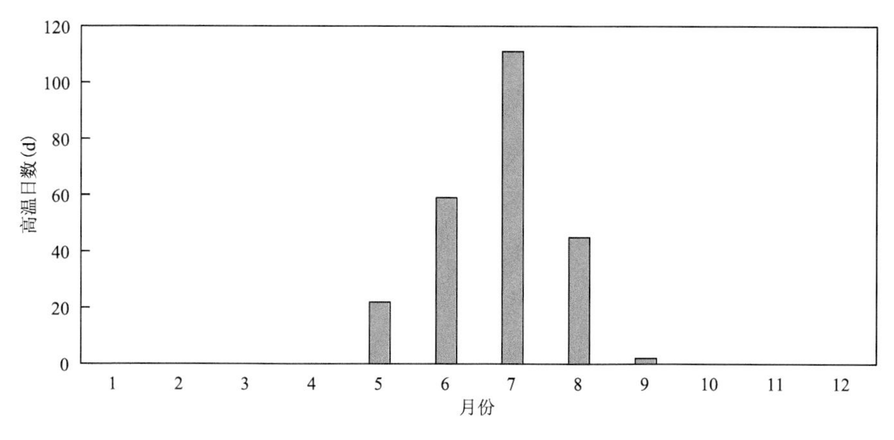

图 6.11 巴林右旗高温日数月变化

6.3.2.3 高温过程

巴林右旗高温过程出现时间集中在6月至8月上旬，持续时间在3～6 d，最高极端最高气温为42.1 ℃，出现在2000年7月14日。

6.3.3 空间分布特征

6.3.3.1 平均最高气温

从巴林右旗平均最高气温空间分布(图6.12)来看，呈自西北向东南逐步升高的态势。平均最高气温为10.9～14.2 ℃，低值区出现在巴彦琥硕镇大部分区域、查干沐沦苏木东北部、索博日嘎镇偏南地区，高值区主要分布在西拉沐沦苏木和宝日勿苏镇东部。

6.3.3.2 极端最高气温

巴林右旗极端最高气温空间分布(图6.13)整体上也呈自西北向东南逐步升高的态势，从巴彦琥硕镇向东南呈升高的分布。极端最高气温在35.3～38.6 ℃，低值区出现在西北部巴彦琥硕镇周边，高值区同样分布在西拉沐沦苏木和宝日勿苏镇东部。

6.3.3.3 高温日数

从巴林右旗高温日数空间分布(图6.14)来看，也呈自西北向东南逐步升高的态势。高温日数为1～9 d，低值区出现在巴彦琥硕镇、查干沐沦苏木北部、索博日嘎镇南部，高值区主要分布在西拉沐沦苏木和宝日勿苏镇东部。

6.4 典型过程分析

2000年7月10日至15日，巴林右旗出现连续6 d最高气温超过35 ℃的高温过程，过程平均最高气温为37.6 ℃，日较差为17.7 ℃，其中7月14日最高气温达42.1 ℃，过程日平均气温在27.9～32.1 ℃。本次高温过程影响宝日勿苏镇、西拉沐沦苏木、巴彦塔拉苏木、幸福之路苏木。

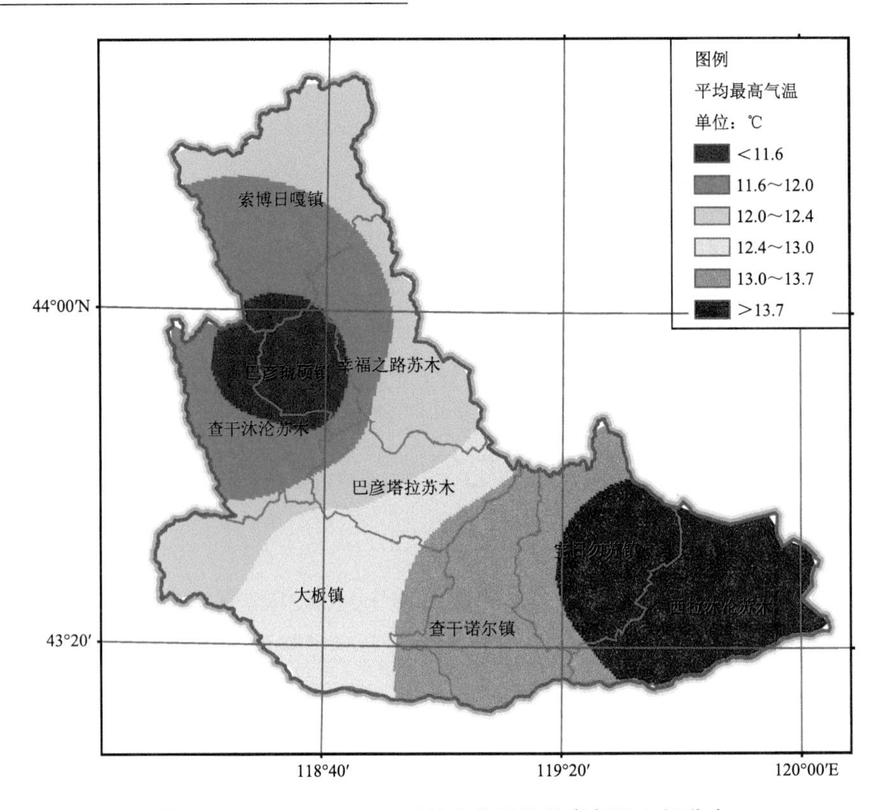

图 6.12　1959—2020 年巴林右旗平均最高气温空间分布

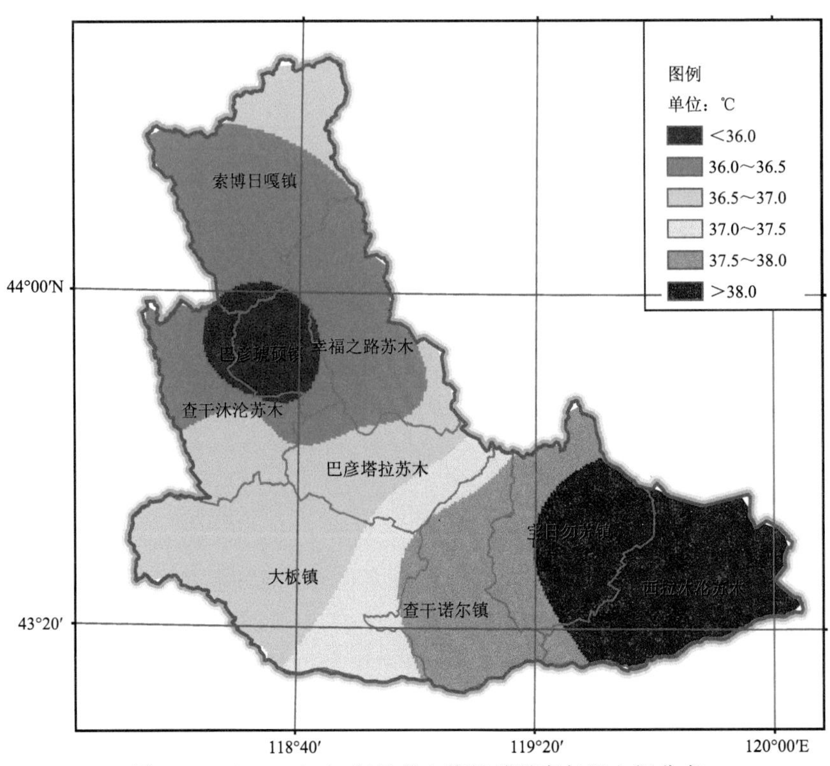

图 6.13　1959—2020 年巴林右旗极端最高气温空间分布

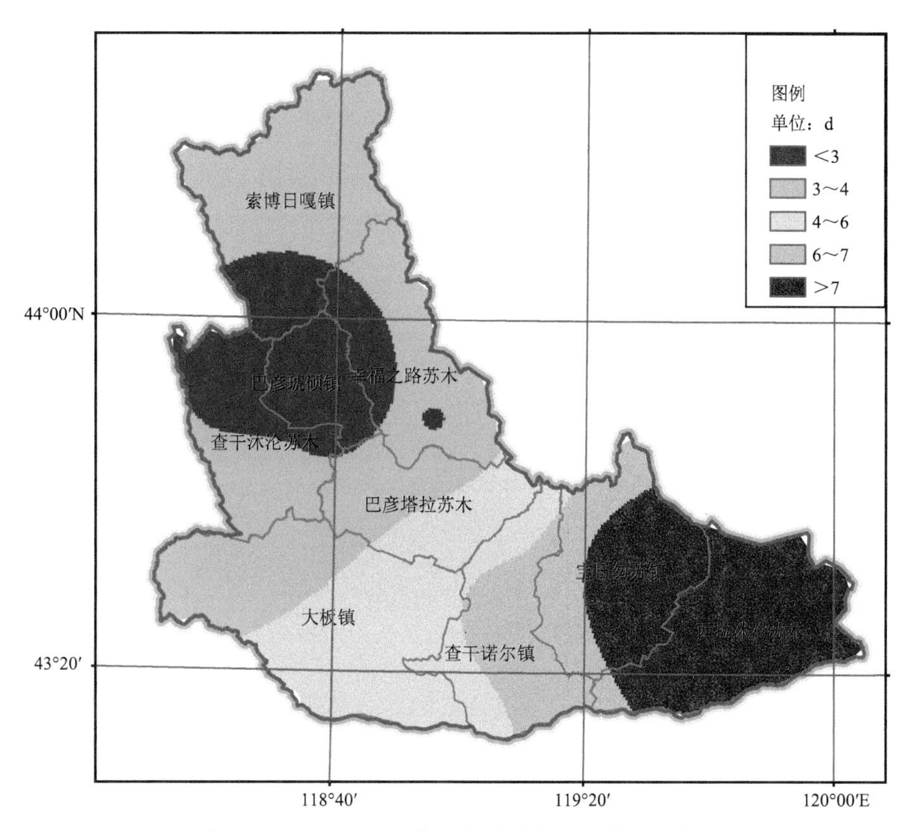

图 6.14　1959—2020 年巴林右旗高温日数空间分布

2018 年 8 月 2 日至 4 日，巴林右旗出现连续 3 d 最高气温超过 35 ℃的高温过程，过程平均最高气温为 37.6 ℃，日较差为 13.2 ℃，其中 8 月 3 日最高气温达 40.4 ℃，过程日平均气温在 30.3～32.7 ℃。本次高温过程影响宝日勿苏镇、西拉沐沦苏木、巴彦塔拉苏木、幸福之路苏木。

6.5　致灾危险性评估

巴林右旗高温灾害危险性水平空间分布如图 6.15 所示（表 6.9），与高温灾害致灾因子空间分布相似，东南部海拔较低的地区是高温灾害危险性高值区。

表 6.9　巴林右旗高温灾害致灾危险性等级

危险性等级	含义	指标
4	低危险性	0.315～0.415
3	较低危险性	0.415～0.466
2	较高危险性	0.466～0.518
1	高危险性	0.518～0.792

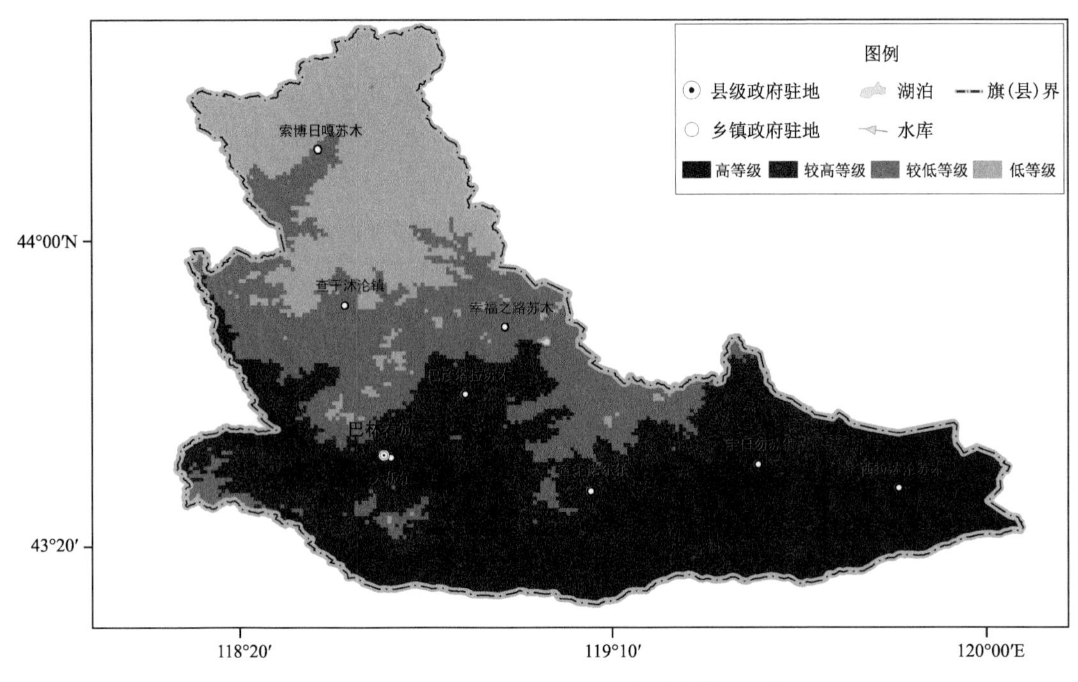

图 6.15 巴林右旗高温灾害致灾危险性等级区划

6.6 灾害风险评估与区划

6.6.1 人口风险评估与区划

基于巴林右旗高温灾害人口风险评估指数,结合行政单元进行空间划分,采用自然断点法将风险等级划分为 5 个等级(表 6.10),分别对应高(1 级)、较高(2 级)、中等(3 级)、较低(4 级)和低(5 级),并绘制巴林右旗高温灾害人口风险等级区划图(图 6.16)。

巴林右旗人口暴露度水平高、较高区域主要分布在旗政府所在地大板镇及周边,暴露度中等、较低区域主要分布在各乡(镇)、嘎查(村)等居民点,其余为低暴露度区域,分布分散,区域较大。

由图 6.16 可知,巴林右旗高温灾害人口风险主要取决于本地人口分布,即人口越集中的地区,其受灾人口风险越高。大板镇及周边地区为高温灾害人口高、较高风险区,各苏木(镇)、村居民点为高温灾害人口中等、较低风险区,其余大部分地区为低风险等级。

表 6.10 巴林右旗高温灾害人口风险等级

风险等级	含义	指标
5	低风险	0～0.0022
4	较低风险	0.0022～0.0067
3	中风险	0.0067～0.0126
2	较高风险	0.0126～0.0213
1	高风险	0.0213～0.0444

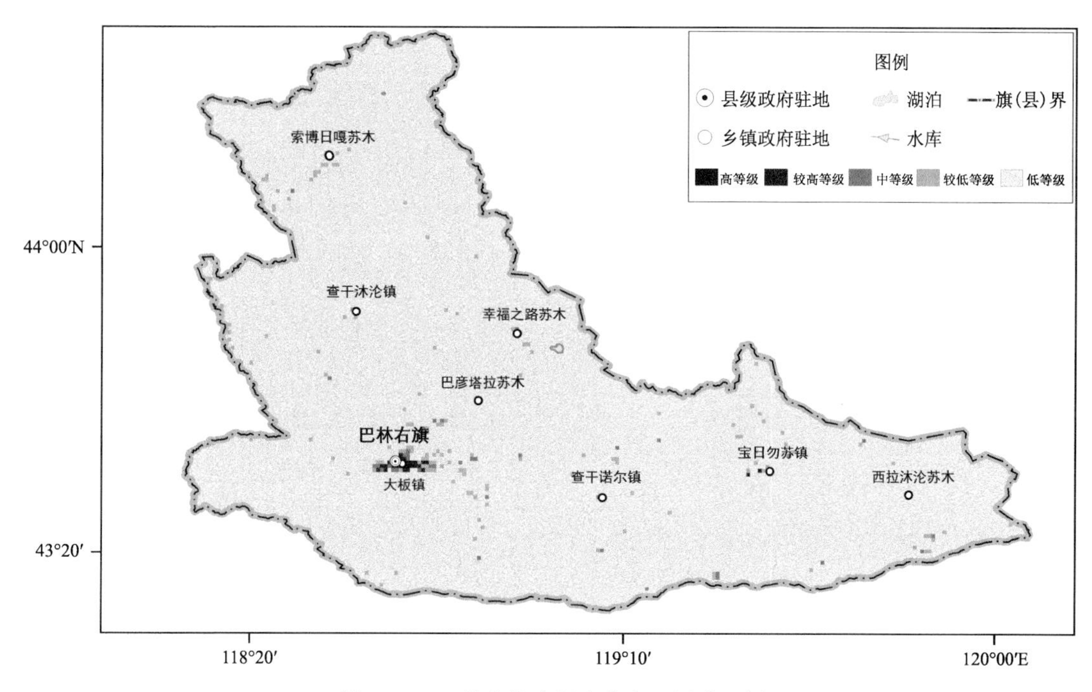

图 6.16 巴林右旗高温灾害人口风险区划

6.6.2 GDP 风险评估与区划

基于巴林右旗高温灾害 GDP 风险评估指数，结合行政单元进行空间划分，采用自然断点法将风险等级划分为 5 个等级（表 6.11），分别对应高（1 级）、较高（2 级）、中等（3 级）、较低（4 级）和低（5 级），并绘制巴林右旗高温灾害 GDP 风险等级区划图（图 6.17）。

巴林右旗高温灾害 GDP 暴露度与人口暴露度分布特征相似，GDP 暴露度水平高、较高区域主要分布在旗政府所在地大板镇及周边，中等、较低区域主要分布在各乡（镇）、嘎查（村）等居民点，其余为低暴露度区域。

由图 6.17 可知，巴林右旗高温灾害 GDP 风险受致灾危险性和经济暴露度影响，经济较为密集的大板镇及周边地区为高温灾害 GDP 高、较高风险区，各苏木（镇）的居民点为中等、较低风险区。

表 6.11 巴林右旗高温灾害 GDP 风险等级

风险等级	含义	指标
5	低风险	0～0.0276
4	较低风险	0.0276～0.0833
3	中风险	0.0833～0.1610
2	较高风险	0.1610～0.2612
1	高风险	0.2612～0.4026

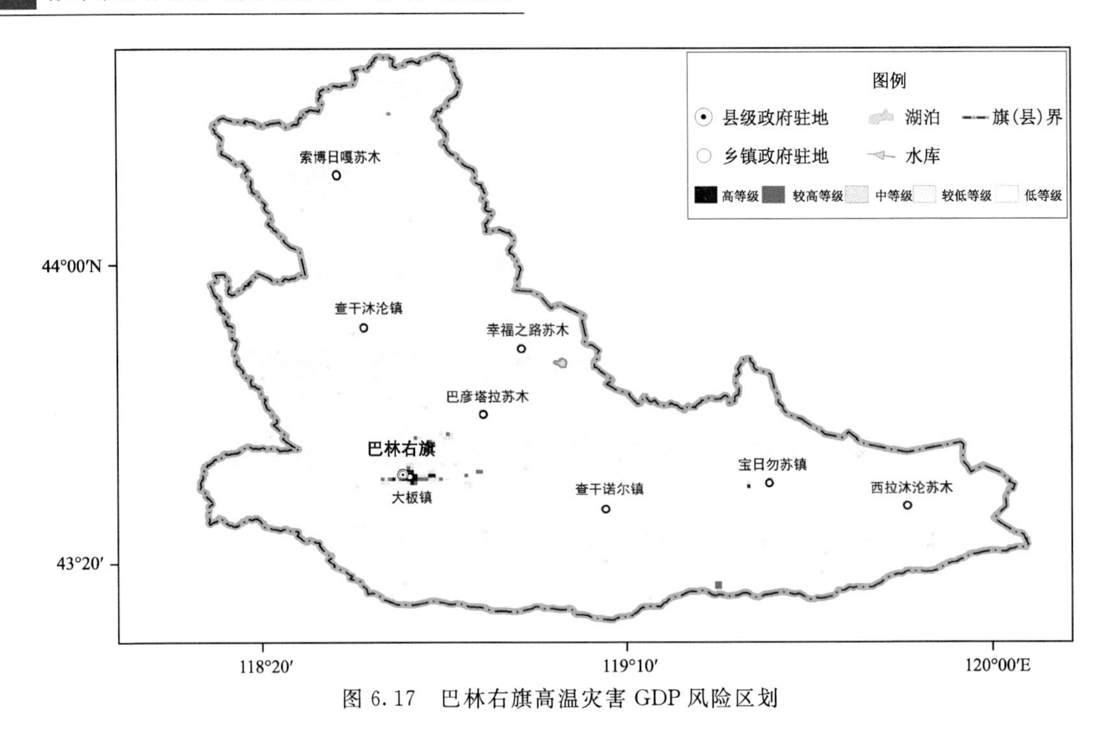

图 6.17 巴林右旗高温灾害 GDP 风险区划

6.6.3 小麦风险评估与区划

巴林右旗小麦暴露度高值区主要分布在巴林右旗北部的索博日嘎苏木及大板镇小麦种植区域。

巴林右旗高温灾害小麦风险受高温灾害危险性和小麦暴露度影响，大部分地区高温灾害小麦风险为低、较低等级，高、较高风险等级主要位于索博日嘎苏木，其余大部分地区为低风险区（图 6.18、表 6.12）。

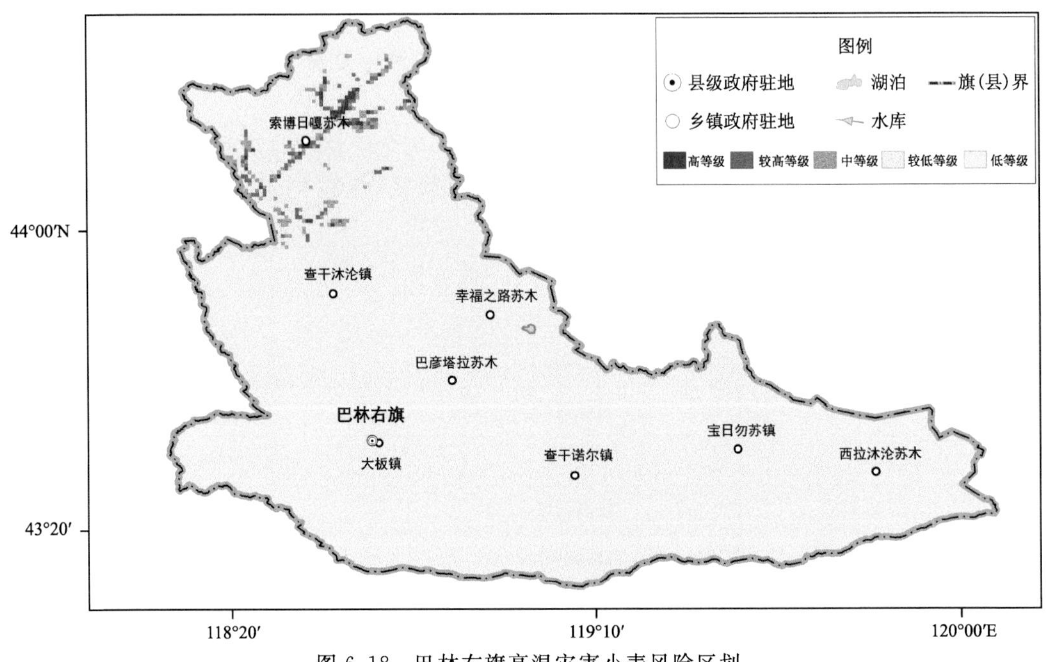

图 6.18 巴林右旗高温灾害小麦风险区划

表 6.12 巴林右旗高温灾害小麦风险等级

风险等级	含义	指标
5	低风险	0～0.021
4	较低风险	0.021～0.075
3	中风险	0.075～0.164
2	较高风险	0.164～0.267
1	高	0.267 ～0.418

6.6.4 玉米风险评估与区划

巴林右旗玉米暴露度高值区分布范围较大，主要位于大板镇偏北部、查干诺尔镇中部、西拉沐沦苏木南部、宝日勿苏镇北部、巴彦塔拉苏木中部及幸福之路苏木西南部等主要玉米种植区域。

巴林右旗高温灾害玉米风险受高温灾害危险性和玉米暴露度影响，大板镇偏北部、查干诺尔镇中部、西拉沐沦苏木南部、宝日勿苏镇北部、巴彦塔拉苏木中部及幸福之路苏木西南部等地为高温灾害玉米风险高、较高和中等等级，其余地区为低风险等级（表 6.13、图 6.19）。

表 6.13 巴林右旗高温灾害玉米风险等级

风险等级	含义	指标
5	低风险	0～0.045
4	较低风险	0.045～0.136
3	中风险	0.136～0.237
2	较高风险	0.237～0.363
1	高风险	0.363～0.456

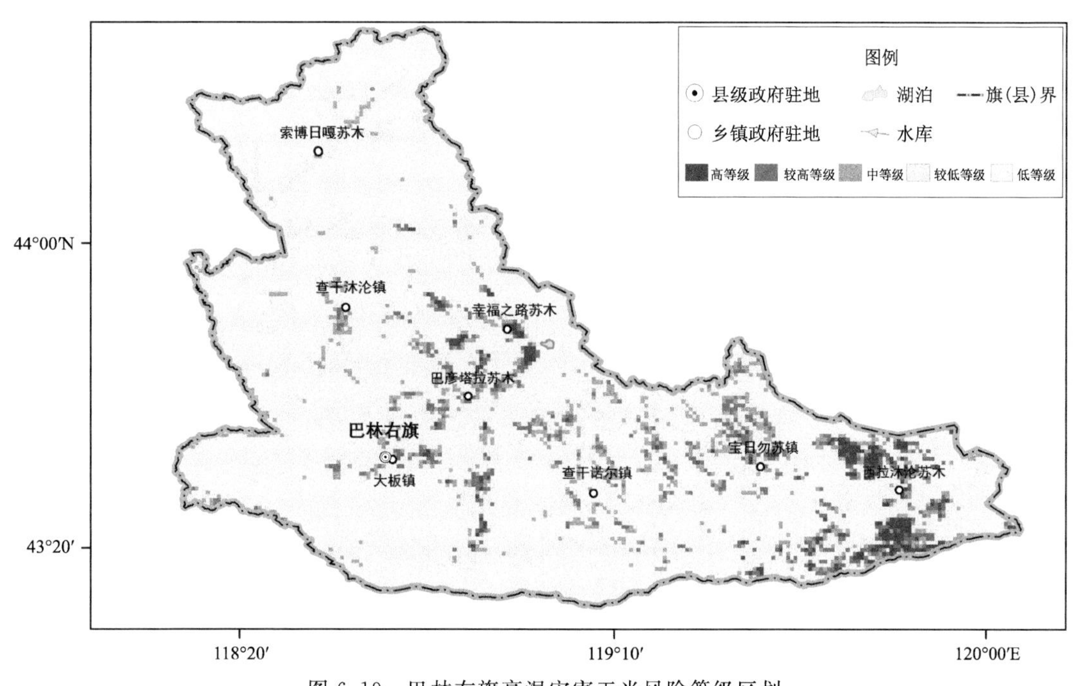

图 6.19 巴林右旗高温灾害玉米风险等级区划

6.6.5 水稻风险评估与区划

巴林右旗水稻暴露度高值区分布于西拉沐沦苏木偏西南部、大板镇中部偏东部分地区主要种植区域。

巴林右旗高温灾害水稻风险受高温灾害危险性和水稻暴露度影响，大部分地区高温灾害水稻风险为低、较低等级，中等、较高、高风险等级主要位于大板镇中部偏东、西拉沐沦苏木偏西南地区（表 6.14、图 6.20）。

表 6.14 巴林右旗高温灾害水稻风险等级

风险等级	含义	指标
5	低风险	0～0.158
4	较低风险	0.158～0.421
3	中风险	0.421～0.466
2	较高风险	0.466～0.515
1	高风险	0.515～0.683

图 6.20 巴林右旗高温灾害水稻风险等级区划

6.7 小结

巴林右旗高温过程较少，强度较弱，高温灾害影响较小，灾情数据暂未收集到。巴林右旗高温灾害致灾危险性整体上自北向南逐渐升高，东南部海拔较低的地区高温灾害危险性较高。高温灾害人口风险、GDP 风险的高、较高风险区主要集中于人口、经济密集区。高温灾害小麦、玉米、水稻风险与高温灾害危险性分布及农作物种植区域有关，小麦高、较高风险区主要位于索博日嘎苏木；玉米高、较高风险区主要位于大板镇偏北部、查干诺尔镇中部、西拉沐沦苏木南部、宝日勿苏镇北部、巴彦塔拉苏木中部及幸福之路苏木西南部等地；水稻高、较高风险区主要位于大板镇中部偏东、西拉沐沦苏木偏西南地区。

第7章 低 温

7.1 数据

7.1.1 气象数据

整理1961—2020年巴林右旗国家级地面气象站逐日气温(平均气温、最低气温)、地面最低温度、降水(雪)、风速等气象观测数据,以及巴林右旗境内6个骨干区域气象站2016—2020年逐日气温(平均气温、最低气温)数据。

利用巴林右旗国家级地面气象站1961—2020年逐日平均气温、逐日最低气温数据,对旗区域气象站2016—2020年逐日气温资料进行延长,最终获得1961—2020年巴林右旗6个区域气象站逐日平均气温和逐日最低气温数据。数据延长的线性拟合方程以及决定系数如表7.1所示。

表7.1 区域站数据延长拟合方程及决定系数

站点		线性拟合方程	R^2
幸福之路	平均气温	$y=0.9961x-0.7381$	0.9957
	最低气温	$y=0.9806x-1.2228$	0.9833
查干诺尔	平均气温	$y=1.0018x+0.5158$	0.9944
	最低气温	$y=0.9951x+0.1783$	0.9818
宝日勿苏	平均气温	$y=1.0028x+0.8842$	0.9943
	最低气温	$y=1.0152x+0.6311$	0.9827
西拉沐沦	平均气温	$y=1.0175x+0.5097$	0.9924
	最低气温	$y=1.0411x-0.2607$	0.9782
巴彦琥硕	平均气温	$y=1.0044x-2.1301$	0.9945
	最低气温	$y=0.9906x-2.5712$	0.979
查干沐沦	平均气温	$y=1.021x-1.7661$	0.9964
	最低气温	$y=1.0281x-2.6906$	0.9843

7.1.2 地理信息数据

行政区划数据为国务院普查办提供的巴林右旗行政边界,大地基准为2000国家大地坐标系。数字高程模型(DEM)数据为空间分辨率为90 m的SRTM (Shuttle Radar Topography Mission)数据。

7.1.3 社会经济数据

数据来源于国务院普查办共享的人口、GDP、三大农作物(小麦、玉米、水稻)标准格网数据。同时收集了历年巴林右旗耕地面积、农作物种植面积、总产量、草场面积等数据。

7.1.4 历史灾情数据

历史灾情数据为巴林右旗气象局通过灾情风险普查收集到的资料,主要来源于灾情直报系统、灾害大典、旗(县)统计局、旗(县)地方志,以及地方民政部门等。

7.2 技术路线及方法

收集巴林右旗1961年以来国家级地面气象站和区域气象站的逐日气温(平均气温、最低气温)、地面最低温度、降水(雪)、风速等气象观测数据,以及霜冻等特殊天气观测数据。收集巴林右旗低温历史灾害信息、承灾体、基础地理、社会经济现状和社会发展规划等相关资料。选取冷空气(寒潮)、霜冻害、低温冷害等低温灾害的频次、强度或持续时间等致灾因子确定灾害过程评估指标。通过危险性评估方法评估各低温灾害危险性等级,综合考虑该区域对低温灾害的暴露度特性,对低温灾害危险性进行基于空间单元的划分(图7.1)。

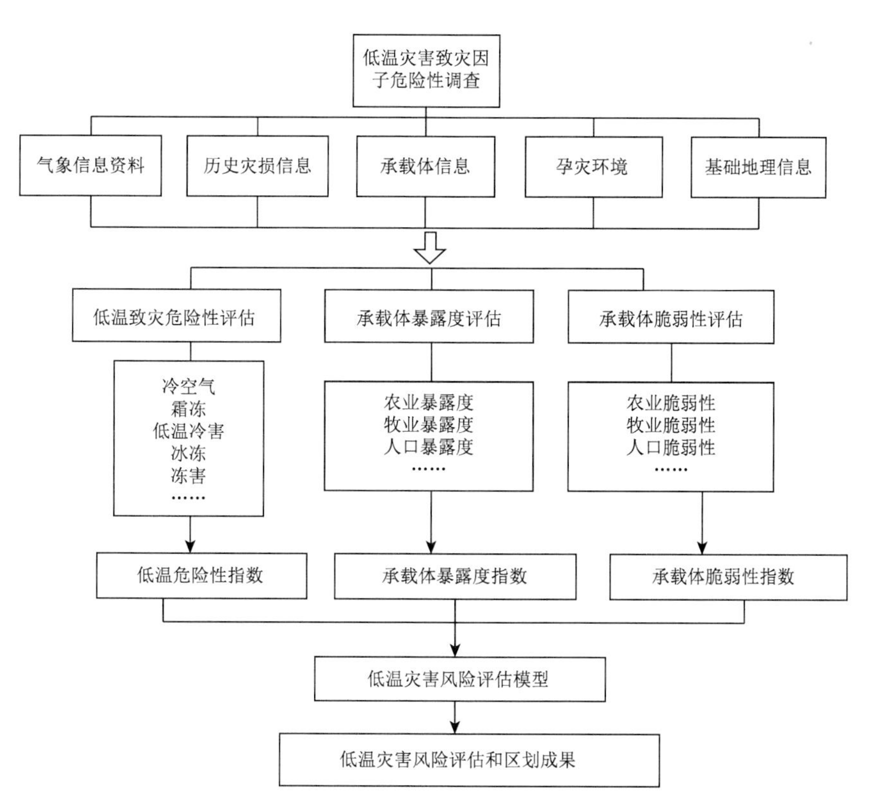

图7.1 巴林右旗低温灾害风险评估与区划技术路线

7.2.1 致灾过程确定

7.2.1.1 冷空气(寒潮)致灾过程确定

单站冷空气判定：

冷空气过程识别依据《冷空气过程监测指标》(QX/T 393—2017)，其强度分中等强度冷空气、强冷空气和寒潮。

(1)中等强度冷空气：单站48 h降温幅度≥6 ℃且<8 ℃的冷空气。

(2)强冷空气：单站48 h降温幅度≥8 ℃的冷空气。

(3)寒潮：单站24 h降温幅度≥8 ℃或单站48 h降温幅度≥10 ℃或单站72 h降温幅度≥12 ℃，且日最低气温≤4 ℃的冷空气。

冷空气持续2 d及以上，判定为出现一次冷空气过程。

7.2.1.2 霜冻害致灾过程确定

1. 单站霜冻灾害判定

参照内蒙古自治区地方标准《霜冻灾害等级》(DB15/T 1008—2016)，采用地面最低温度小于或等于0 ℃的温度和出现日期的早、晚作为划分霜冻灾害等级的主要依据。气象站夏末秋初地面最低温度小于或等于0 ℃时的第一日定为初霜日，春末夏初地面最低温度小于或等于0 ℃时的最后一日定为终霜日。没有地面最低温度的站点可参照《中国灾害性天气气候图集》，采用日最低气温≤2 ℃作为霜冻指标。

2. 单站霜冻灾害等级划分

采用温度等级和初终霜日期出现早(提前)、晚(推后)天数或正常(气候平均日期)的综合等级指标。

(1)温度等级划分

当气象站某年出现霜冻后，依据当日地面最低温度(T)，将霜冻划分为三个等级，即：$-1<T\leqslant 0$ ℃、$-3<T\leqslant -1$ ℃、$T\leqslant -3$ ℃。

(2)日期早、晚等级划分指标

以单站当年的初、终霜日比其气候平均日期早或晚的天数，将霜冻划分为四个等级，即：初霜日期比气候平均日期正常或晚1～5 d、早1～5 d、早6～10 d、早10 d以上；终霜日期比其气候平均日期正常或早1～5 d、晚1～5 d、晚6～10 d、晚10 d以上。

(3)单站霜冻灾害划分指标

依据温度等级和日期早晚等级划分指标，将霜冻灾害等级划分为三级，即：轻度霜冻、中度霜冻和重度霜冻。具体划分标准如表7.2、表7.3所示。

表7.2 单站初霜冻灾害等级划分指标

日期早晚	灾害等级		
	−1～0 ℃	−3～−1 ℃	≤−3 ℃
正常或晚1～5 d	无灾害	轻度灾害	轻度灾害
早1～5 d	轻度灾害	中度灾害	重度灾害
早6～10 d	中度灾害	中度灾害	重度灾害
早10 d以上	重度灾害	重度灾害	重度灾害

表 7.3 单站终霜冻灾害等级划分指标

日期早晚	灾害等级		
	−1～0 ℃	−3～−1 ℃	≤−3 ℃
正常或早 1～5 d	无灾害	轻度灾害	轻度灾害
晚 1～5 d	轻度灾害	中度灾害	重度灾害
晚 6～10 d	中度灾害	中度灾害	重度灾害
晚 10 d 以上	重度灾害	重度灾害	重度灾害

3. 区域霜冻灾害判定

①若区域内有大于或等于 50%的国家级气象站发生了霜冻灾害，且其中发生重度霜冻的站点占一半以上，则认为该区域发生了重度霜冻灾害。

②若区域内有大于或等于 50%的国家级气象站发生了霜冻灾害，且其中发生中度以上霜冻的站点占一半以上，但未达到①条规定的条件时，则认为该区域发生了中度霜冻灾害。

③若区域内有大于或等于 50%的国家级气象站发生了霜冻灾害，但未达到上述①和②条规定的条件时，则认为该区域发生了轻度霜冻灾害。

7.2.1.3 低温冷害致灾过程确定

指在作物生长发育期间，尽管日最低气温在 0 ℃以上，天气比较温暖，但出现较长时间的持续性低温天气，或者在作物生殖生长期间出现短期的强低温天气过程，日平均气温低于作物生长发育适宜温度的下限指标，影响农作物的生长发育和结实而引起减产的农业自然灾害。不同作物的各个生育阶段要求的最适宜温度和能够耐受的临界低温有很大的差异，品种之间也不相同，所以低温对不同作物、不同品种及作物的不同生育阶段的影响有较大差异。

(1)单站低温冷害的判定指标

①5—9 月≥10 ℃积温距平<−100 ℃·d(可根据实际进行调整)。

②5—9 月平均气温距平之和≤−3 ℃；作物生育期内月平均气温距平≤−1 ℃。

③作物生育期内日最低气温低于作物生育期下限温度并持续 5 d 以上。

(2)低温冷害年等级划分指标

①轻度低温冷害，对植株正常生育有一定影响，造成产量轻度下降；

②中度低温冷害，低温冷害持续时间较长，作物生育期明显延迟，影响正常开花、授粉、灌浆，结实率低、千粒重下降；

③重度低温冷害，作物因长时间低温不能成熟，严重影响产量和质量。

(3)区域低温冷害判定

若区域内有大于或等于 50%的国家级气象站出现低温冷害，则为一次区域性低温冷害灾害事件。

7.2.1.4 冷雨湿雪致灾过程确定

指在连续降雨或者雨夹雪的过程中(或之后)伴随着较强的降温或冷风。

(1)单站冷雨湿雪判定

满足以下任一条件为一个冷雨湿雪日：

①日降水量≥5 mm，5 ℃<日平均气温≤10 ℃，24 h 日最低气温降温幅度≥6 ℃。

②日降水量≥5 mm，5 ℃<日平均气温≤10 ℃，4 ℃<24 h日最低气温降温幅度≤6 ℃，风速≥4 m/s。

③日降水量≥5 mm，日平均气温≤5 ℃，24 h日最低气温降温幅度≥4 ℃。

④日降水量≥5 mm，日平均气温≤5 ℃，2 ℃<24 h日最低气温降温幅度≤4 ℃，风速≥2 m/s。

(2)区域冷雨湿雪判定

若区域内有大于或等于50%的国家级气象站出现冷雨湿雪灾害，则为一次区域性冷雨湿雪灾害事件。这里所指的区域，可以是一个盟(市)或多个盟(市)或者全区。

7.2.1.5 低温灾害致灾因子确定

基于上述识别的低温灾害事件，确定各类型低温灾害致灾因子，如过程持续时间(Duriation，D)和强度，强度可选取过程平均气温(process average of Temperature，T_{ave})和过程极端最低气温(process Extreme T_{min}，ET_{min})、过程平均最低气温(process Average T_{min}，AT_{min})、过程最大降温幅度(process Maximum of ΔT_{min}，MaxΔT)、过程平均日照时数(Process Average Sunshine，PAS)、过程累计降水量(Process Accumulated Precipitation，PAP)等。针对不同低温灾害类型，具体见下表。

表7.4 低温灾害致灾因子

低温灾害类型	危险性指标
冷空气(寒潮)	持续时间、过程最大降温幅度、过程极端最低气温等
霜冻	霜冻日数、霜冻开始和结束日日最低气温、霜冻期平均气温、霜冻期平均最低气温等
低温冷害	生育期月平均气温距平、≥10 ℃积温距平、5—9月平均气温距平、日最低气温低于作物生育期下限温度值、持续时间等
冷雨湿雪	持续时间、过程平均气温、过程累计降水量、过程平均风速等

7.2.2 致灾因子危险性评估

7.2.2.1 冷空气(寒潮)危险性指数计算公式

$$H_{cold}=A\times D_{cold}+B\times \max\Delta T+C\times ET_{min}$$

式中，H_{cold}为冷空气(寒潮)危险性指数；D_{cold}、$\max\Delta T$、ET_{min}分别是归一化后的三个致灾因子指数；A、B、C为权重系数。

7.2.2.2 霜冻危险性指数计算公式

$$H_{frost}=A\times D_{frost}+B\times T_{ave}+C\times AT_{min}$$

式中，H_{frost}为霜冻害危险性指数；D_{frost}、T_{ave}、AT_{min}分别是归一化后的三个致灾因子指数；A、B、C为权重系数。

7.2.2.3 低温冷害危险性指数

$$H_{dwlh}=A\times \Delta T+B\times D_{dwlh}$$

式中，H_{dwlh}为低温冷害危险性指数；ΔT、D_{dwlh}分别是归一化后的两个致灾因子指数，即低温冷害发生时间段的平均气温距平、持续时间；A、B为权重系数。

7.2.2.4 冷雨湿雪指数计算公式

$$H_{lysx} = A \times D_{lysx} + B \times \overline{T} + C \times P + D \times \max\overline{v}$$

式中，H_{lysx}为冷雨湿雪危险性指数；D_{lysx}、$\overline{T}$、P、$\max\overline{v}$分别是归一化后的4个致灾因子指数，即持续时间、过程平均气温、过程累计降水量、过程逐日风速的最大值；A、B、C、D为权重系数。

低温灾害涉及冷空气（寒潮）、霜冻、低温冷害、冷雨湿雪等灾害类型，结合巴林右旗实际，选择了冷空气、霜冻和低温冷害作为主要低温灾害类型，分别计算各低温灾害危险性指数后，将各低温灾害危险性指数加权求和得到低温灾害危险性。低温灾害危险性计算公式如下：

$$H = \sum_{i=1}^{N}(a_i \times X_i)$$

式中，H为低温灾害危险性指数，X_i为第i种低温灾害（如冷空气、霜冻、低温冷害等）危险性指数值，a_i为第i种低温灾害权重系数，可由熵值赋权法、层次分析法、专家打分法或其他方法获得。利用小网格推算法建立研究区境内气象站点低温致灾因子与海拔高度的回归方程，通过GIS空间分析法对危险性指数进行空间插值，制作各类低温灾害危险性评估图。

基于低温灾害危险性评估结果，综合考虑行政区划（或气候区、流域等），对低温灾害危险性进行基于空间单元的划分。并根据危险性评估结果制作成果图。根据低温灾害危险性指标分布特征，可使用标准差等方法将低温灾害危险性分为4级（表7.5）。

表7.5 低温灾害危险性等级划分标准

危险性等级	指标
Ⅰ	$\geq ave+\sigma$
Ⅱ	$[ave, ave+\sigma)$
Ⅲ	$[ave-\sigma, ave)$
Ⅳ	$< ave-\sigma$

注：ave、σ分别为区域内非0危险性指标值均值、标准差。

7.2.3 风险评估与区划

7.2.3.1 暴露度评估

暴露度评估可采用区划范围内人口密度、地均GDP、农作物种植面积比例、畜牧业所占面积比例等作为评价指标来表征人口、经济、农作物和畜牧业等承灾体暴露度。

以区划范围内承灾体数量或种植面积与总面积之比作为承灾体暴露度指标为例，暴露度指数计算方法如下：

$$I_{vs} = \frac{S_E}{S}$$

式中，I_{vs}为承灾体暴露度指标，S_E为区域内承灾体数量或种植面积，S为区域总面积或耕地面积（参照QX/T 527—2019）。对各评价指标进行归一化处理，得到不同承灾体的暴露度指数。

7.2.3.2 脆弱性评估

脆弱性评估可采用区域范围内低温灾害受灾人口、直接经济损失、受灾面积、灾损率等作为评价敏感性的指标来表征脆弱性。

以区域范围内受灾人口、直接经济损失、主要农作物受灾面积与总人口、国内生产总值、农作物总种植面积之比作为脆弱性指标为例，脆弱性指数计算方法如下：

$$V_i = \frac{S_V}{S}$$

式中，V_i 为第 i 类承灾体脆弱性指数，S_V 为受灾人口、直接经济损失或受灾面积，S 为总人口、国内生产总值或农作物种植总面积。对各评价指标进行归一化处理，得到不同承灾体的脆弱性指数。

7.2.3.3 风险评估

由于低温灾害涉及冷空气(寒潮)、霜冻、低温冷害、冷雨湿雪等灾害类型，结合巴林右旗实际，选择了冷空气、霜冻和低温冷害作为主要低温灾害类型，结合对不同承灾体暴露度和脆弱性评估结果，基于低温灾害风险评估模型，分别对各类低温灾害开展风险评估工作。低温灾害风险评估模型如下：

$$R = H \times E \times V$$

式中，R 为特定承灾体低温灾害风险评价指数，H 为致灾因子危险性指数，E 为承灾体暴露度指数，V 为脆弱性指数。

依据风险评估结果，针对不同承灾体，使用标准差方法定义风险等级区间，可将低温灾害风险按 5 级。风险等级划分标准见表 7.6。

表 7.6 低温灾害风险区划等级

风险等级	含义	指标
Ⅰ	高风险	$\geqslant ave+\sigma$
Ⅱ	较高风险	$[ave+0.5\sigma, ave+\sigma)$
Ⅲ	中	$[ave-0.5\sigma, ave+0.5\sigma)$
Ⅳ	较低	$[ave-\sigma, ave-0.5\sigma)$
Ⅴ	低	$<ave-\sigma$

注：ave、σ 分别为区域内非 0 危险性指标值均值、标准差。

7.3 致灾因子特征分析

7.3.1 冷空气时空特征

1959—2020 年，巴林右旗平均每年出现 6.5 次冷空气过程，最多的年份出现 14 次，最少的年份出现 1 次。1959—2020 年巴林右旗出现冷空气次数呈减少趋势，减少率为 0.4 次/10a。从空间分布上看，巴林右旗西拉沐沦苏木冷空气年平均发生次数最多，在 7 次以上；幸福之路苏木冷空气年平均发生次数最少，在 5 次以下；其余地区冷空气发生次数为 5～7 次(图 7.2、图 7.3)。

巴林右旗冷空气平均持续时间为 2.1 d。冷空气历年最大降温幅度达 16.8 ℃，出现在 1987 年。1959—2020 年，巴林右旗冷空气历年最大降温幅度呈略下降趋势，说明在气候变暖背景下，巴林右旗冷空气发生时的降温幅度有所减小，但是同时也发现，气候变暖以后，虽然最大降温幅度整体上略有下降，但极端降温的情况仍时有发生。从空间分布上看，巴林右旗查干

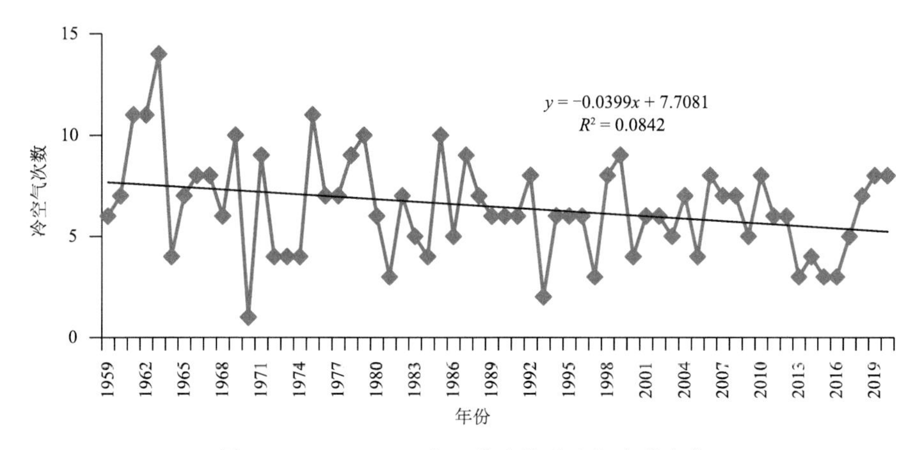

图 7.2 1959—2020 年巴林右旗冷空气次数变化

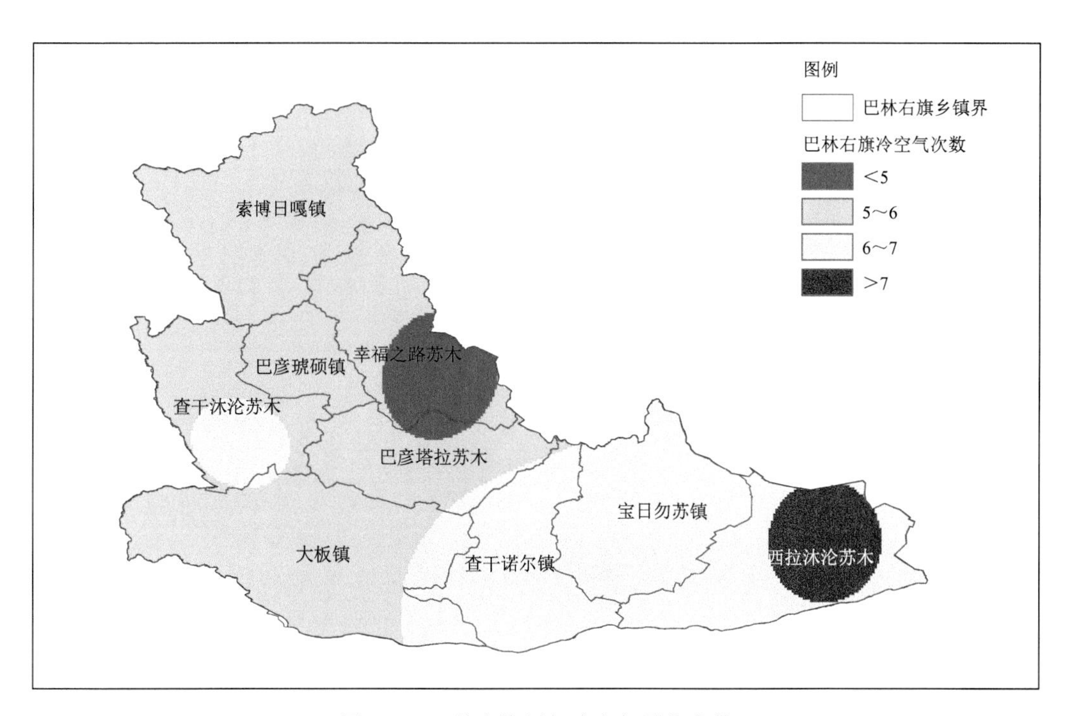

图 7.3 巴林右旗历年冷空气平均次数

诺尔镇和宝日勿苏镇冷空气最大降温幅度最大，在 15 ℃以上；大板镇、幸福之路苏木和西拉沐沦苏木降温幅度最小，在 12～13 ℃之间(图 7.4、图 7.5)。

巴林右旗冷空气极端最低气温年际变化大，气候变暖背景下，巴林右旗冷空气极端最低气温呈上升趋势，但是极端最低气温的极端性仍然存在，2012 年巴林右旗冷空气极端最低气温达－29.7 ℃，为 1959 年以来第二低值。从空间分布上看，冷空气极端最低气温的最低值位于巴林右旗的东南部和北部(图 7.6，图 7.7)。

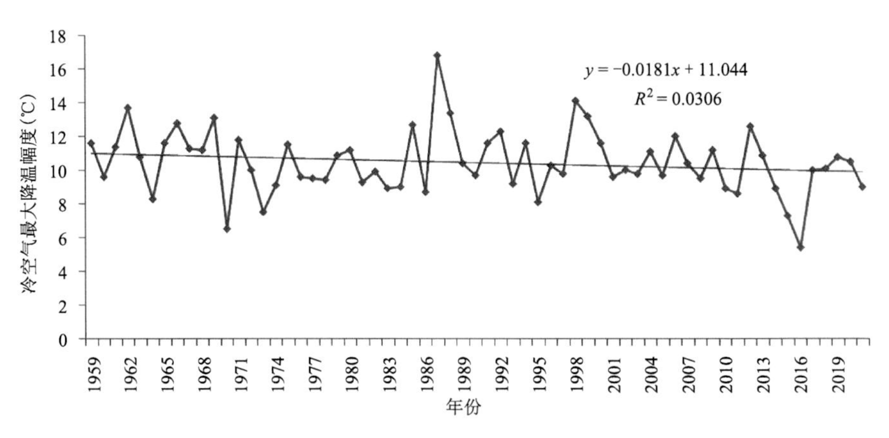

图 7.4　1959—2020 年巴林右旗冷空气最大降温幅度变化

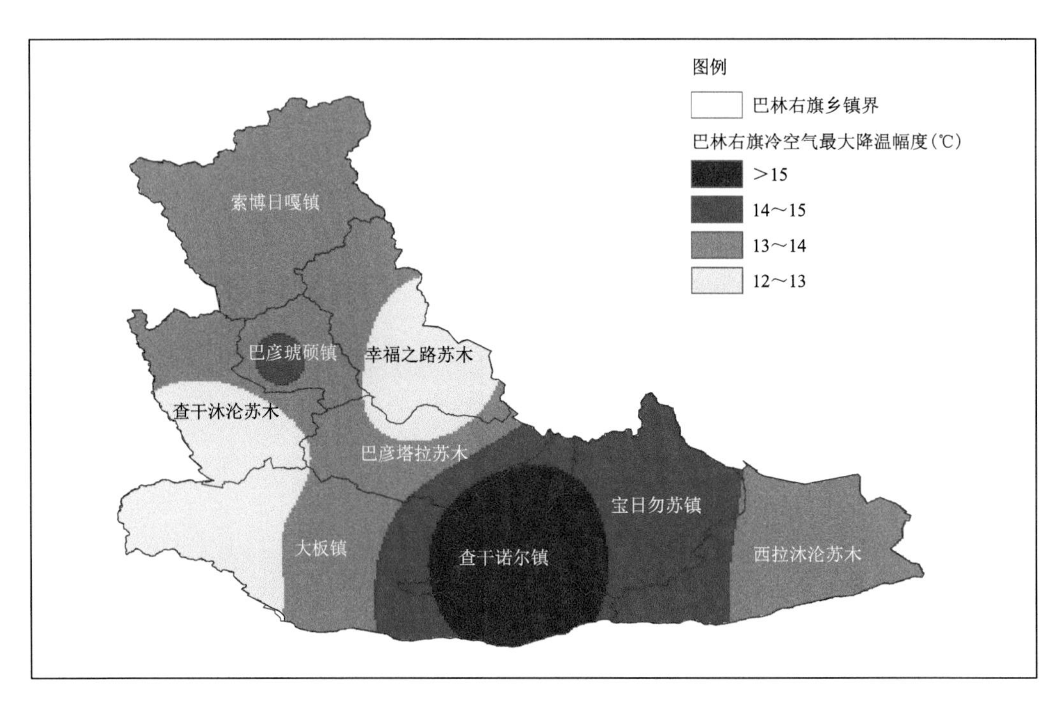

图 7.5　巴林右旗冷空气最大降温幅度分布

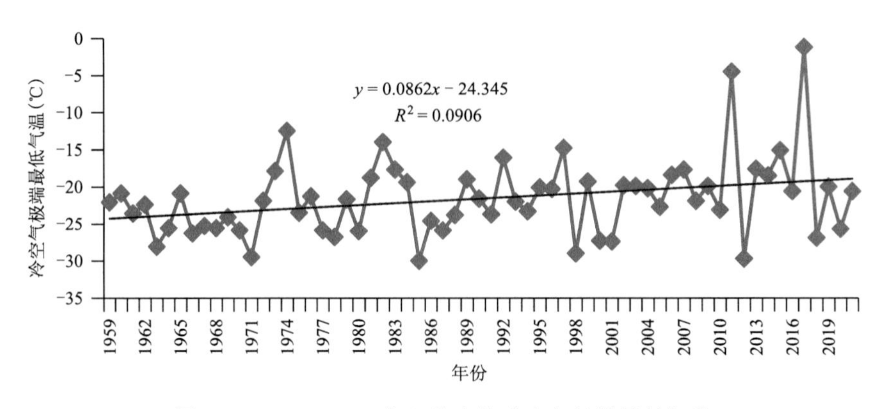

图 7.6　1959—2020 年巴林右旗冷空气极端最低气温

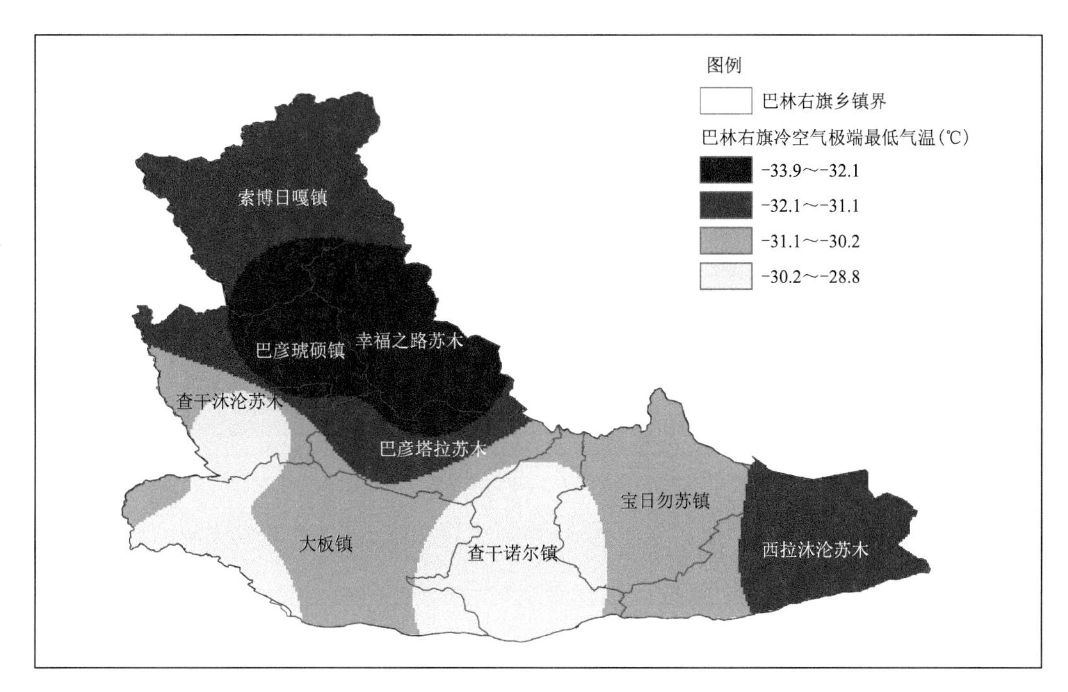

图 7.7　巴林右旗冷空气过程最低气温空间分布

7.3.2　霜冻时空特征

分析 1959 年以来巴林右旗霜期平均气温和平均最低气温发现，气候变暖背景下，巴林右旗霜期平均气温和平均最低气温均呈上升趋势，但近年来气温极端偏低的现象仍然存在。如 2012 年，巴林右旗霜期平均气温和平均最低气温分别为－6.5 ℃和－11.5 ℃，均为 1959 年以来的最低。

从空间分布上看，巴林右旗霜期平均气温和平均最低气温均呈由西北向东南递减趋势，最低值出现在巴林右旗西北部的巴彦琥硕镇、查干沐沦苏木和索博日嘎镇(图 7.8—图 7.11)。

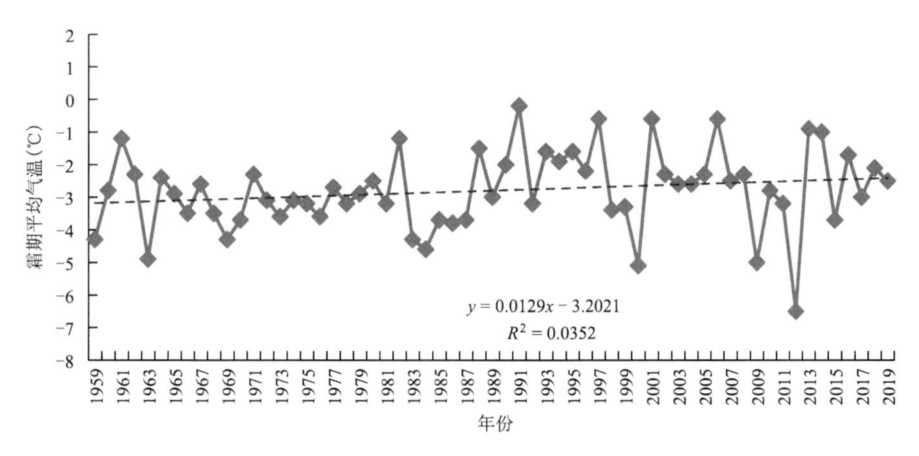

图 7.8　1959—2019 年巴林右旗霜期平均气温变化

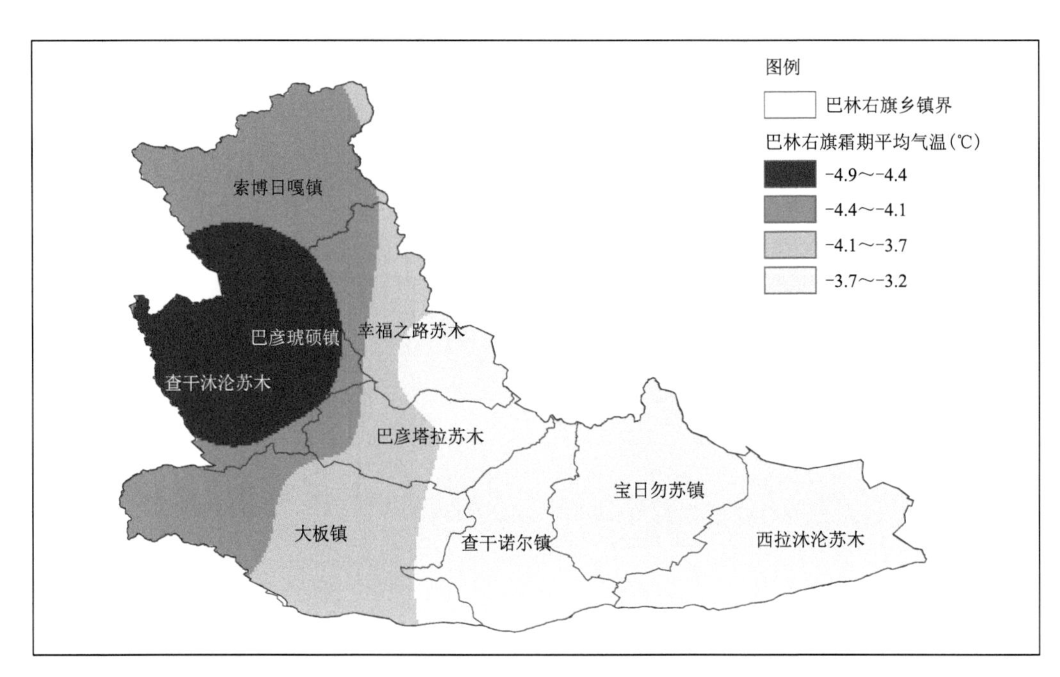

图 7.9　1959—2019 年巴林右旗霜期平均气温分布

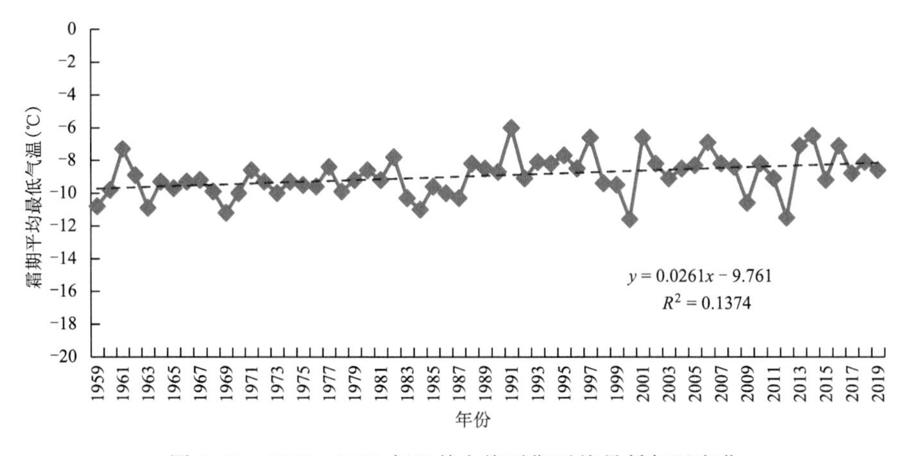

图 7.10　1959—2019 年巴林右旗霜期平均最低气温变化

7.3.3　低温冷害时空特征

从巴林右旗 1960 年以来作物生长季(5—9 月)10 ℃积温和平均气温距平和来看，该旗低温冷害的发生次数呈明显降低的趋势，尤其是 20 世纪 80 年代，气候变暖以后，5—9 月≥10 ℃积温和平均气温距平和明显上升。巴林右旗作物生长季平均气温呈由北向南递增态势，说明气候变暖背景下，巴林右旗发生低温冷害的危险性呈降低趋势，且西北部地区是低温冷害危险性较高的区域(图 7.12—图 7.14)。

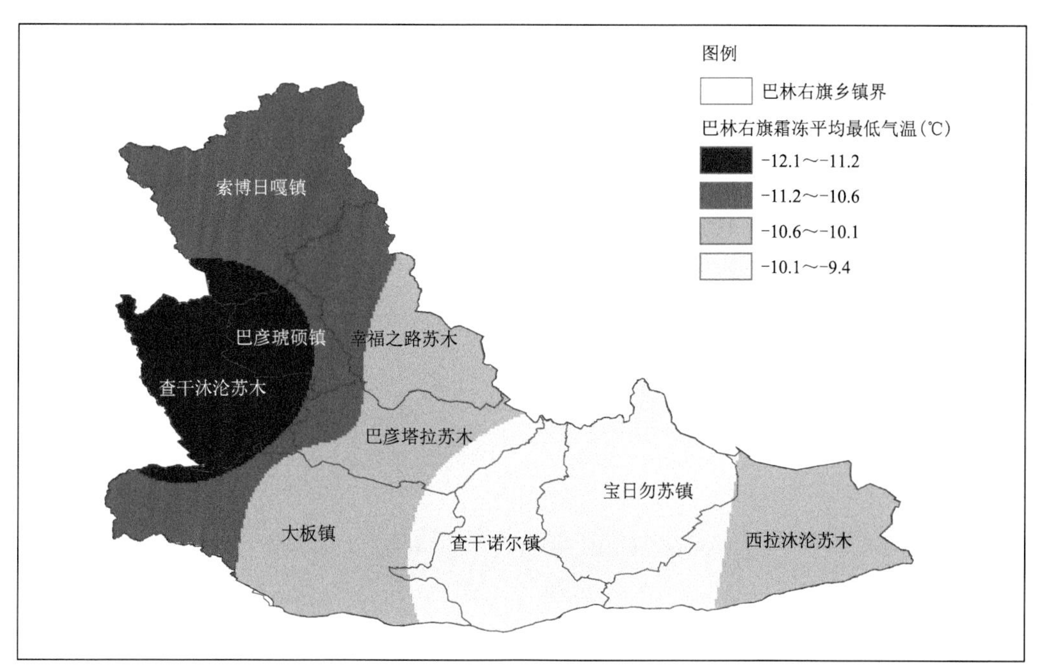

图 7.11 1959—2019 年巴林右旗霜期平均最低气温分布

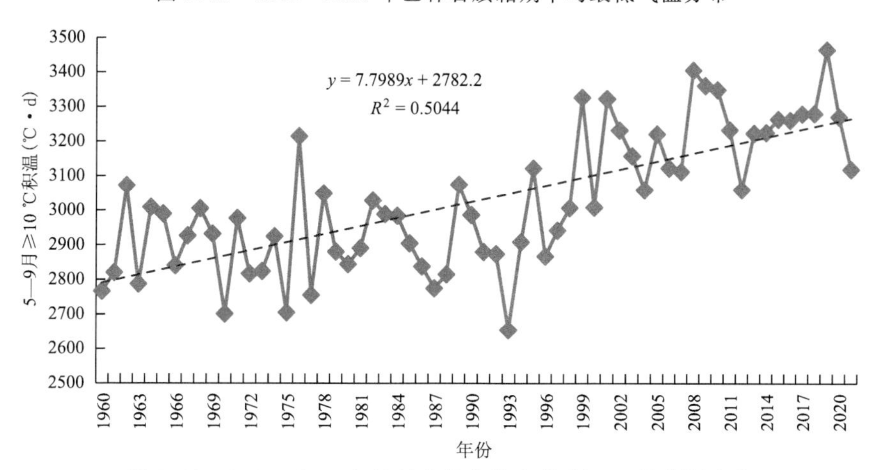

图 7.12 1960—2021 年巴林右旗作物生长季≥10 ℃积温变化

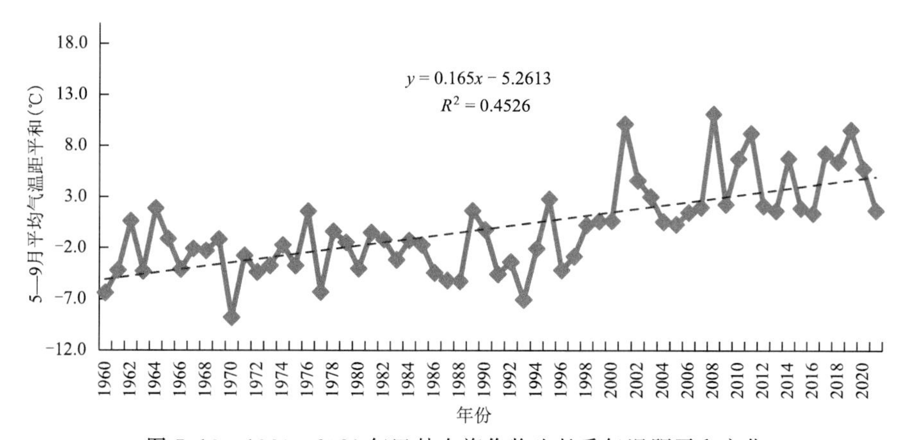

图 7.13 1960—2021 年巴林右旗作物生长季气温距平和变化

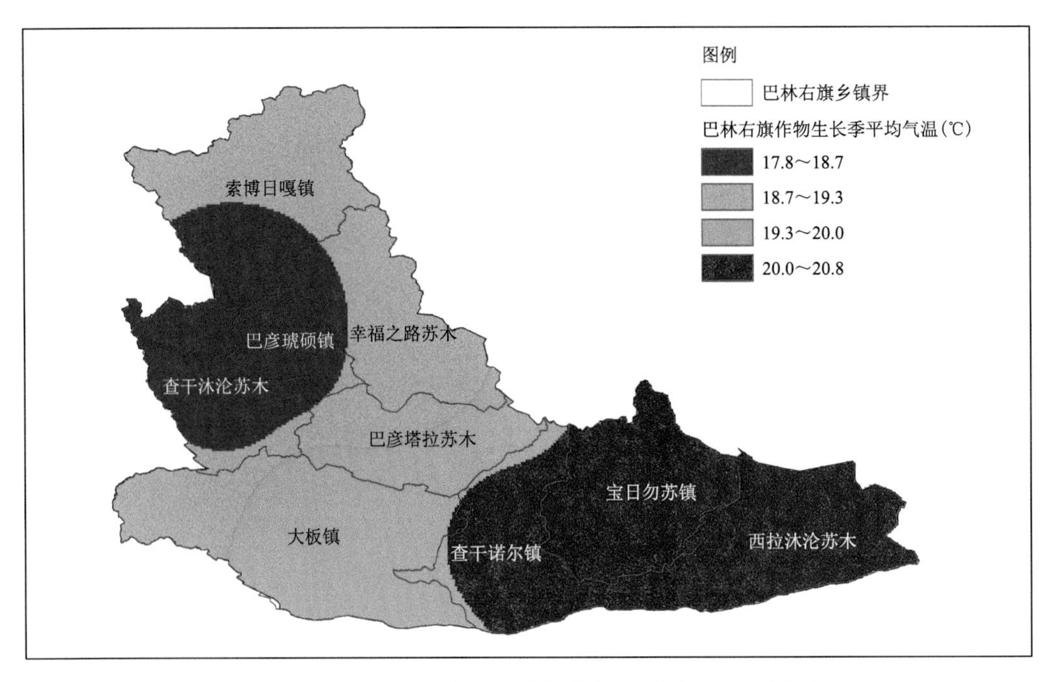

图 7.14　1960—2021 年巴林右旗作物生长季平均气温分布

7.4　致灾危险性评估

7.4.1　冷空气致灾危险性

利用冷空气危险性指数计算公式分别计算巴林右旗 1961—2019 年以来的所有冷空气(寒潮)过程，提取出每个过程的持续时间、过程最大降温幅度和过程极端最低气温。利用熵值赋权法计算 3 个致灾因子的权重系数，得出巴林右旗持续时间占 65%、过程最大降温幅度占 15%、过程极端最低气温占 20%。可以看出，巴林右旗冷空气危险性呈由北向南呈递减趋势(图 7.15)。

由于冷空气多在极地与西伯利亚大陆上形成，其范围纵横长达数千千米，厚度达几千米到几十千米。强冷空气过程是冷气团从高纬度地区大规模向南侵袭的过程，影响范围较大，有的过程甚至影响整个内蒙古地区。而旗(县)的面积相对于冷空气影响面积较小，因此冷空气对其影响的空间差异不大。

7.4.2　霜冻致灾危险性

利用霜冻危险性指数计算公式计算巴林右旗 1961—2019 年的所有霜冻过程，提取出每个过程的持续时间、平均气温和过程平均最低气温。利用熵值赋权法计算 3 个致灾因子的权重系数，得出巴林右旗持续时间占 87%、过程最大降温幅度占 5%、过程极端最低气温占 8%。可以看出，巴林右旗霜冻危险性较高的区域位于其北部，东南部地区危险性较低(图 7.16)。

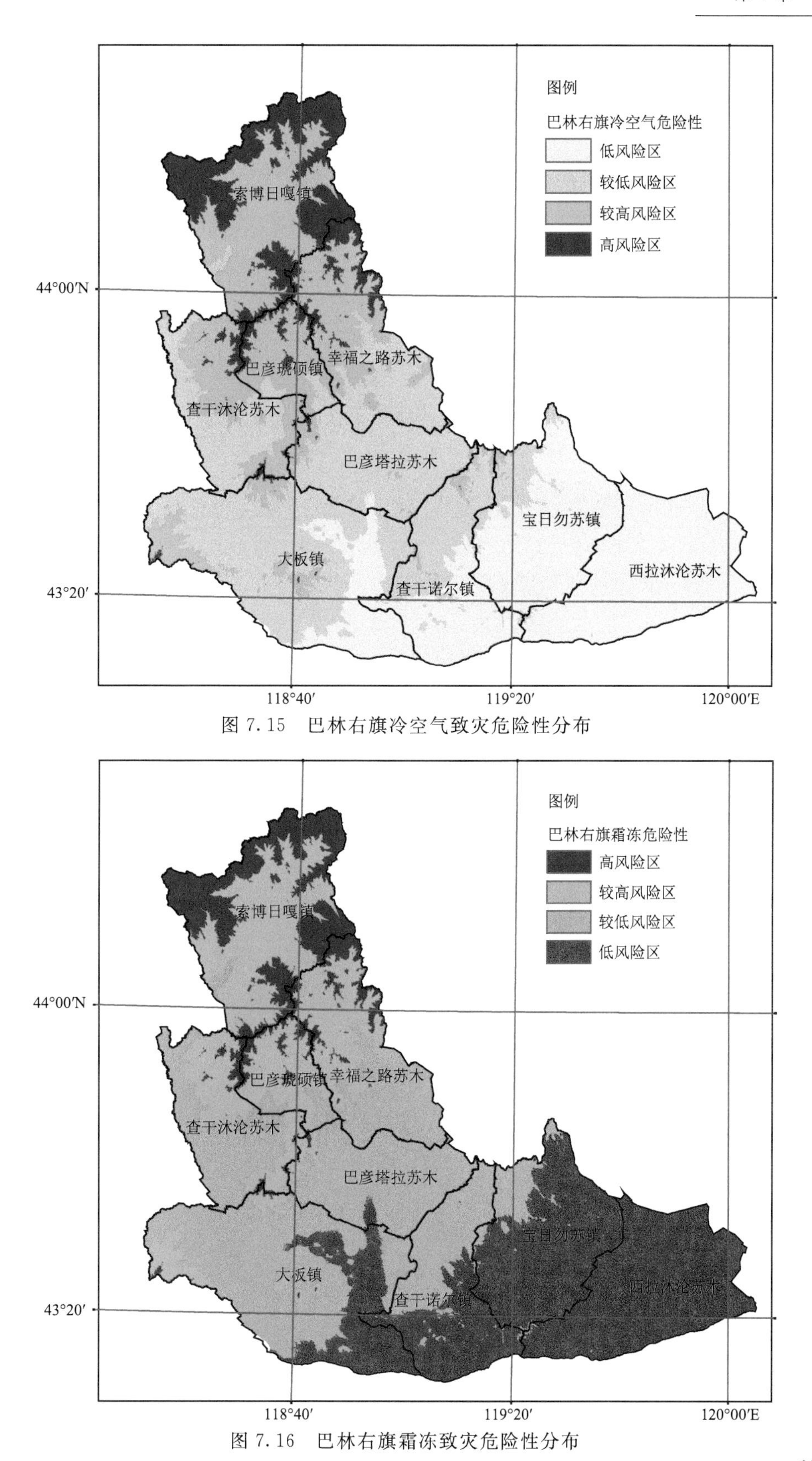

图 7.15 巴林右旗冷空气致灾危险性分布

图 7.16 巴林右旗霜冻致灾危险性分布

7.4.3 低温冷害致灾危险性

利用低温冷害危险性计算公式计算巴林右旗1961—2019年的所有低温冷害过程，提取出每个过程的平均气温和过程平均最低气温。利用熵值赋权法计算两个致灾因子的权重系数，得出巴林右旗平均气温和平均最低气温各占50%。利用以上方法计算巴林右旗低温冷害危险性指数，可以看出，巴林右旗低温冷害危险性较高的区域位于其北部，东南部地区危险性较低。

7.4.4 低温灾害致灾危险性

计算1961—2019年影响巴林右旗的3种低温致灾因子(冷空气、霜冻、低温冷害)的危险性指数，将其进行归一化，利用熵值赋权法计算3个危险性指数的权重系数，得出巴林右旗冷空气危险性占21.34%、霜冻危险性占16.95%、低温冷害危险性占61.71%(图7.17、图7.18)。

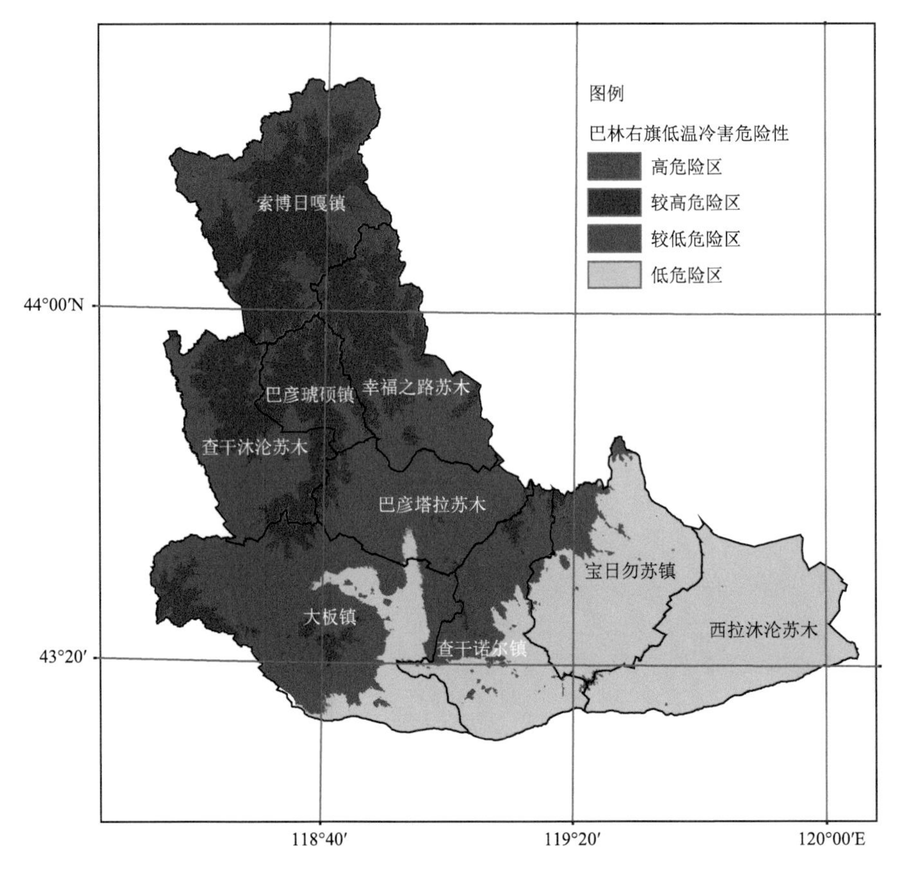

图7.17 巴林右旗低温冷害致灾危险性分布

巴林右旗低温灾害危险性受低温冷害的影响较严重，所以其分布与低温冷害危险性分布趋势一致，低温危险性较高的区域位于其西北部，东南部地区危险性较低。具体低温危险性各等级指数见表7.7。

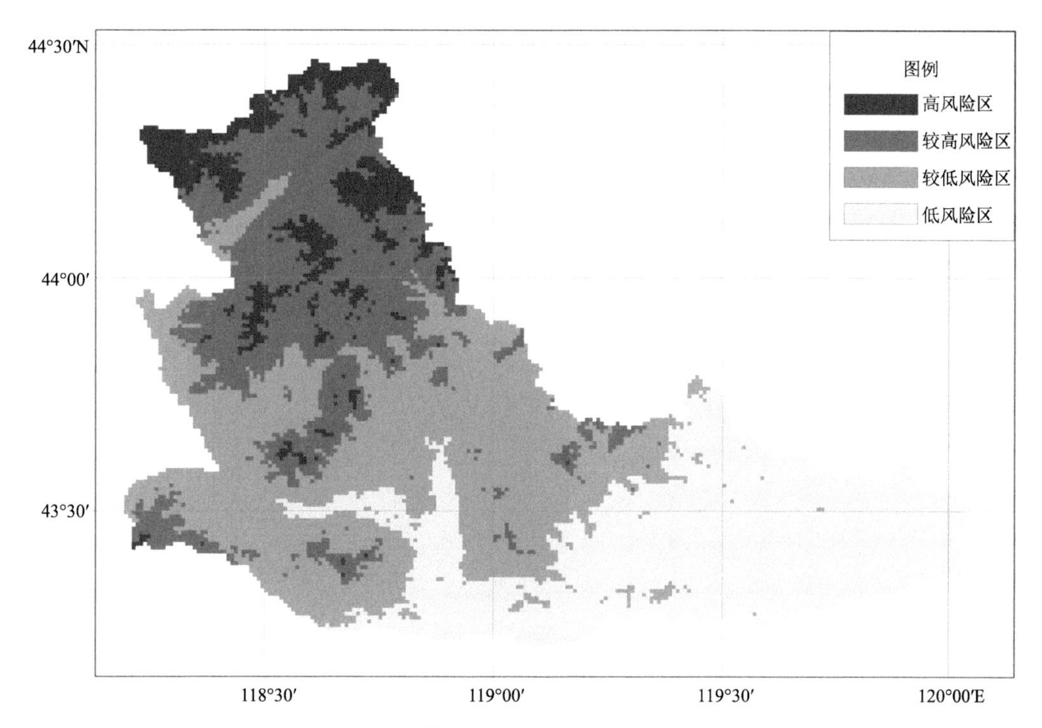

图 7.18 巴林右旗低温灾害危险性等级区划

表 7.7 巴林右旗低温灾害危险性等级

危险性等级	含义	指标
4	低危险性	0.231～0.255
3	较低危险性	0.255～0.265
2	较高危险性	0.265～0.273
1	高危险性	0.273～0.281

7.5 灾害风险评估与区划

7.5.1 人口风险评估与区划

根据巴林右旗低温致灾危险性评估结果，结合人口暴露度评估结果，构建巴林右旗低温灾害人口风险评估模型，计算低温人口风险指数，采用自然断点法将其划分为5级，并绘制巴林右旗低温灾害人口风险区划图（图7.19）。

从图7.19可以看出，巴林右旗大部分地区低温灾害人口风险均为低风险，全旗大部分区域零星散布着较低风险的区域，个别地区有中风险区域，高风险和较高风险区域主要集中在巴林右旗西南部，也是旗政府所在地大板镇。人口风险各等级值见表7.8。

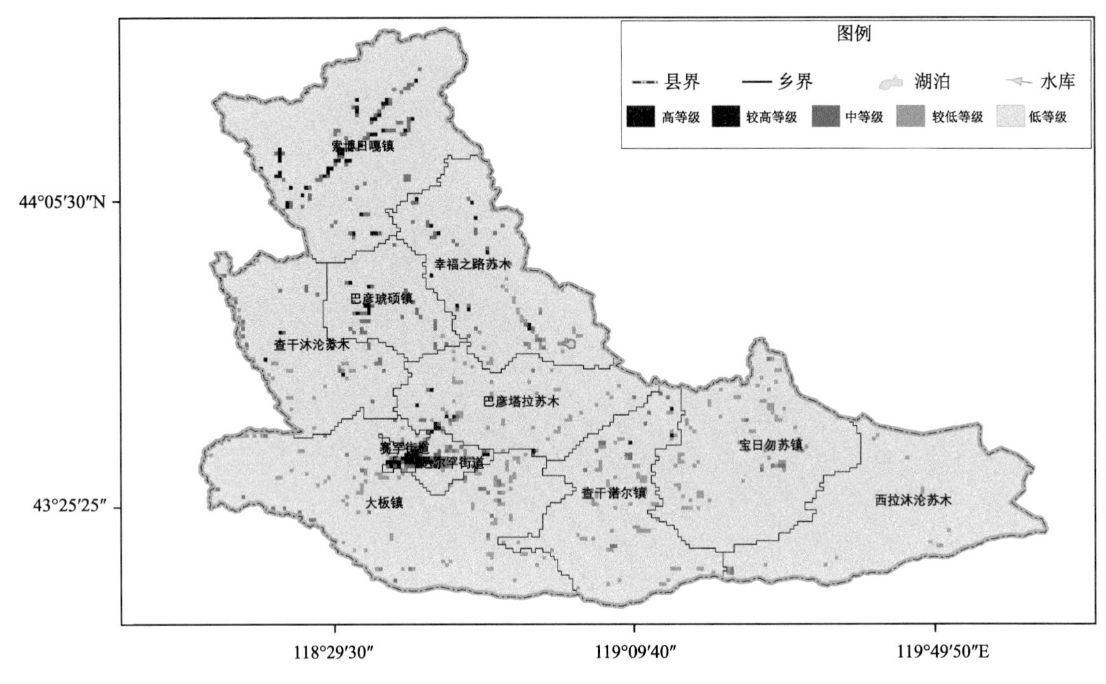

图 7.19 巴林右旗低温灾害人口风险等级区划

表 7.8 巴林右旗低温灾害人口风险等级

风险等级	含义	指标
5	低风险	0～0.002
4	较低风险	0.002～0.007
3	中风险	0.007～0.022
2	较高风险	0.022～0.048
1	高风险	0.048～0.133

7.5.2 GDP 风险评估与区划

根据巴林右旗低温致灾危险性评估和当地 GDP 暴露度评估结果，构建巴林右旗低温灾害 GDP 风险评估模型，计算低温 GDP 风险指数，采用自然断点法将其划分为 5 级，并绘制巴林右旗低温灾害 GDP 风险区划图（图 7.20）。

由于 GDP 分布与人口分布一致，所以巴林右旗大部分地区低温灾害 GDP 风险空间分布与人口风险分布基本一致。巴林右旗大部分地区均为低风险，零星散布着较低风险的区域，个别地区有中风险区域，高风险和较高风险区域主要集中在巴林右旗南部，大板镇作为巴林右旗旗政府所在地，也是 GDP 最大的区域，所以其低温风险也是最高的地区。GDP 风险各等级值见表 7.9。

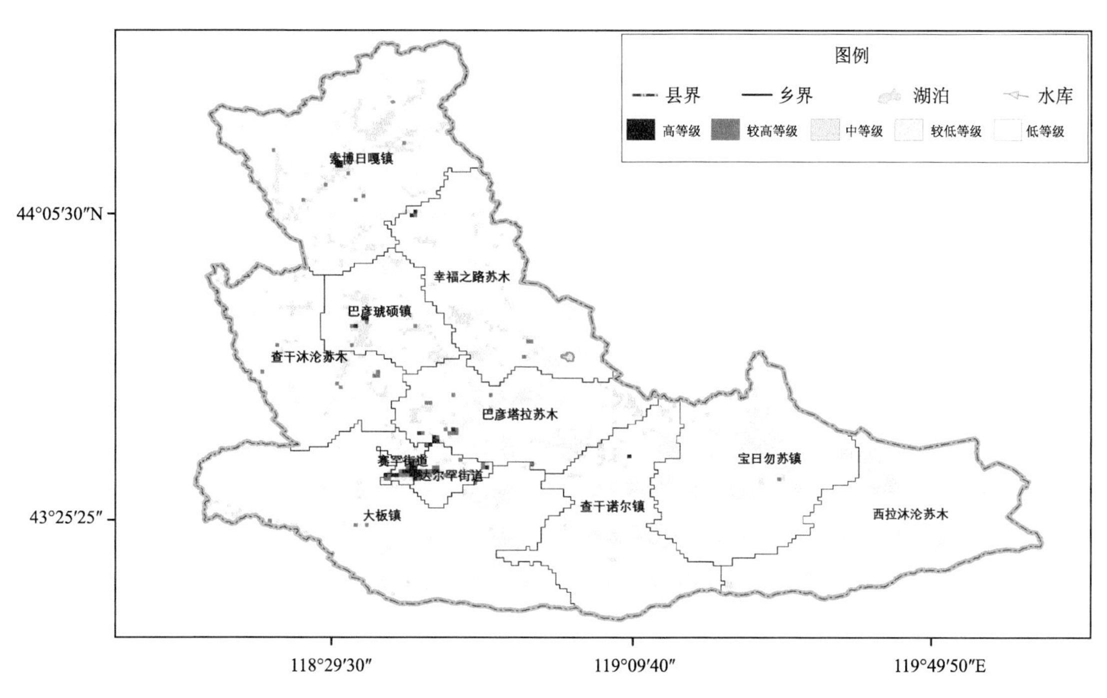

图 7.20 巴林右旗低温灾害 GDP 风险等级区划

表 7.9 巴林右旗低温灾害 GDP 风险等级

风险等级	含义	指标
5	低风险	0～0.016
4	较低风险	0.016～0.051
3	中风险	0.051～0.095
2	较高风险	0.095～0.170
1	高风险	0.170～0.340

7.5.3 玉米风险评估与区划

巴林右旗大部分区域为玉米低温灾害低风险区，除索博日嘎和巴彦塔拉苏木外，全旗各苏木(乡、镇)均有玉米低温中等以上风险，但所占区域面积均不大。宝日勿苏镇和西拉沐沦苏木北部有玉米低温高风险区域(图 7.21)。巴林右旗玉米低温灾害风险各等级值见表 7.10。

表 7.10 巴林右旗低温灾害玉米风险等级

风险等级	含义	指标
5	低风险风险	0～0.065
4	较低风险	0.065～0.219
3	中风险风险	0.219～0.327
2	较高风险	0.327～0.550
1	高风险	0.550～0.981

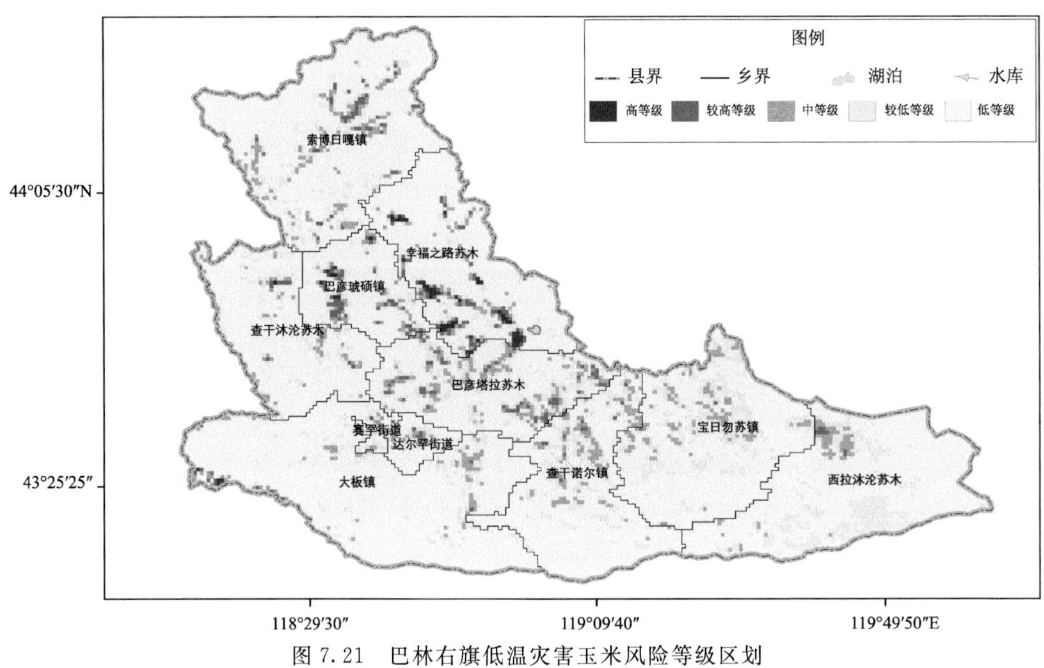

图 7.21 巴林右旗低温灾害玉米风险等级区划

7.5.4 小麦风险评估与区划

巴林右旗大部分区域为小麦低温灾害低风险区，全旗零星分布小麦低温灾害的中等以上风险区，但所占区域较小。其中，宝日勿苏镇的中北部为小麦低温灾害高风险区。西北部的索博日嘎苏木、中部的巴彦塔拉苏木和东南部的西拉沐沦苏木为低风险区，其余乡(镇)均有中等以上小麦低温风险区(图 7.22)。巴林右旗小麦低温灾害风险各等级值见表 7.11。

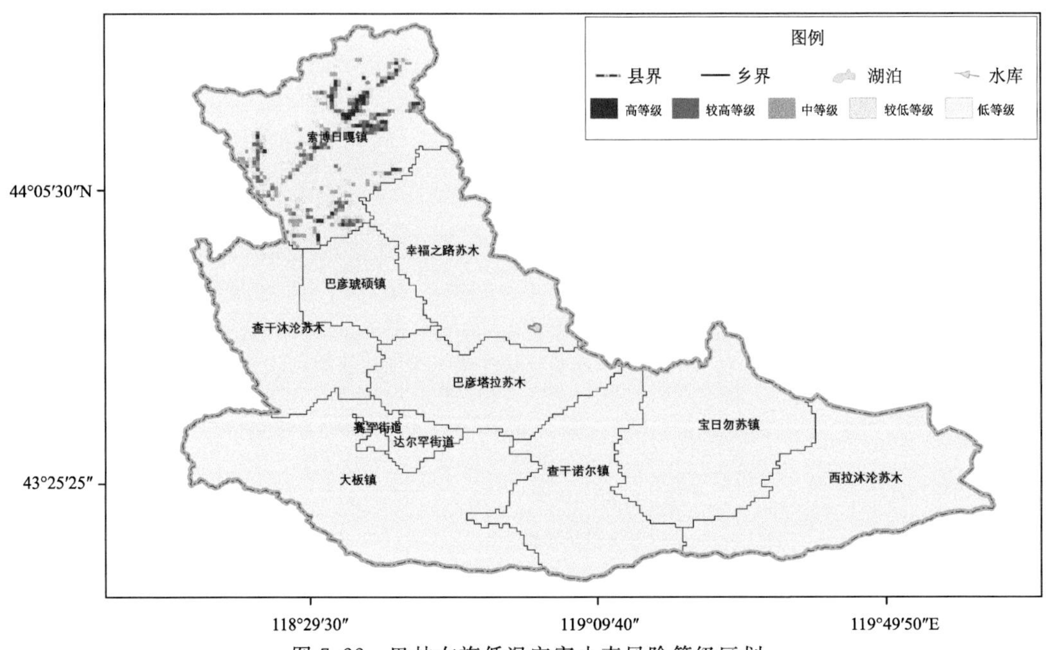

图 7.22 巴林右旗低温灾害小麦风险等级区划

表 7.11 巴林右旗低温灾害小麦风险等级

风险等级	含义	指标
5	低风险	0～0.103
4	较低风险	0.103～0.289
3	中风险	0.289～0.478
2	较高风险	0.478～0.699
1	高风险	0.699～0.910

7.5.5 水稻风险评估与区划

巴林右旗大部分区域为水稻低温灾害低风险区，只在巴林右旗偏南的个别区域有中等以上水稻低温风险存在。其中，南部的查干诺尔镇和宝日勿苏镇局部地区存在水稻低温高风险区(图 7.23)。巴林右旗水稻低温灾害风险各等级值见表 7.12。

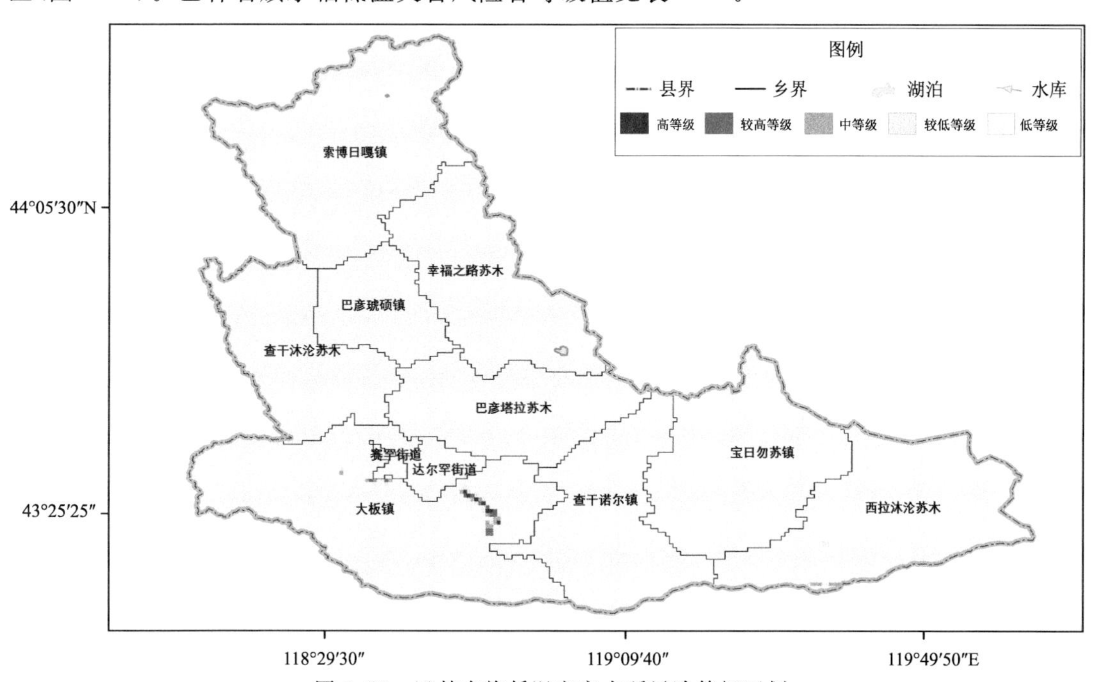

图 7.23 巴林右旗低温灾害水稻风险等级区划

表 7.12 巴林右旗低温灾害水稻风险等级

风险等级	含义	指标
5	低风险	0～0.249
4	较低风险	0.249～0.693
3	中风险	0.693～0.778
2	较高风险	0.778～0.847
1	高风险	0.847～0.935

7.6 小结

巴林右旗低温灾害类型主要包括冷空气、霜冻和低温冷害。从普查的灾情信息看，巴林右旗低温灾害主要以霜冻害为主，晚霜冻和早霜冻均有发生，晚霜冻主要发生在5月和6月初，早霜冻主要发生在8月底至9月初。从各类型低温灾害的致灾因子时空分布特征上看，在气候变暖背景下，近60年巴林右旗各类低温灾害的致灾因子均呈减小或降低的趋势，但是由于低温事件的极端性并没有减小，低温极端天气气候事件的强度并没有降低，反而在气候变暖以后仍出现了历史最低的低温事件。空间上，受海拔高度的影响，巴林右旗低温灾害致灾因子均呈由西北向东南递减的趋势。低温致灾因子危险性的空间分布也充分印证了这样的趋势。由于人口和GDP分布较集中的地区风险较大，巴林右旗低温风险区划的结果主要与当地人口和GDP的分布一致，人口和GDP风险最大的地区均为大板镇，全旗大部分地区低温风险较低。巴林右旗大部分农作物低温风险均较低，中部和东南部零星分布有农作物低温中等以上风险区域，但所占面积较小。其中，东南部的宝日勿苏镇和查干诺尔镇局部地区为农作物低温风险较高的区域。

第8章　雷　电

8.1　数据

8.1.1　气象数据

雷暴日数据来源于巴林右旗气象站1961—2013年逐日雷暴观测数据。闪电定位数据来源于2014—2020年巴林右旗境内的地闪定位数据，包括雷击的时间、经纬度、雷电流幅值等参数。

8.1.2　地理信息数据

DEM数字高程数据来源于中国科学院计算机网络信息中心国际科学数据镜像网站SRTM地形数据，分辨率为90 m数据；提取出巴林右旗海拔高度和地形起伏度数据。

土地利用数据来源于中国科学院资源环境科学数据中心中国1∶10万土地利用现状遥感监测数据库的内蒙古地区1 km栅格数据；提取出巴林右旗土地利用数据。

土壤电导率数据来源于黑河计划数据管理中心、寒区旱区科学数据中心基于世界土壤数据库(HWSD)的土壤数据集(v1.2)，中国境内数据源为第二次全国土地调查南京土壤研究所提供的1∶100万土壤数据集中内蒙古地区土壤数据；提取出巴林右旗土壤电导率数据。

8.1.3　社会经济数据

人口格网数据来源于国务院普查办下发的巴林右旗30″×30″人口格网数据。

GDP格网数据来源于国务院普查办下发的巴林右旗30″×30″GDP格网数据。

8.1.4　公共资源数据

以巴林右旗行政区域为单元调查收集的油库、燃气库、弹药库、化学品仓库、烟花爆竹、石化等易燃易爆场所数量和雷电易发区内的矿区、旅游景点数量。

8.1.5　雷电灾情数据

雷电灾害数据来源于中国气象局雷电防护办公室编制的《全国雷电灾害汇编》1998—2020年巴林右旗雷电灾情资料(包含人员伤亡和经济损失等相关参数)、内蒙古自治区气象局灾情直报系统的巴林右旗1983—2020年的灾情资料、《中国气象灾害大典 内蒙古卷》1951—2000年巴林右旗的雷电灾情资料。

8.2 技术路线及方法

以巴林右旗为基本调查单元，采取全面调查和重点调查相结合的方式，利用监测站数据汇集整理、档案查阅、现场勘查等多种调查技术手段，开展致灾危险性、承灾体暴露度、历史灾害和减灾资源(能力)等雷电灾害风险要素普查。运用统计分析、空间分析、地图绘制等多种方法，开展雷电灾害致灾危险性评估和综合风险区划(图 8.1)。

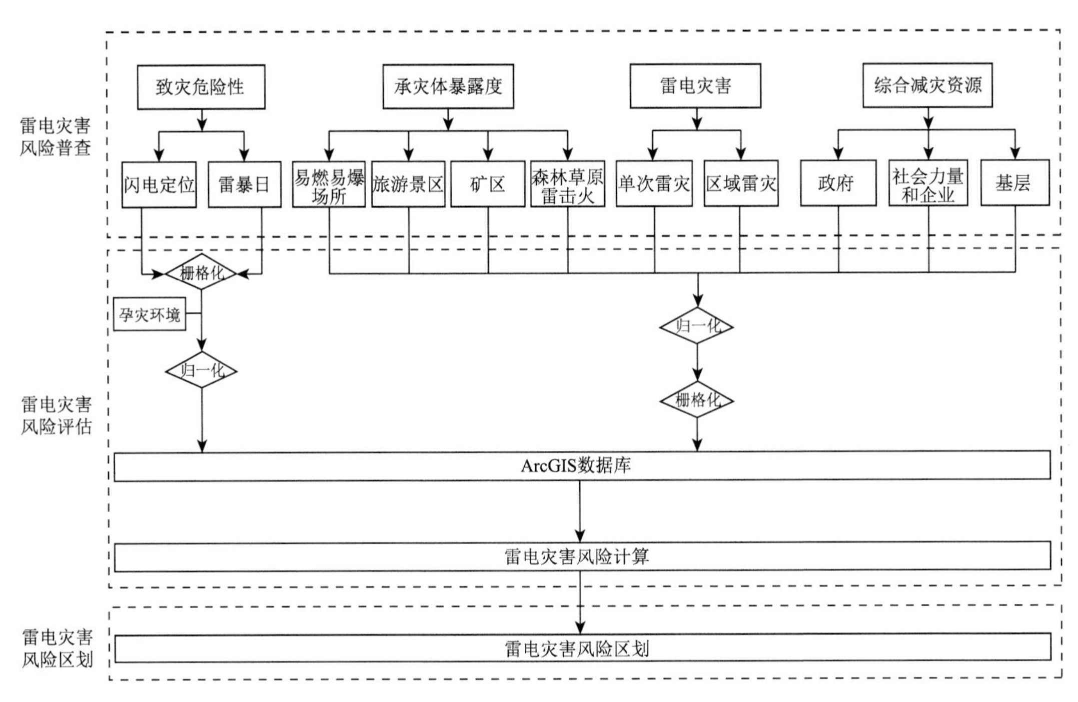

图 8.1 巴林右旗雷电灾害风险评估与区划技术路线

8.2.1 致灾过程确定

本次普查在对雷电灾害风险进行分析时，剔除雷电流幅值为 0～2 kA 和 200 kA 以上的雷电定位系统资料，仅考虑 2～200 kA 的雷电流分布情况。

8.2.2 致灾因子危险性评估

致灾危险性指数(RH)主要选取雷击点密度、地闪强度、土壤电导率和海拔高度、地形起伏度 5 个评价指标进行评价。将 5 个评价指标按照各自的影响程度，采用加权综合评价法按照下面的公式计算得到 RH。

$$RH = (L_d \times w_d + L_n \times w_n) \times (S_c \times w_s + E_h \times w_e + T_r \times w_t)$$

式中，L_d 为雷击点密度，w_d 为雷击点密度权重；L_n 为地闪强度，w_n 为地闪强度权重；S_c 为土壤电导率，w_s 为土壤电导率权重；E_h 为海拔高度，w_e 为海拔高度权重；T_r 为地形起伏，w_t 为地形起伏权重。

(1)雷击点密度

将巴林右旗划分为3 km×3 km网格,利用克里金插值法将雷暴日数据插值成3 km×3 km的栅格数据,将插值后的雷暴日栅格数据和地闪密度栅格数据加权综合得到雷击点密度。

(2)地闪强度

选取2014—2020年地闪定位数据资料,剔除雷电流幅值为0~2 kA和200 kA以上的地闪定位资料,按照表8.1确定的5个等级运用百分位数法分别计算出对应的电流强度阈值,对5个不同等级雷电流强度赋予不同的权重,按照下面公式计算得出地闪强度(L_n)栅格数据。

$$L_n = \sum_{i=1}^{5} \frac{i}{15} F_i$$

式中,L_n 为地闪强度,i 为雷电流幅值等级,F_i 为 i 级雷电流幅值等级的地闪频次。

表8.1 雷电流幅值等级

等级	1	2	3	4	5
百分位数区间	(0,20%]	(20%,30%]	(30%,40%]	(40%,80%]	(80%,100%]
权重值	1/15	2/15	3/15	4/15	5/15

(3)土壤电导率

土壤电导率指标是对土壤电导率资料运用GIS软件提取重采样形成分辨率为3 km×3 km的土壤电导率栅格数据。

(4)海拔高度

海拔高度采用高程表示,直接从DEM数字高程数据中提取重采样形成分辨率为3 km×3 km的海拔高度栅格数据。

(5)地形起伏度

地形起伏度指标是以海拔高度栅格数据为基础,计算以目标栅格为中心、窗口大小为8×8的正方形范围内高程的标准差,得到地形起伏度的栅格数据。

(6)致灾危险性等级划分

按照层次分析法确定各因子的权重系数。根据致灾危险性指数RH计算结果,按照自然断点法将危险性指数划分为4级,并绘制致灾危险性等级分布图。

8.2.3 风险评估与区划

雷电灾害风险评估与区划模型由雷电灾害风险指数计算和雷电灾害风险等级划分组成。雷电灾害风险指数由致灾因子危险性、承灾体暴露度和承灾体脆弱性评价因子构成,如图8.2所示。

8.2.3.1 承灾体暴露度指数

承灾体暴露度指数(RE)主要选取人口密度(P_d)、GDP密度(G_d)、易燃易爆场所密度(I_d)和雷电易发区内矿区密度(K_d)、旅游景点密度(T_d)5个评价指标进行评价。将5个评价指标按照各自的影响程度,采用加权综合评价法按照下面公式计算得到RE。

$$\mathrm{RE} = P_d \times w_p + G_d \times w_g + I_d \times w_i + K_d \times w_k + T_d \times w_j$$

式中,P_d 为人口密度,w_p 为人口密度权重;G_d 为GDP密度,w_g 为GDP密度权重;I_d 为易燃易爆场所密度,w_i 为易燃易爆场所密度权重;K_d 为雷电易发区内矿区密度,w_k 为雷电易发区

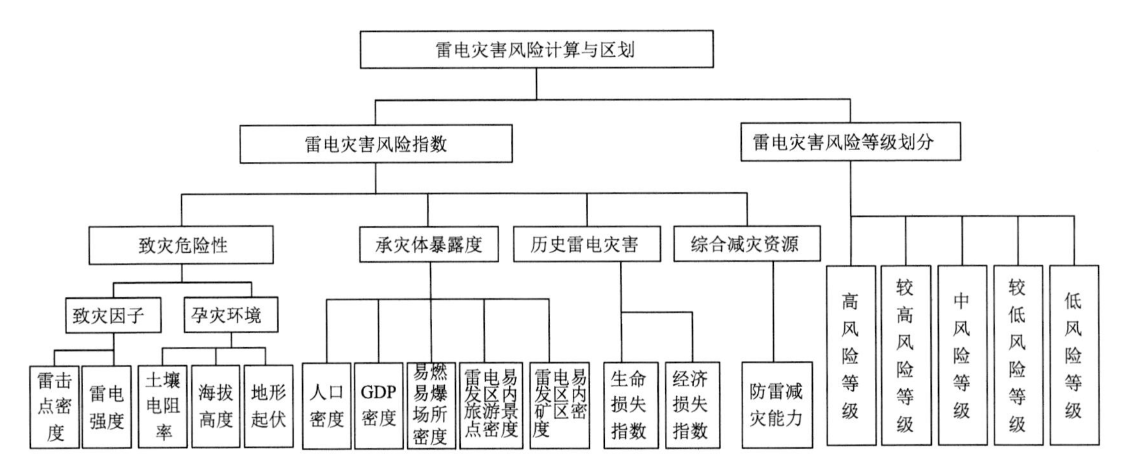

图 8.2 雷电灾害风险评估与区划模型

内矿区密度权重；T_d 为旅游景点密度，w_j 为旅游景点密度权重。

(1)人口密度

以人口除以土地面积，得到人口密度，提取重采样形成 3 km×3 km 的人口密度栅格数据。

(2)GDP 密度

以 GDP 除以土地面积，得到地均 GDP，提取重采样形成 3 km×3 km 的地均 GDP 栅格数据。

(3)易燃易爆场所密度

以辖区内易燃易爆场所的数量除以土地面积，得到易燃易爆场所密度，形成 3 km×3 km 的易燃易爆场所密度栅格数据。

(4)矿区密度

以辖区内矿区的数量除以土地面积，得到矿区密度，形成 3 km×3 km 的矿区密度栅格数据。

(5)旅游景点密度

以辖区内旅游景点的数量除以土地面积，得到旅游景点密度，形成 3 km×3 km 的旅游景点密度栅格数据。

8.2.3.2 承灾体脆弱性指数

承灾体脆弱性指数(RF)主要选取生命损失(C_l)、经济损失(M_l)和防护能力(P_c)3 个评价指标进行评价。将 3 个评价指标按照各自的影响程度，采用加权综合评价法按照下面的公式计算得到 RF。

$$\mathrm{RF} = C_l \times w_c + M_l \times w_m + (1 - P_c) \times w_p$$

式中，C_l 为生命损失，w_c 为生命损失权重；M_l 为经济损失，w_m 为经济损失权重；P_c 为防护能力，w_p 为防护能力权重。

(1)生命损失

统计单位面积上的年平均雷电灾害次数(单位：次/(km^2 · a))与单位面积上的雷击造成人员伤亡数(单位：人/(km^2 · a))，并进行归一化处理。按照下面的公式计算生命损失指数，形成3 km×3 km的生命损失指数栅格数据。

$$C_l = 0.5 \times F + 0.5 \times C$$

式中，C_l为生命损失指数，F为年平均雷电灾害次数的归一化值，C为年平均雷击造成人员伤亡数的归一化值。

(2)经济损失

统计单位面积上的年平均雷电灾害次数(单位:次/(km^2·a))与雷击造成直接经济损失(单位:万元/(km^2·a)),并进行归一化处理。按照下面的公式计算经济损失指数，形成3 km×3 km的经济损失指数栅格数据。

$$M_l = 0.5 \times F + 0.5 \times M$$

式中，M_l为经济损失指数，F为年平均雷电灾害次数的归一化值，M为年平均雷击造成直接经济损失的归一化值。

(3)防护能力

防护能力(P_c)按照表8.2的要求进行赋值。

表8.2 防护能力指数赋值标准

土地利用类型	建设用地	农用地	未利用地
防护能力指数	1.0	0.6	0.5

当选用政府、企业和基层减灾资源作为因子时，按照下面公式进行计算：

$$P_c = \frac{1}{n}\sum_{i=1}^{n}(J_z \times w_z)$$

式中，J_z为各类减灾资源密度的归一化指数，w_z为权重，n为所选因子的个数。

8.2.3.3 雷电灾害综合风险指数

雷电灾害综合风险指数计算按照下式进行计算：

$$\mathrm{LDRI} = \mathrm{RH}^{w_h} \times \mathrm{RE}^{w_e} \times \mathrm{RF}^{w_f}$$

式中，LDRI为雷电灾害综合风险指数；RH为致灾危险性指数，w_h为致灾危险性权重；RE为承灾体暴露度，w_e承灾体暴露度权重；RF为承灾体脆弱性，w_f承灾体脆弱性权重。

(注:RH、RE和RF在风险计算时底数统一乘以10。指标权重的计算方法按照层次分析法)

(1)雷电灾害GDP损失风险

当雷电灾害综合风险指数公式中承灾体暴露度(RE)取GDP密度(G_d)、承灾体脆弱性RF取经济损失指数(M_l),并进行归一化处理后计算得到的风险指数值为雷电灾害GDP损失风险。

(2)雷电灾害人口损失风险

当雷电灾害综合风险指数公式中承灾体暴露度(RE)取人口密度(P_d)、承灾体脆弱性(RF)取生命损失指数(C_l),并进行归一化处理后计算得到的风险指数值为雷电灾害人口损失风险。

(3)雷电灾害风险等级划分

依据雷电灾害风险指数大小，采用自然断点法将雷电灾害风险划分为1～5级共5级:高风险等级(1级)、较高风险等级(2级)、中风险等级(3级)、较低风险等级(4级)、低风险等级(5级)。

8.3 致灾因子特征分析

8.3.1 雷暴日

8.3.1.1 年变化

1961—2013 年赤峰市巴林右旗共有 1746 个雷暴日，年平均出现雷暴日数为 32.9 d。根据《建筑物电子信息系统防雷技术规范》(GB 50343—2012)的划分标准，巴林右旗属于中雷区。巴林右旗逐年雷暴日数的变化如图 8.3 所示，1985 年雷暴日数最多(54 d)，1999 年雷暴日数最少(20 d)，二者相差 34 d，说明巴林右旗雷暴日数年际相差较大。年雷暴日数高于平均值的有 25 a，占 47.2%；低于平均值的有 28 a，占 52.8%。53 a 雷暴日数总体呈波动减少趋势，其气候倾向率为−2.98 d/10a，即每 10 a 雷暴日数减少 2.98 d。

20 世纪 60 年代平均年雷暴日数为 40.6 d，70 年代平均年雷暴日数为 34.4 d，80 年代平均为 35.1 d，90 年代平均为 30.9 d，21 世纪初为 26.9 d。53 年巴林右旗雷暴日数年平均值为 32.9 d，可见 20 世纪 60—80 年代均高于平均值，20 世纪 90 年代及 21 世纪初低于平均值，其中 21 世纪初年平均雷暴日数最少。

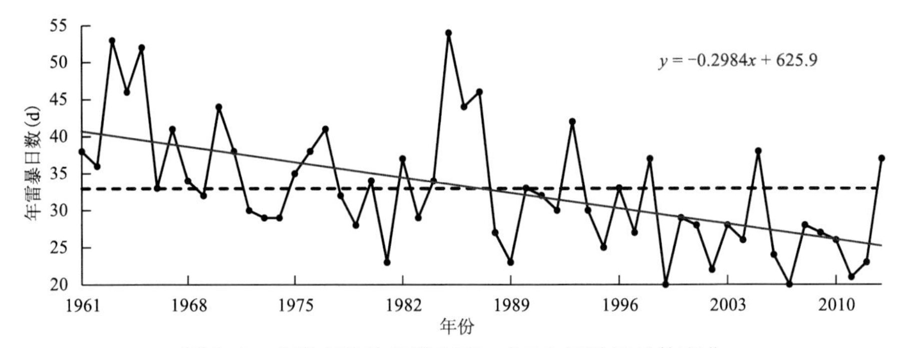

图 8.3　赤峰市巴林右旗 1961—2013 年雷暴日数变化

8.3.1.2 月变化

图 8.4 为赤峰市巴林右旗 1961—2013 年各年月雷暴日数的变化趋势及平均雷暴日数的变化。由图可知，3—7 月雷暴日数逐渐增加，7 月后雷暴日数逐渐减少，各月平均雷暴日数成单峰型特征。结合表 8.3 可知，峰值出现在 7 月(10.5 d)，占雷暴日总数的 31.7%，其次为 6 月(9.1 d)和 8 月(6.2 d)，雷暴日数分别占总雷暴日数的 27.7%和 18.8%，接下来依次为 9 月(3.3 d)和 5 月(2.8 d)，分别占总数的 10.1%和 8.7%，其余月份平均雷暴日数均少于1 d，其中每年 11 月至次年 2 月无雷暴活动发生。可见一年四季中雷暴主要集中在夏季(6—8 月)，春季和秋季有部分雷暴发生，冬季一般无雷暴发生(表 8.3)。

表 8.3　赤峰市巴林右旗 1961—2013 年各月平均雷暴日数

月份	1	2	3	4	5	6	7	8	9	10	11	12
平均日数(d)	0	0	0.0	0.5	2.8	9.1	10.5	6.2	3.3	0.4	0	0
百分比(%)	0	0	0.1	1.6	8.7	27.7	31.7	18.8	10.1	1.3	0	0

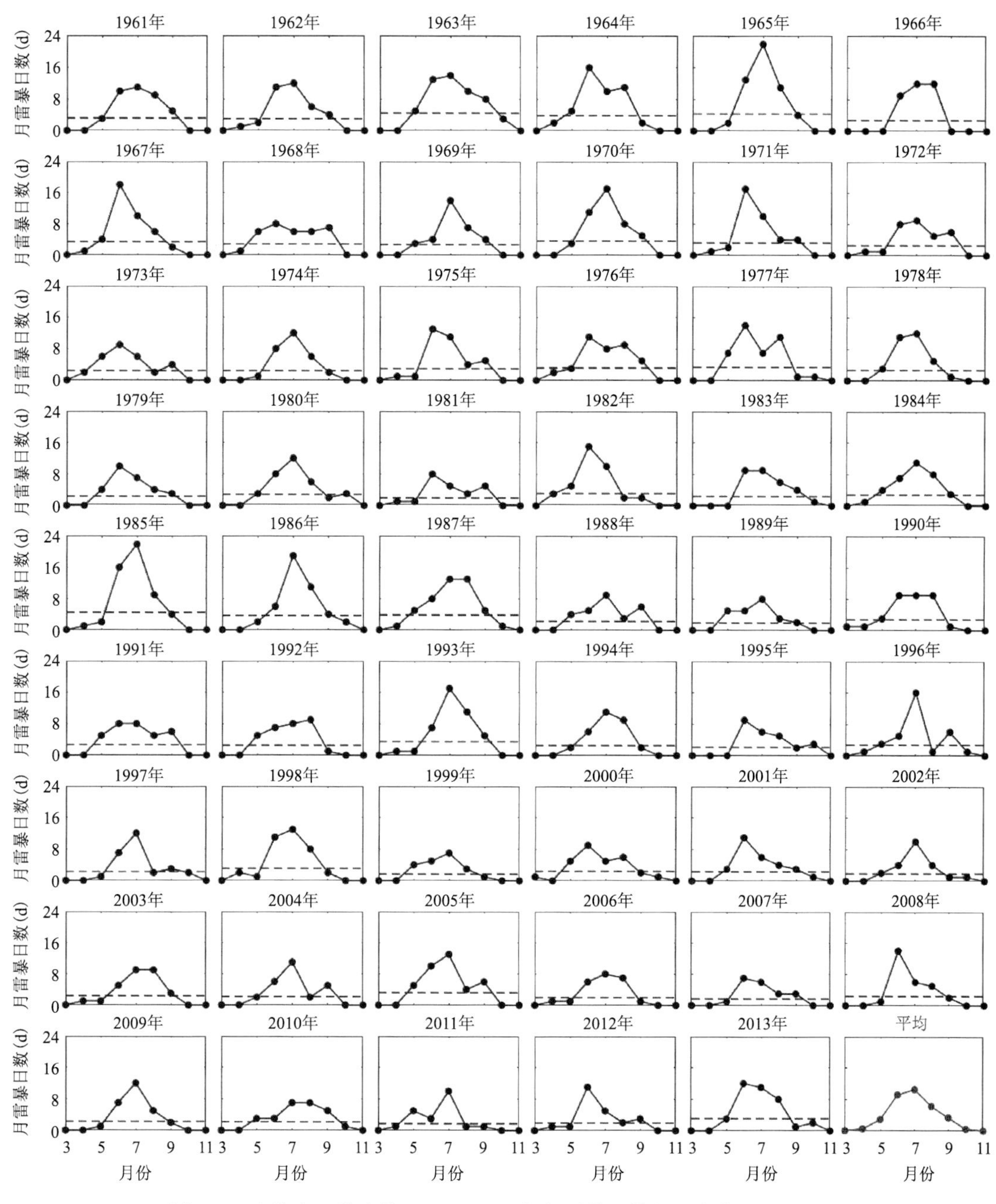

图 8.4 赤峰市巴林右旗 1961—2013 年年雷暴日数月际变化(3—11 月)
及雷暴日数平均月际变化(右下红色折线)

8.3.2 地闪密度

8.3.2.1 地闪频次变化特征

(1)地闪频次年变化特征

由图 8.5 可以看出,巴林右旗 2017 年观测到的地闪次数最多,为 4287 次,其中正地闪

1170 次，负地闪 3117 次，负地闪占总地闪的比例约为 72.7%；2014 年观测到的地闪次数最少，为 695 次，其中正地闪 249 次，负地闪 446 次，负地闪占总地闪的比例约为 64.2%。

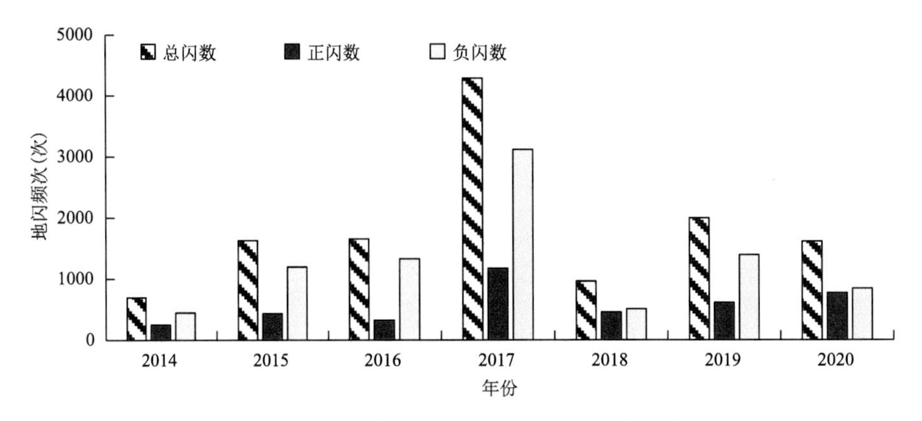

图 8.5　巴林右旗 2014—2020 年地闪频次年分布

(2)地闪频次月变化特征

由巴林右旗 2014—2020 年地闪频次月分布(图 8.6)可以看出，巴林右旗的地闪活动主要发生在 6—9 月，约占全年地闪总次数的 94.2%，其中 7 月地闪频次最高，约占全年地闪总次数的 28.9%。

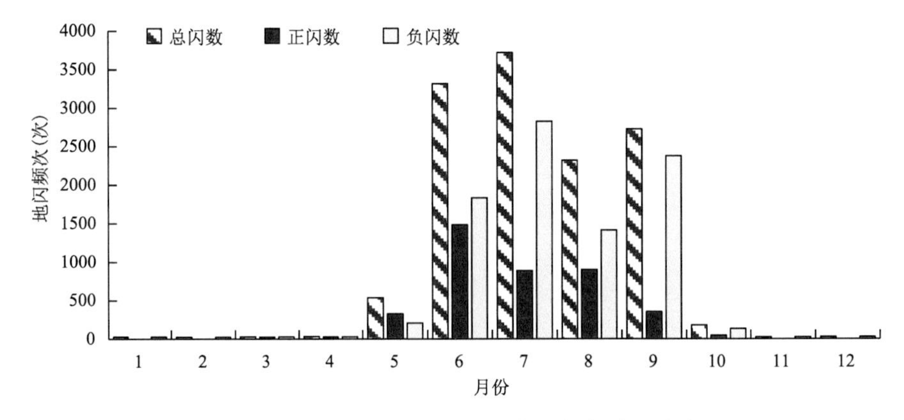

图 8.6　巴林右旗 2014—2020 年地闪频次月分布

(3)地闪频次日变化特征

由巴林右旗 2014—2020 年地闪频次日分布(图 8.7)可以看出，巴林右旗的闪电活动表现出“双峰单谷”的特征，闪电活动主要集中在 14 时至 19 时，14 时至 19 时的地闪频次占全天的 49.8%。

8.3.2.2　地闪密度空间分布特征

从巴林右旗地闪密度分布(图 8.8)可以看出，闪电活动主要分布在西拉沐沦苏木的北部、宝日勿苏镇的东北部、查干诺尔镇的中部、巴彦塔拉苏木的东南部、查干沐沦苏木的中部、巴彦琥硕镇的西北部和索博日嘎镇的南部；2014—2020 年巴林右旗年平均地闪密度最大值为 0.44 次/(km^2·a)，位于索博日嘎镇的南部。

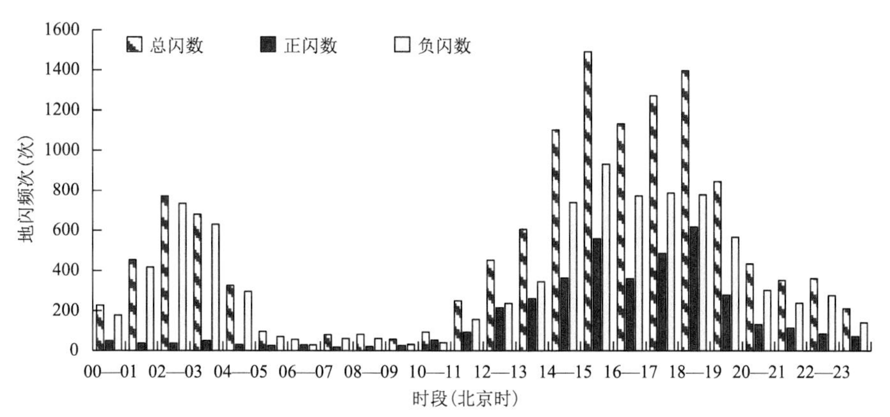

图 8.7 巴林右旗 2014—2020 年地闪频次日分布

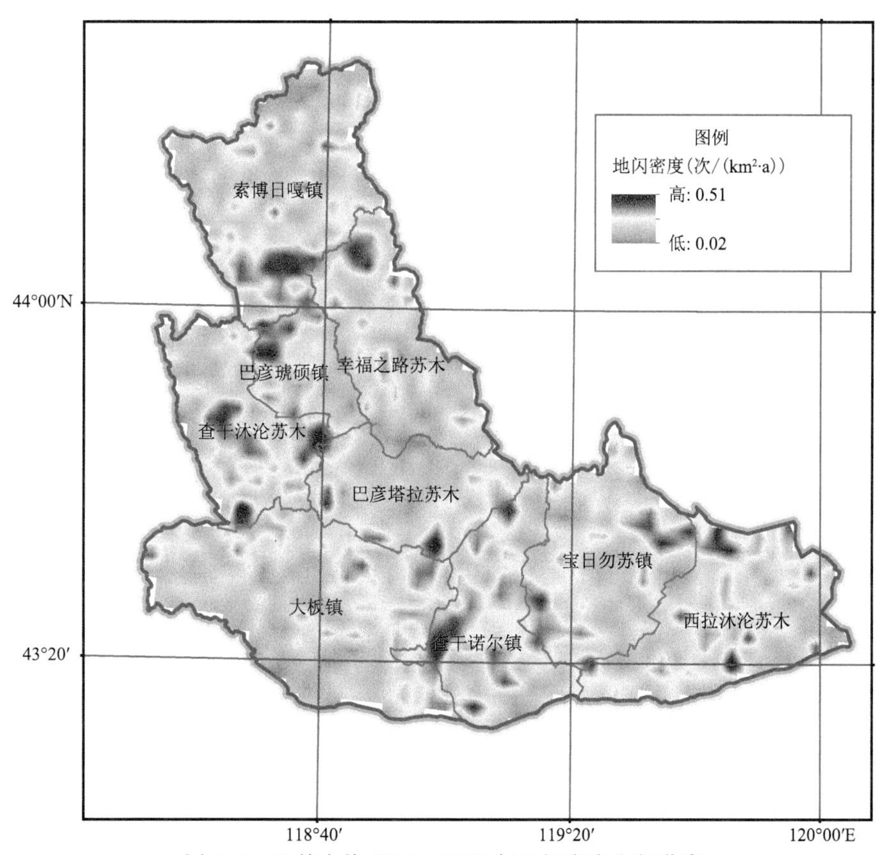

图 8.8 巴林右旗 2014—2020 年地闪密度空间分布

8.3.3 地闪强度

8.3.3.1 地闪强度幅值变化特征

从巴林右旗的正、负地闪电流强度累计概率分布(图 8.9、图 8.10)中可以看出,负地闪主要集中在 20～35 kA,该等级范围占负地闪总数的 35.7%;正地闪主要集中在 35～60 kA,该等级范围占正地闪总数的 11.5%,不同强度区间的差别并不显著。

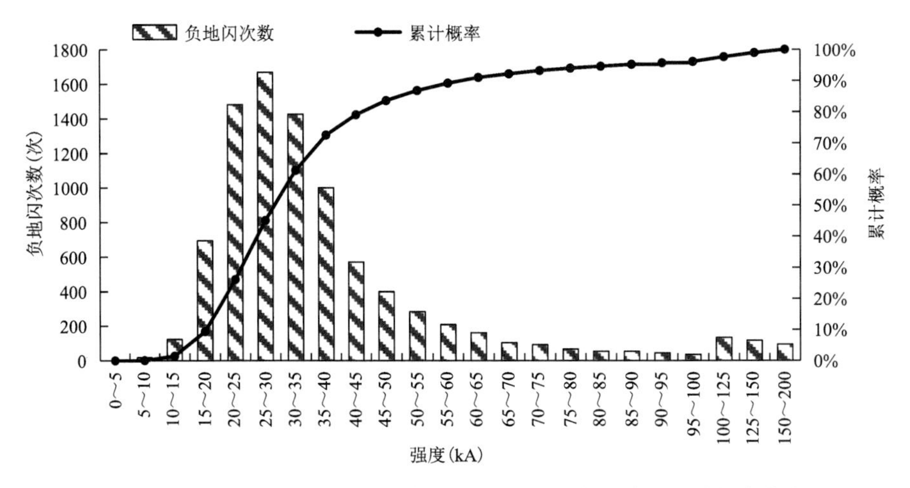

图 8.9 巴林右旗 2014—2020 年负地闪电流强度次数及累计概率分布

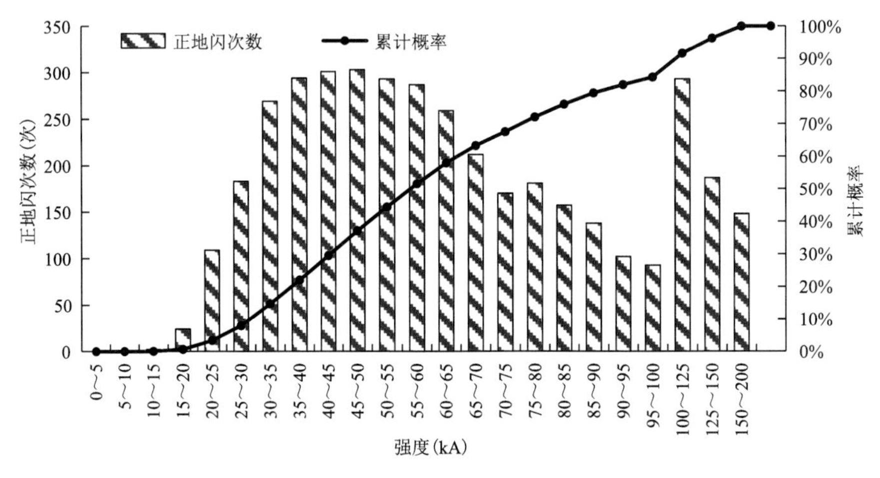

图 8.10 巴林右旗 2014—2020 年正地闪电流强度次数及累计概率分布

8.3.3.2 地闪强度空间分布特征

从巴林右旗地闪强度分布(图 8.11)可以看出,地闪强度高的区域和地闪密度大的区域大致相同,地闪强度高的区域主要集中在西拉沐沦苏木的北部、宝日勿苏镇的东北部、查干诺尔镇的中部、查干沐沦苏木的中部和南部、巴彦琥硕镇的西北部和索博日嘎镇的南部。

8.4 典型过程分析

8.4.1 2014 年 8 月 31 日雷电活动情况

根据内蒙古自治区雷电定位监测数据(表 8.4)分析,2014 年 8 月 31 日 00 时—24 时巴林右旗共发生地闪 129 次。其中正地闪 15 次,负地闪 114 次,负地闪占比 88.37%。正地闪强度最大值为 135.40 kA,于 13 时 54 分 16 秒出现在查干沐沦苏木;负地闪强度最大值为 98.80 kA,于 12 时 42 分 09 秒出现在索博日嘎镇。

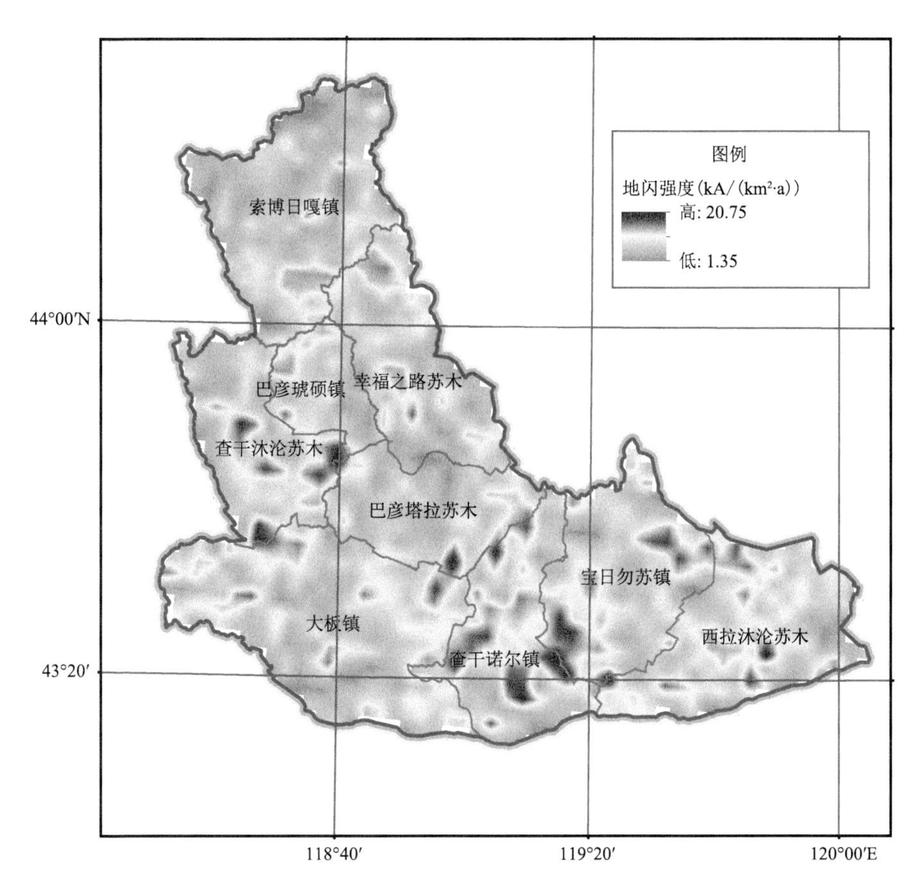

图 8.11 巴林右旗 2014—2020 年地闪强度空间分布

表 8.4 巴林右旗 2014 年 8 月 31 日雷电监测数据

总闪数（次）	正闪数（次）	负闪数（次）	正闪强度平均值（kA）	负闪强度平均值（kA）	正闪强度最大值（kA）	负闪强度最大值（kA）
129	15	114	74.17	52.03	135.40	98.80

2014 年 8 月 31 日巴林右旗地闪主要发生在幸福之路苏木北部、宝日勿苏镇北部和中部以及大板镇东南部，其他地区也有零星雷电发生（图 8.12）。

当日巴林右旗发生的雷灾事故位于查干诺尔镇，此次事故 5 km 范围内发生的闪电次数为 1 次，10 km 范围内发生的闪电次数为 4 次，15 km 范围内发生的闪电次数为 10 次。距此次事故最近的一次负地闪电流强度为 48.5 kA，距离约为 3.3 km（表 8.5）。

表 8.5 巴林右旗 2014 年 8 月 31 日雷灾事故周边地闪情况

距事故发生地距离	总闪数	正闪数	负闪数	正闪强度最大值（kA）	负闪强度最大值（kA）
5 km	1	/	1	/	48.5
10 km	4	/	4	/	58.8
15 km	10	1	9	64.70	75.5

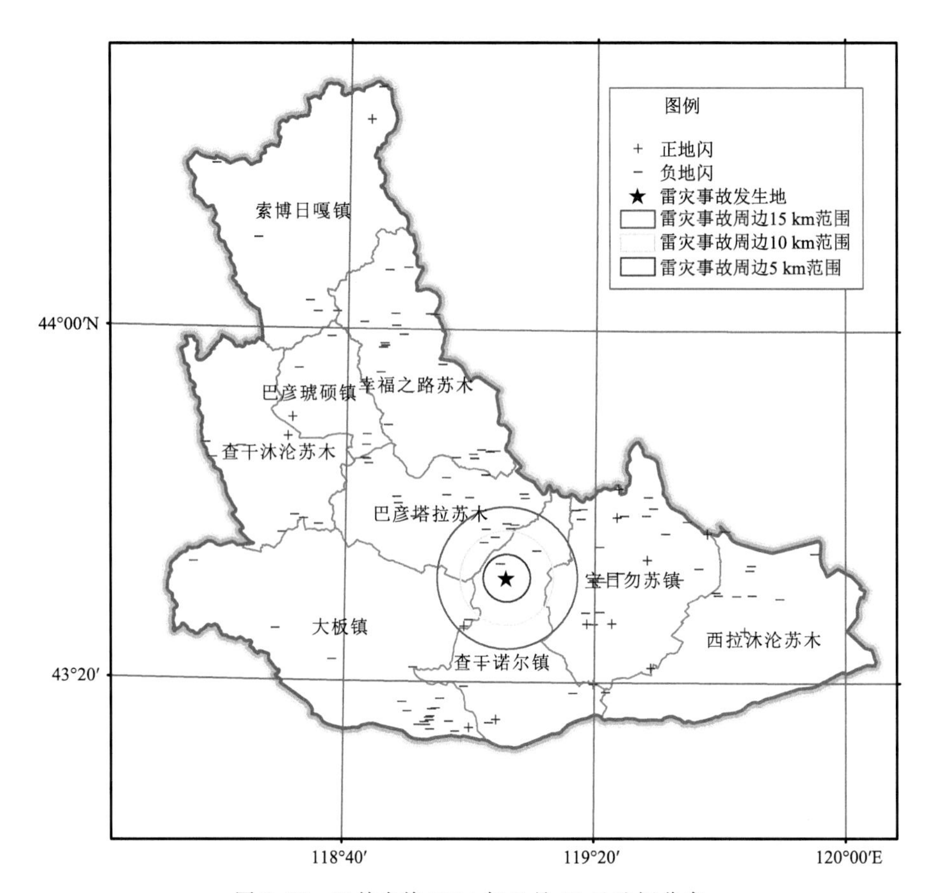

图 8.12 巴林右旗 2014 年 8 月 31 日地闪分布

8.4.2 2016 年 9 月 3 日雷电活动情况

根据内蒙古自治区雷电定位监测数据分析，2016 年 9 月 3 日 00 时—9 月 4 日 00 时巴林右旗共发生地闪 238 次。其中正地闪 19 次，负地闪 219 次，负地闪占比 92.01%。正地闪强度最大值为 122.70 kA，于 13 时 40 分 42 秒出现在巴彦塔拉苏木；负地闪强度最大值为 136.80 kA，于 16 时 31 分 54 秒出现在巴彦塔拉苏木（表 8.6）。

表 8.6 巴林右旗 2016 年 9 月 3 日雷电监测数据

总闪数（次）	正闪数（次）	负闪数（次）	正闪强度平均值（kA）	负闪强度平均值（kA）	正闪强度最大值（kA）	负闪强度最大值（kA）
238	19	219	53.46	31.05	122.70	136.80

2016 年 9 月 3 日巴林右旗地闪主要发生在巴彦琥硕镇中部、幸福之路苏木东部、巴彦塔拉苏木东部以及大板镇与查干诺尔镇交界处，其他地区也有零星雷电发生（图 8.13）。

当日巴林右旗发生的雷灾事故位于巴彦塔拉苏木，此次事故 5 km 范围内发生的闪电次数为 22 次，10 km 范围内发生的闪电次数为 52 次，15 km 范围内发生的闪电次数为 65 次。距此次事故最近的一次负地闪电流强度为 26.3 kA，距离约为 1.3 km（表 8.7）。

表 8.7 巴林右旗 2016 年 9 月 3 日雷灾事故周边地闪情况

距事故发生地距离	总闪数	正闪数	负闪数	正闪强度最大值(kA)	负闪强度最大值(kA)
5 km	22	1	21	48.9	55.8
10 km	52	3	49	48.9	136.8
15 km	65	5	60	48.9	136.8

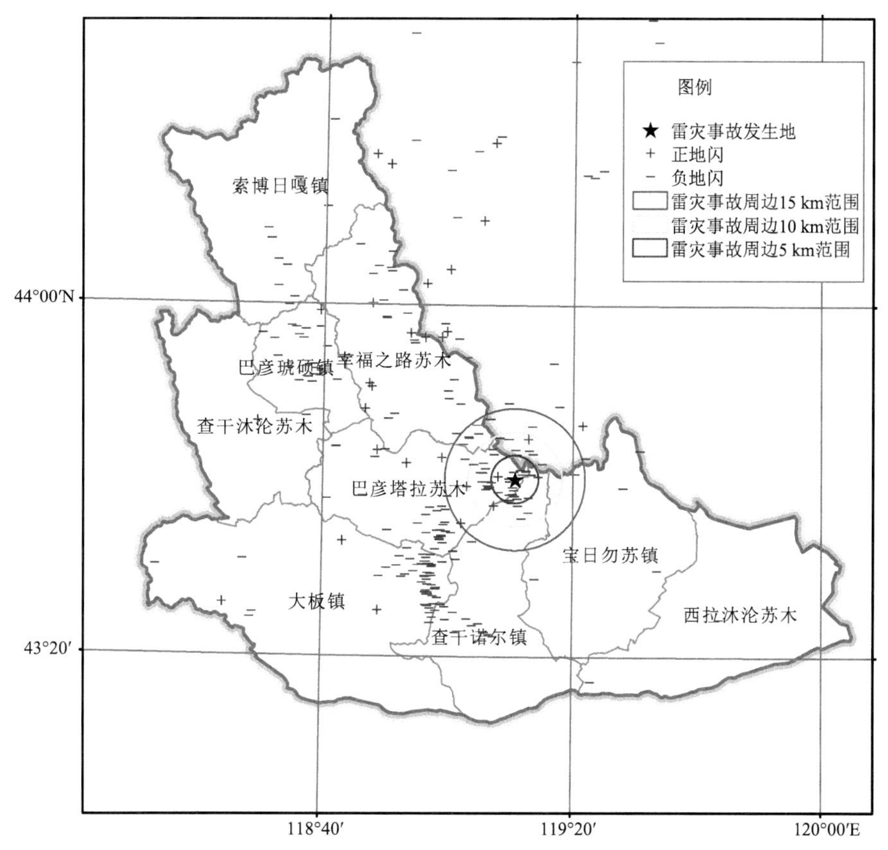

图 8.13 巴林右旗 2016 年 9 月 3 日地闪分布

8.5 致灾危险性评估

8.5.1 孕灾环境特征分析

8.5.1.1 土壤电导率

由巴林右旗土壤电导率分布(图 8.14)可以看出,土壤电导率高值区主要分布在西拉沐沦苏木东北部、查干诺尔镇西南部、大板镇中部和西部以及幸福之路苏木的中部。经统计得出,巴林右旗土壤电导率在 0.4～0.7 mS/cm 范围的土地面积占总面积的 3.3%,在 0.7～1.0

mS/cm 范围的面积占总面积的 1.1%，即该旗土壤导电率较高(电导率＞0.4 mS/cm)的面积约占总面积的 4.4%。

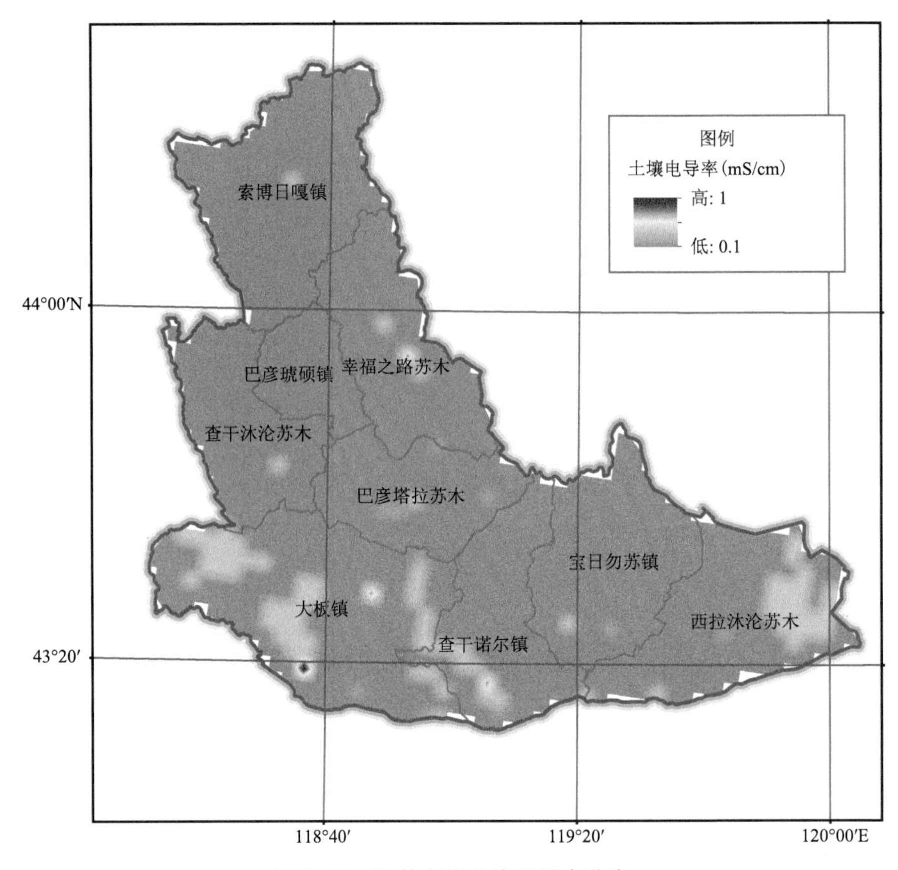

图 8.14 巴林右旗土壤电导率分布

8.5.1.2 海拔高度

巴林右旗地处大兴安岭北麓，由其海拔高度分布(图 1.1)可以看出，巴林右旗的海拔高度梯度较大，从西北到东南递减，这是由于巴林右旗地处大兴安岭山地与燕山山地交界过渡地带，地势西北高，东南低。海拔最高的区域位于巴林右旗西北部，即索博日嘎镇、巴彦琥硕镇和幸福之路苏木北部一带，该区域海拔高度在 1100 m 以上，最高处高于 1800 m，据统计分析，这部分的土地面积占总面积的 23.72%。

8.5.1.3 地形起伏

由巴林右旗地形起伏分布(图 8.15)可以看出，地形起伏的分布与该地区海拔高度的分布较为相似，呈现西北部地区地形起伏大，东南地形起伏小的态势。地形起伏最大的区域位于巴林右旗西北部，即索博日嘎镇东部和西部，结合海拔高度可知，该区域为山地且地势高度差较大，经统计地形起伏在 87 m 以上的土地面积占总面积的 19.46%。而巴林右旗中部和西部主要是丘陵和平原地区，地形起伏较小，这部分土地面积占总面积的 53.64%。

雷电灾害孕灾环境敏感性主要考虑海拔高度和地形起伏以及土壤电导率，将地形影响指数、海拔高度和土壤电导率经归一化处理后，代入孕灾环境敏感性指数计算模型中，得到巴林

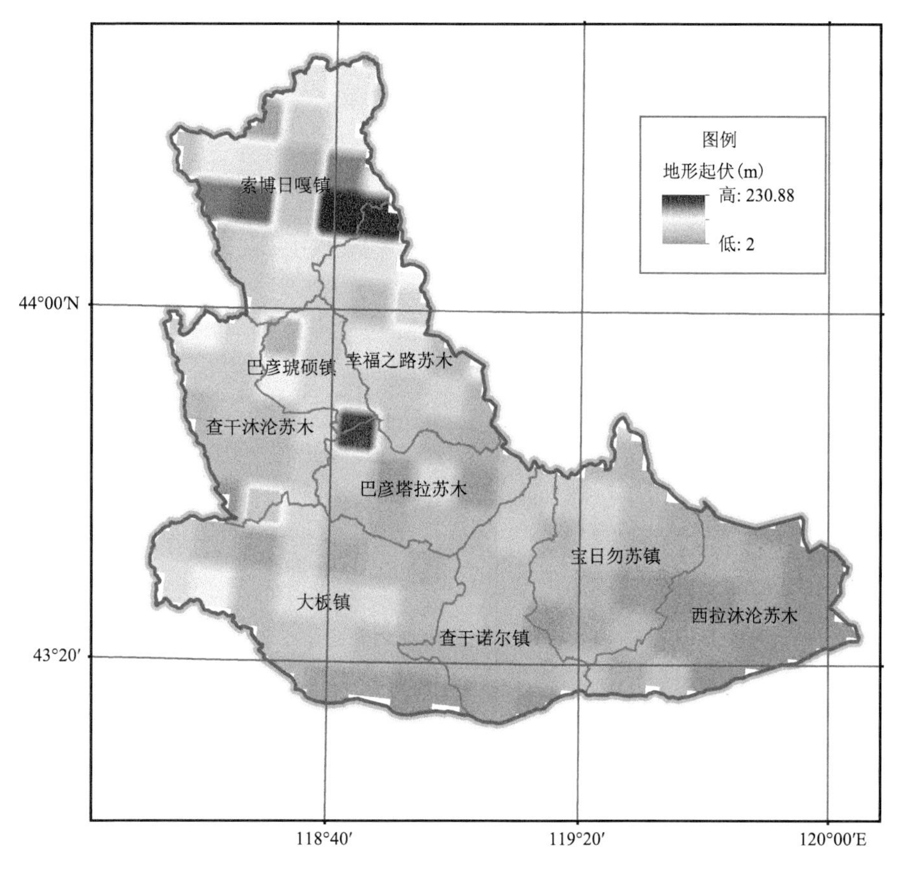

图 8.15 巴林右旗地形起伏分布

右旗的雷电灾害孕灾环境敏感性指数的空间分布,将其分为 5 级:高敏感区、次高敏感区、中敏感区、次低敏感区和低敏感区,并基于 GIS 软件绘制出巴林右旗的雷电灾害孕灾环境敏感性区划图(图 8.16)。

由图 8.16 可以看出,巴林右旗雷电孕灾环境敏感性高的地区主要位于索博日嘎镇的东部和西部、巴彦琥硕镇的西北部以及幸福之路苏木的北部,这是由于巴林右旗地处大兴安岭山地与燕山山地交界过渡地带,地势西北高,东南低,海拔由西北 700 m 向东南 400 m 逐渐倾斜,北部为山地,中部为丘陵,南部为平原区。

8.5.2 致灾危险性评估

雷电灾害致灾危险性是雷击点密度、地闪强度、土壤电导率、海拔高度和地形起伏 5 个指标综合作用的结果,考虑到各指标对致灾危险性所起作用不同,采用层次分析法对 5 个指标赋予不同的权重,再根据雷电灾害致灾危险性指数模型进行计算,将巴林右旗致灾危险性指数按照自然断点法分为 4 个等级(低危险区、较低危险区、较高危险区、高危险区),并绘制雷电灾害致灾危险性评价图(表 8.8、图 8.17)。

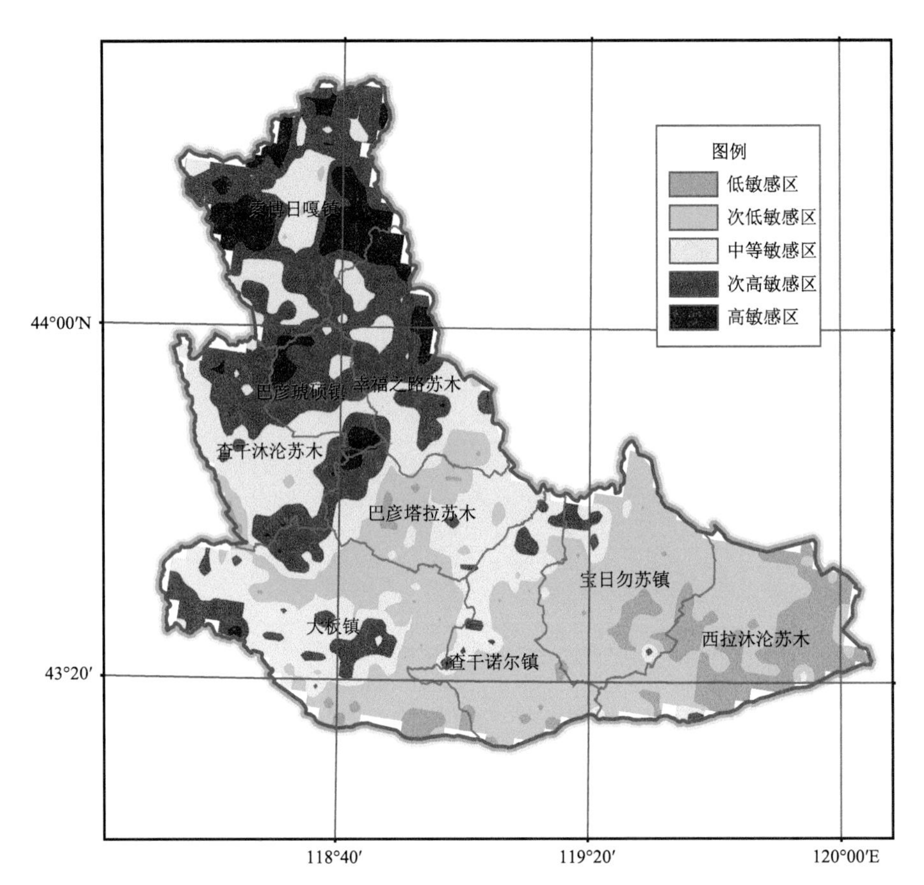

图 8.16 巴林右旗孕灾环境敏感性分布

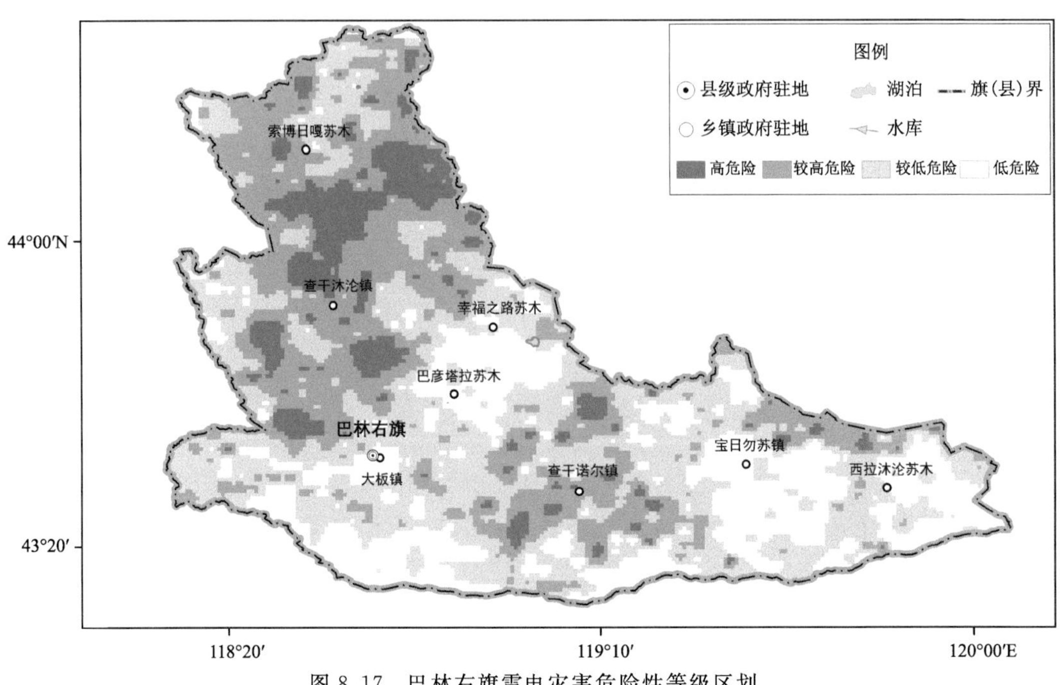

图 8.17 巴林右旗雷电灾害危险性等级区划

表 8.8 巴林右旗雷电灾害致灾危险性等级

危险性等级	含义	指标
4	低危险性	0.514～0.604
3	较低危险性	0.604～0.654
2	较高危险性	0.654～0.717
1	高危险性	0.717～0.864

从巴林右旗雷电灾害危险性等级区划图可以看出，雷电灾害高危险区和较高危险区主要分布在巴林右旗西北部和中部地区。

8.6 灾害风险评估与区划

8.6.1 承灾体暴露度评估

8.6.1.1 人口密度

从巴林右旗人口密度的分布(图 1.2)可以发现，巴林右旗总体上来说地广人稀，人口主要分布在巴林右旗的中部和东部地区，即巴彦塔拉苏木和大板镇及其东部地区。其中人口密度最高的区域是大板镇的中北部地区。

8.6.1.2 GDP 密度

从巴林右旗 GDP 密度的分布(图 1.3)可以看出巴林右旗 GDP 的高值区主要分布在大板镇东部和北部、巴彦塔拉中部、查干诺尔镇中北部、宝日勿苏镇西南部和东部以及西拉沐沦苏木中南部，其中大板镇的中北部 GDP 密度最高。

8.6.1.3 易燃易爆场所密度

巴林右旗的易燃易爆场所密度最大的位置位于大板镇中北部和南部，密度为 1～2 个/km^2。此外，在除查干沐沦苏木以外的其他镇(苏木)也零星分布着易燃易爆场所，密度均为 1 个/km^2(图 8.18)。

8.6.1.4 雷电易发区内旅游景点密度和矿区密度

巴林右旗雷电易发区内旅游景点在各个镇(苏木)均有分布，密度较低，其中分布最为集中的区域是大板镇的中北部地区，密度最大 4～5 个/km^2。矿区主要分布在巴林右旗中部及西北部地区，其中索博日嘎镇中部、幸福之路苏木西南部以及查干沐沦苏木中部和东南部矿区密度较大，平均 2 个/km^2(图 8.19、图 8.20)。

8.6.1.5 承灾体暴露度评估

雷电灾害承灾体暴露度是人口密度、GDP 密度、易燃易爆场所密度和雷电易发区内矿区、旅游景点密度 5 个指标综合作用的结果。考虑到各指标对承灾体暴露度所起作用不同，采用层次分析法对 5 个指标赋予不同的权重，根据承灾体暴露度计算公式进行计算。采用自然断点法将巴林右旗承灾体暴露度分为 5 个等级(低暴露度、较低暴露度、一般暴露度、高暴露度、极高暴露度)，并绘制得到巴林右旗承灾体暴露度图(图 8.21)。

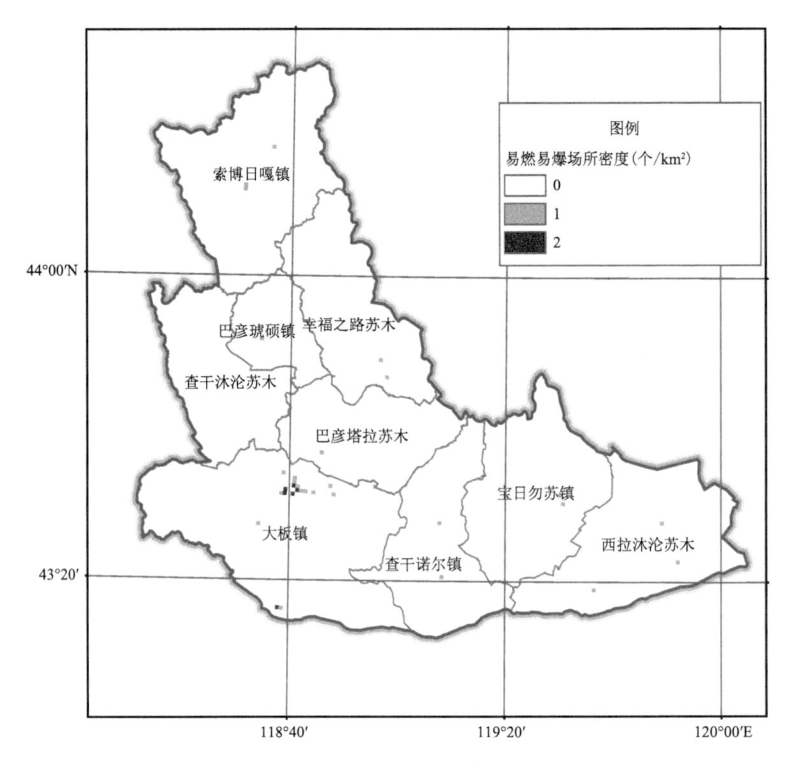

图 8.18 巴林右旗易燃易爆场所密度分布

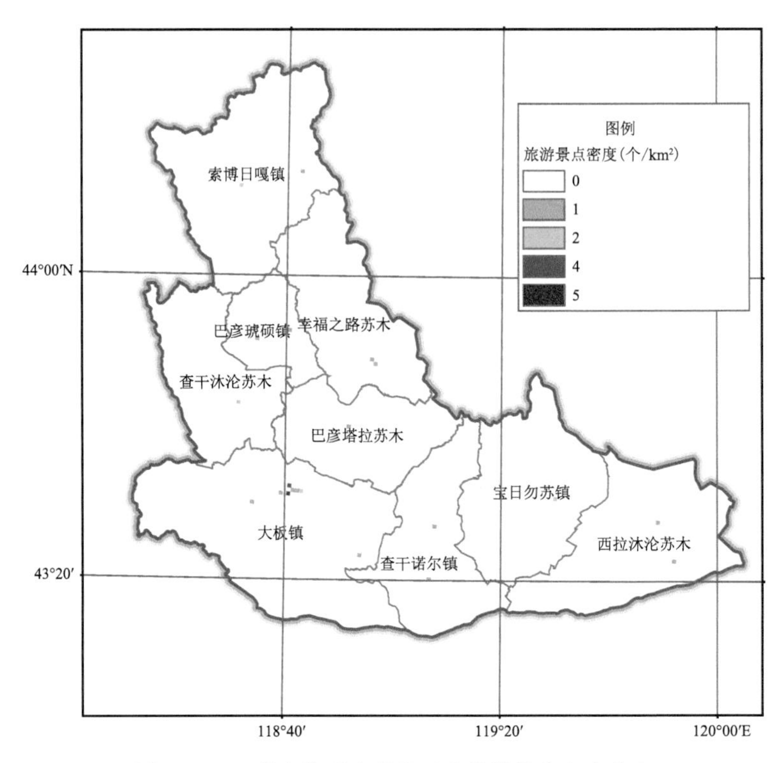

图 8.19 巴林右旗雷电易发区内旅游景点密度分布

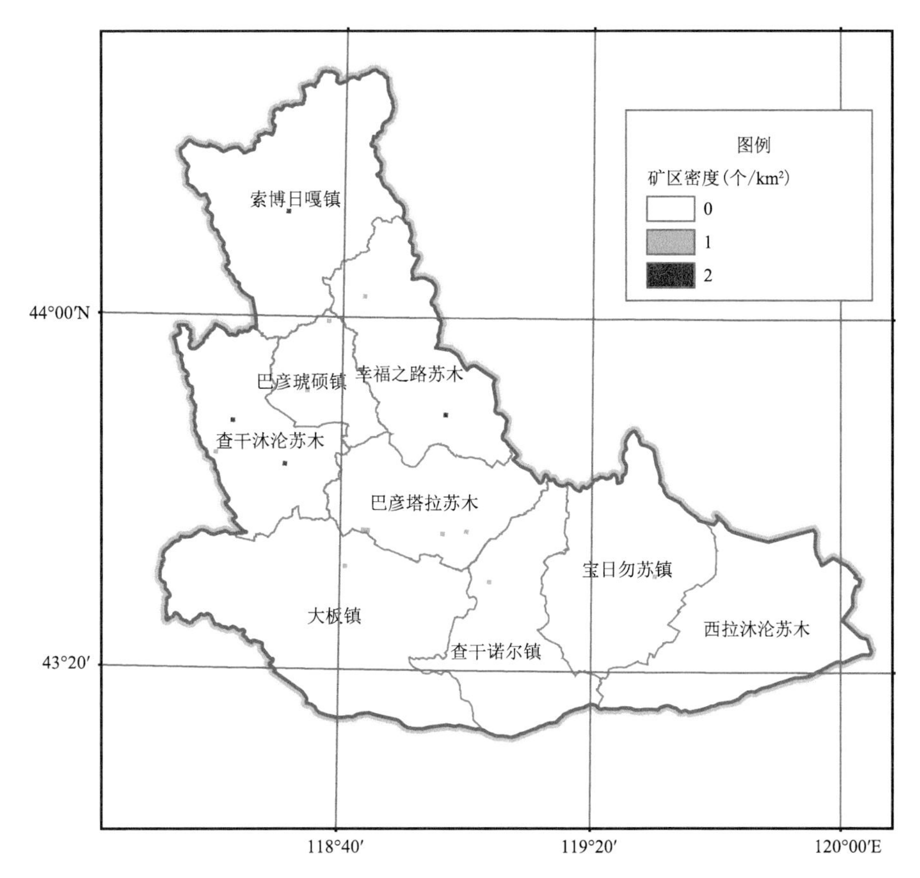

图 8.20 巴林右旗雷电易发区内矿区密度分布

由图 8.21 可以看到，巴林右旗大部分地区属于低暴露度地区，高暴露度地区主要位于巴林右旗中部以西区域，主要分布在大板镇中北部、幸福之路苏木南部、查干沐沦苏木中南部以及索博日嘎镇中部，其中大板镇中北部部分地区为极高暴露度区域。

8.6.2 承灾体脆弱性评估

8.6.2.1 雷电灾害特征

据不完全统计，巴林右旗 2008 年发生的雷电灾害次数最多(5 次)，2014 年次多(2 次)，1985、1996、2006、2007、2016 年各发生雷电灾害 1 起，其他年份没有雷电灾害发生。发生的雷击人员伤亡 11 起，其中 3 起发生在开阔地，草地、农田各发生 2 起，山地发生 1 起。

由图 8.22 可以看出，巴林右旗除幸福之路苏木和巴彦琥硕镇外，其他镇(苏木)均有雷电灾害发生，其中大板镇北部边界及宝日勿苏镇东部雷电灾害相对较多，平均每年发生雷电灾害 2～3 次。

8.6.2.2 生命损失和经济损失

雷电灾害的发生会带来人员的伤亡以及经济损失。据统计，巴林右旗巴彦塔拉苏木西南部、大板镇东北部以及宝日勿苏镇东部出现过人员伤亡，其中宝日勿苏镇东部平均每年有 4～7 人伤亡(图 8.23)。此外，雷灾还造成大板镇、查干诺尔镇和西拉沐沦苏木平均每年最高 17 万元的经济损失(图 8.24)。

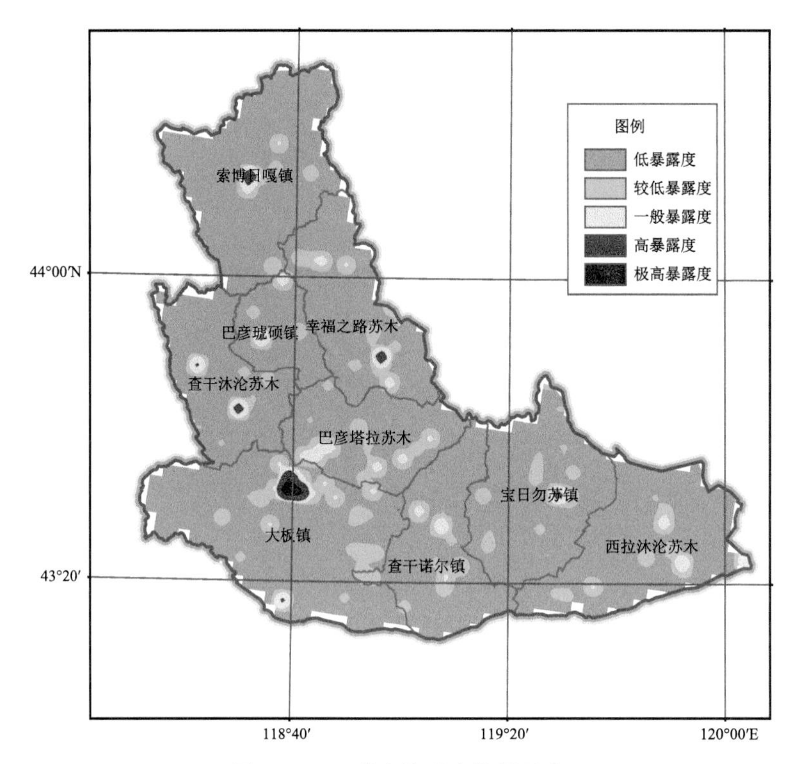

图 8.21 巴林右旗承灾体暴露度

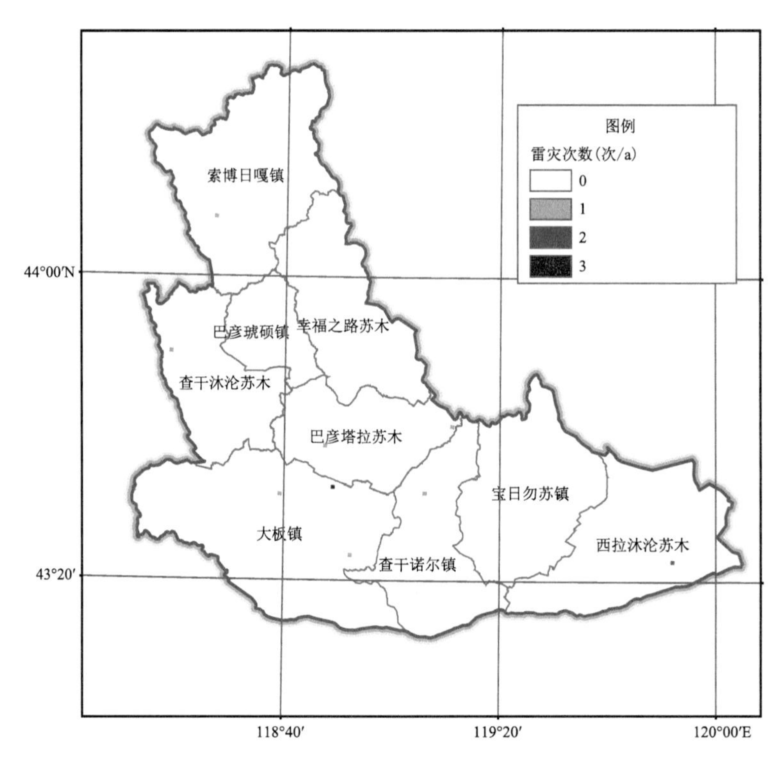

图 8.22 巴林右旗雷电灾害次数分布

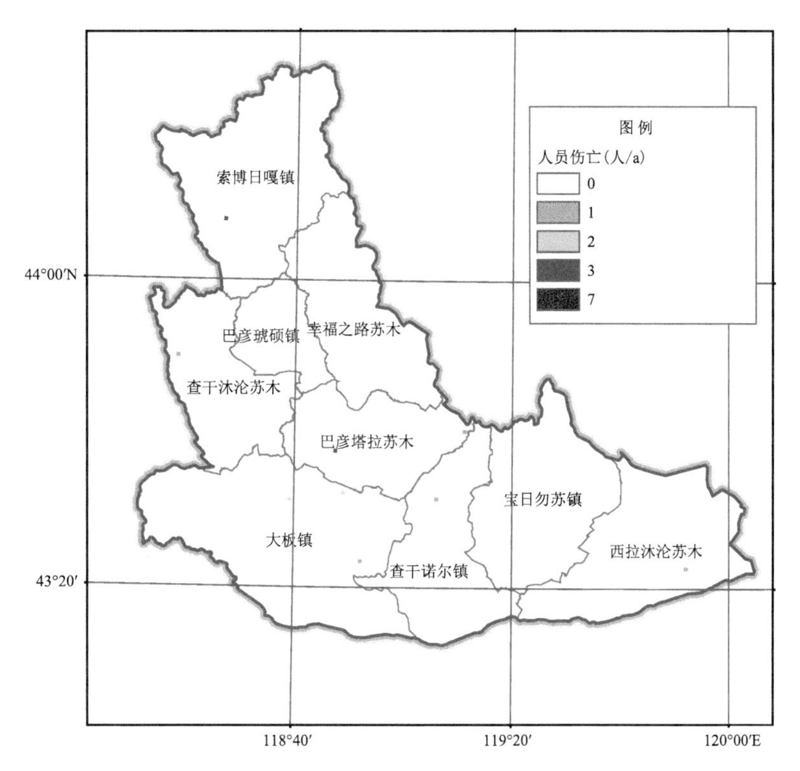

图 8.23　巴林右旗雷电灾害人员伤亡分布

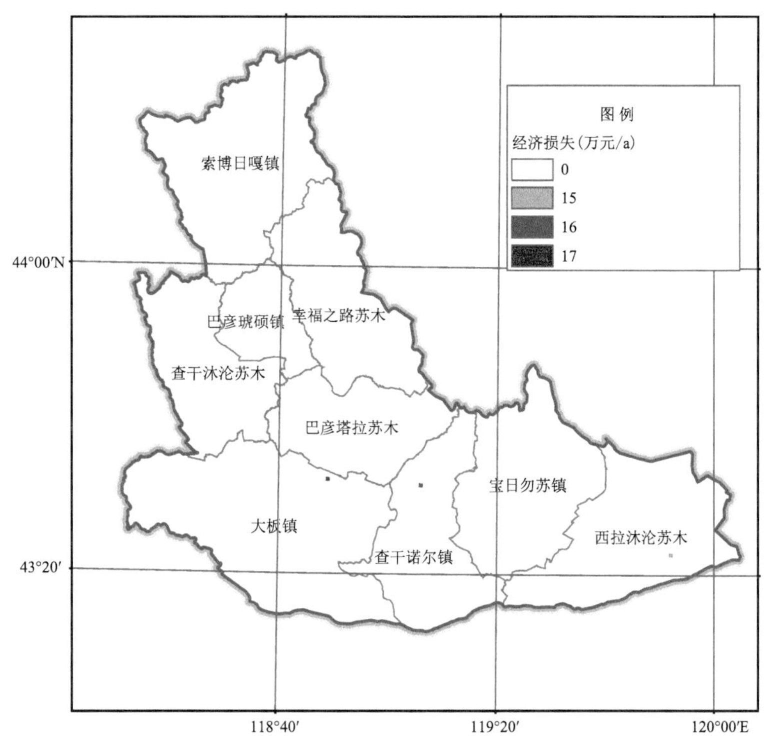

图 8.24　巴林右旗雷电灾害经济损失分布

8.6.2.3 雷电防护能力

由巴林右旗的雷电防护能力指数(图 8.25)可以看到,雷电防护能力较弱的区域主要位于巴林右旗的东南部、西南部和北部地区,主要土地利用类型为荒草地、盐碱地等未利用地。雷电防护能力较强的区域主要分布在巴林右旗的中西部地势较为平坦的平原和丘陵地带,主要是一些建筑用地。

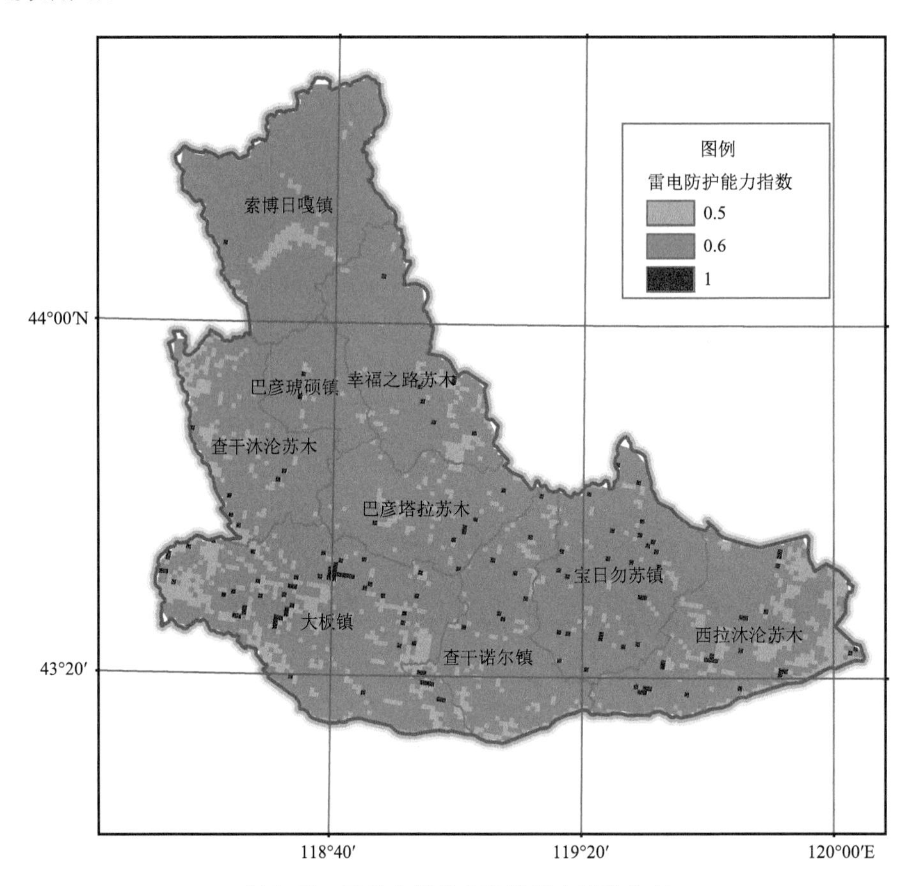

图 8.25 巴林右旗雷电防护能力指数分布

8.6.2.4 承灾体脆弱性评估

雷电灾害承灾体脆弱性是生命损失指数、经济损失指数和防护能力指数 3 个指标综合作用的结果。考虑到各指标对承灾体脆弱性所起作用不同,采用层次分析法对 3 个指标赋予不同的权重,根据承灾体脆弱性计算公式进行计算。使用自然断点法将承灾体脆弱性分为 5 个等级(低脆弱性、较低脆弱性、一般脆弱性、高脆弱性、极高脆弱性),绘制得到巴林右旗承灾体脆弱性图(图 8.26)。

由图 8.26 可知,巴林右旗大部分地区属于较低脆弱性地区,高脆弱性地区主要位于巴林右旗的中部及东部地区,即宝日勿苏镇东部、大板镇北部以及查干诺尔镇中北部等地。

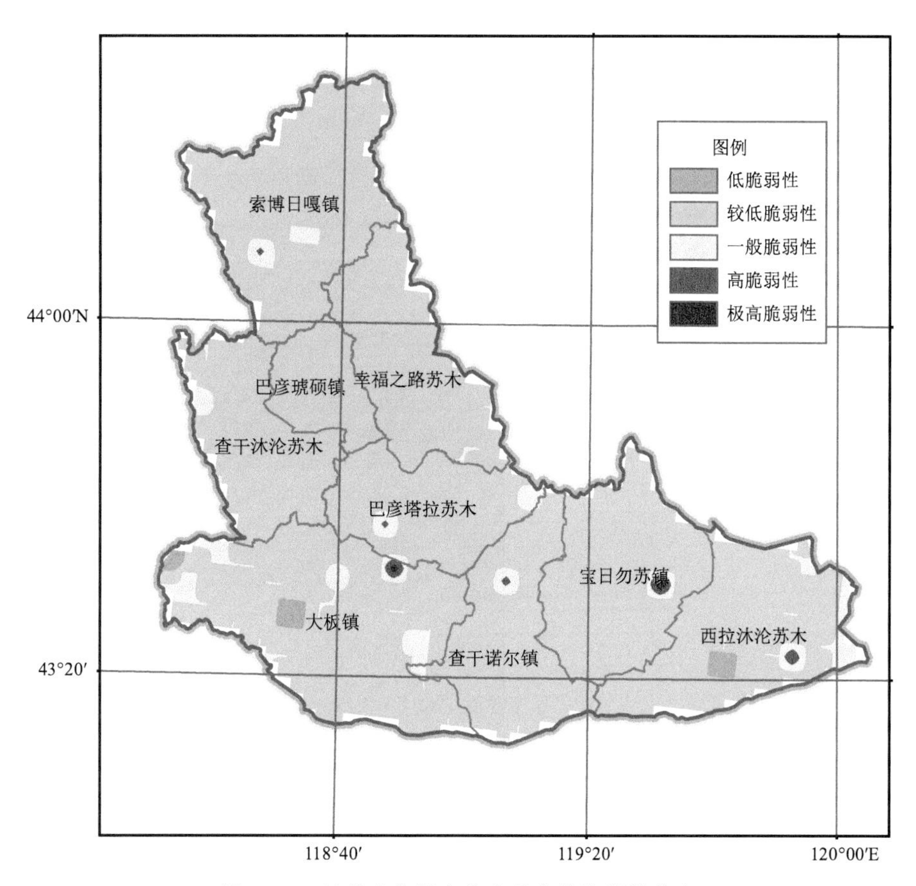

图 8.26　巴林右旗雷电灾害承灾体脆弱性分布

8.6.3　雷电灾害风险区划

8.6.3.1　雷电灾害 GDP 损失风险

雷电灾害 GDP 损失指数是分别将年平均雷电灾害次数和年平均雷击造成的直接经济损失进行归一化处理，并代入相关公式计算得到的。使用自然断点法将雷电灾害 GDP 损失指数分为 5 个等级（低风险区、较低风险区、中风险区、较高风险区、高风险区，表 8.9），并绘制得到雷电灾害 GDP 损失风险图（图 8.27）。

从图 8.27 可以看到，巴林右旗雷电灾害 GDP 损失的高风险区主要位于其西北部及中部地区，说明这些地区由雷灾造成经济损失的风险较高，应多加防范。

表 8.9　巴林右旗雷电灾害 GDP 风险等级

风险等级	含义	指标
5	低风险	5.000～5.303
4	较低风险	5.303～5.620
3	中风险	5.620～5.800
2	较高风险	5.800～6.012
1	高风险	6.012～7.240

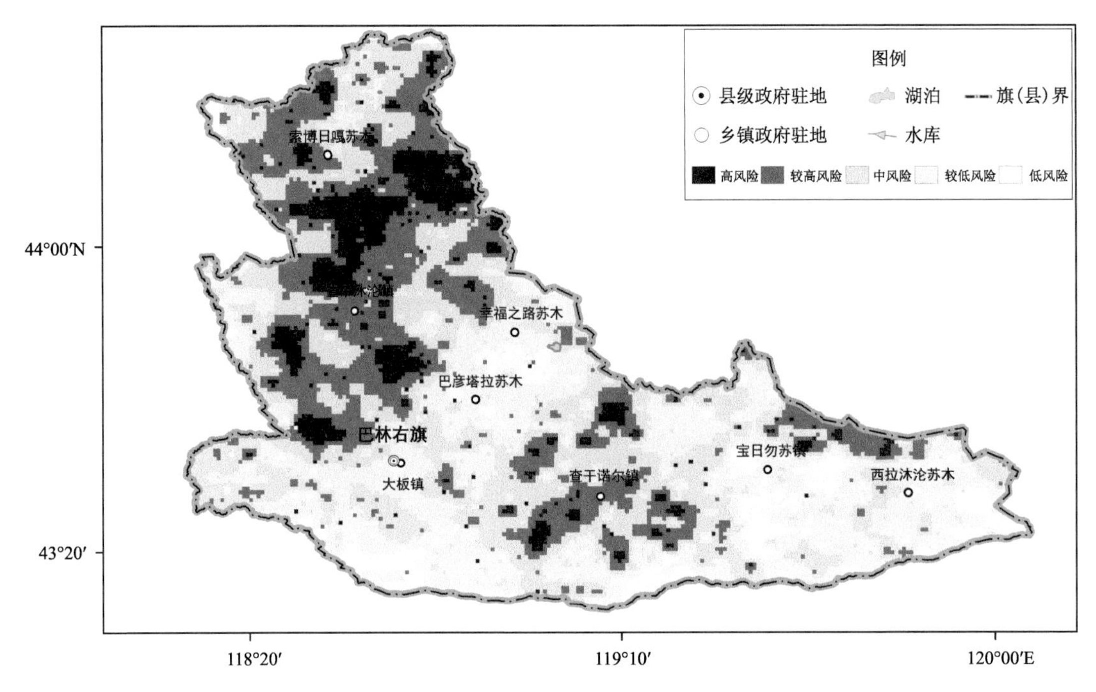

图 8.27 巴林右旗雷电灾害 GDP 风险等级区划

8.6.3.2 雷电灾害人口伤亡风险

雷电灾害生命损失指数是分别将年平均雷电灾害次数和年平均雷击造成的人员伤亡数进行归一化处理,并代入相关公式计算得到的。依据生命损失指数大小,采用自然断点法将雷电灾害生命损失指数分为 5 个等级(低风险区、较低风险区、中风险区、较高风险区、高风险区,表 8.10),绘制得到雷电灾害人口伤亡风险图(图 8.28)。

结合图 8.28 可以看出,雷电灾害人口伤亡风险区的分布与 GDP 损失风险区的分布情况相似,即高风险区主要位于巴林右旗的西北部、中部地区以及东北部地区,应着重为这些地方的居民普及雷电防护知识,保护生命财产安全。

表 8.10 巴林右旗雷电灾害人口风险等级

风险等级	含义	指标
5	低风险	5.000～5.474
4	较低风险	5.474～5.646
3	中风险	5.646～5.890
2	较高风险	5.890～6.013
1	高风险	6.013～6.628

8.7 小结

巴林右旗 1961—2013 年平均雷暴日数为 32.9 d/a,53 年雷暴日数总体呈波动减少趋势;2014—2020 年闪电活动主要发生在 6—9 月,14 时至 19 时闪电频次达到一天中的高峰;年平

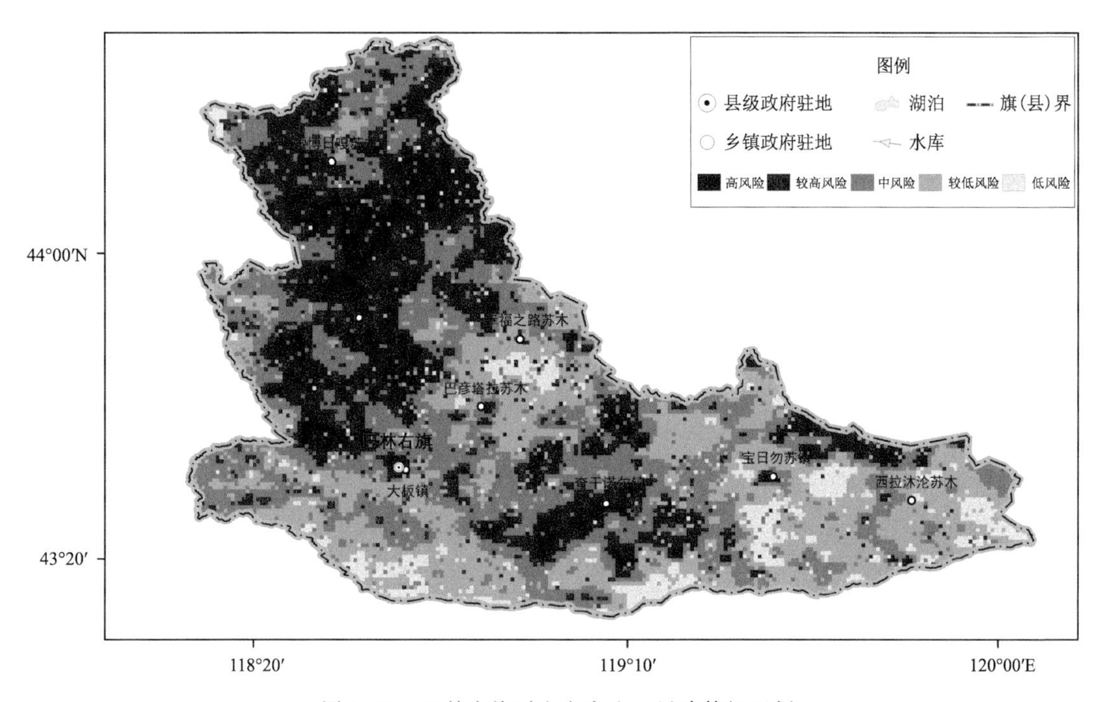

图 8.28　巴林右旗雷电灾害人口风险等级区划

均地闪密度最大值为 0.44 次/(km^2 · a)，位于索博日嘎镇的南部。巴林右旗雷电灾害人口伤亡和 GDP 损失风险区划空间分布特征基本一致，高风险区主要分布在西北部和中部，应着重为当地居民普及雷电防护知识，保护生命财产安全。

第9章 雪 灾

9.1 数据

9.1.1 气象数据

内蒙古自治区气象信息中心提供的与雪灾相关的基础气象数据。

数据时长:收集数据时长为1961—2020年,评估时采用数据时长为1978—2020年。

数据类型:日数据

站点数:内蒙古自治区区域内119个国家级气象站

数据包含的要素:积雪深度、雪压、日最高气温、日最低气温、日平均气温、最小能见度、最大风速、天气现象。

9.1.2 地理信息数据

全国自然灾害综合风险普查办公室下发的行政区划界线。

9.1.3 社会经济数据

以2010年为基准年,人口和GDP数据来源于中国科学院地理科学与资源研究所付晶莹等制作的2010年"中国公里网格人口和GDP分布数据集",空间分辨率为1 km×1 km。

9.1.4 遥感数据

(1)欧洲航天局积雪概率数据(Land Cover CCI PRODUCT-snow condition),2000—2012年平均每7 d的积雪概率,空间分辨率为1 km。

(2)中国雪深长时间序列集

中国雪深长时间序列数据集提供1978年10月24日到2020年12月31日逐日的中国范围的积雪厚度分布数据。每个压缩文件中包含一年逐日的雪深文件,空间分辨率为25 km。用于反演该雪深数据集的原始数据来自美国国家雪冰数据中心(NSIDC)处理的SMMR1(1978—1987年)、SSM/I2(1987—2007年)和SSMI/S3(2008—2014年)逐日被动微波亮温数据。

(3)中国1980—2020年雪水当量25 km分辨率逐日产品

针对中国积雪分布区,基于混合像元雪水当量反演算法,利用星载被动微波遥感亮温数据制备了1980—2020年空间分辨率为25 km的逐日雪水当量/雪深数据集。该数据集以HDF5文件格式存储,每个HDF5文件包含5个数据要素,其中包括雪深(cm)、雪水当量(mm)、经纬度、质量标识符等。

9.2 技术路线及方法

内蒙古雪灾风险评估与区划技术路线见图 9.1。

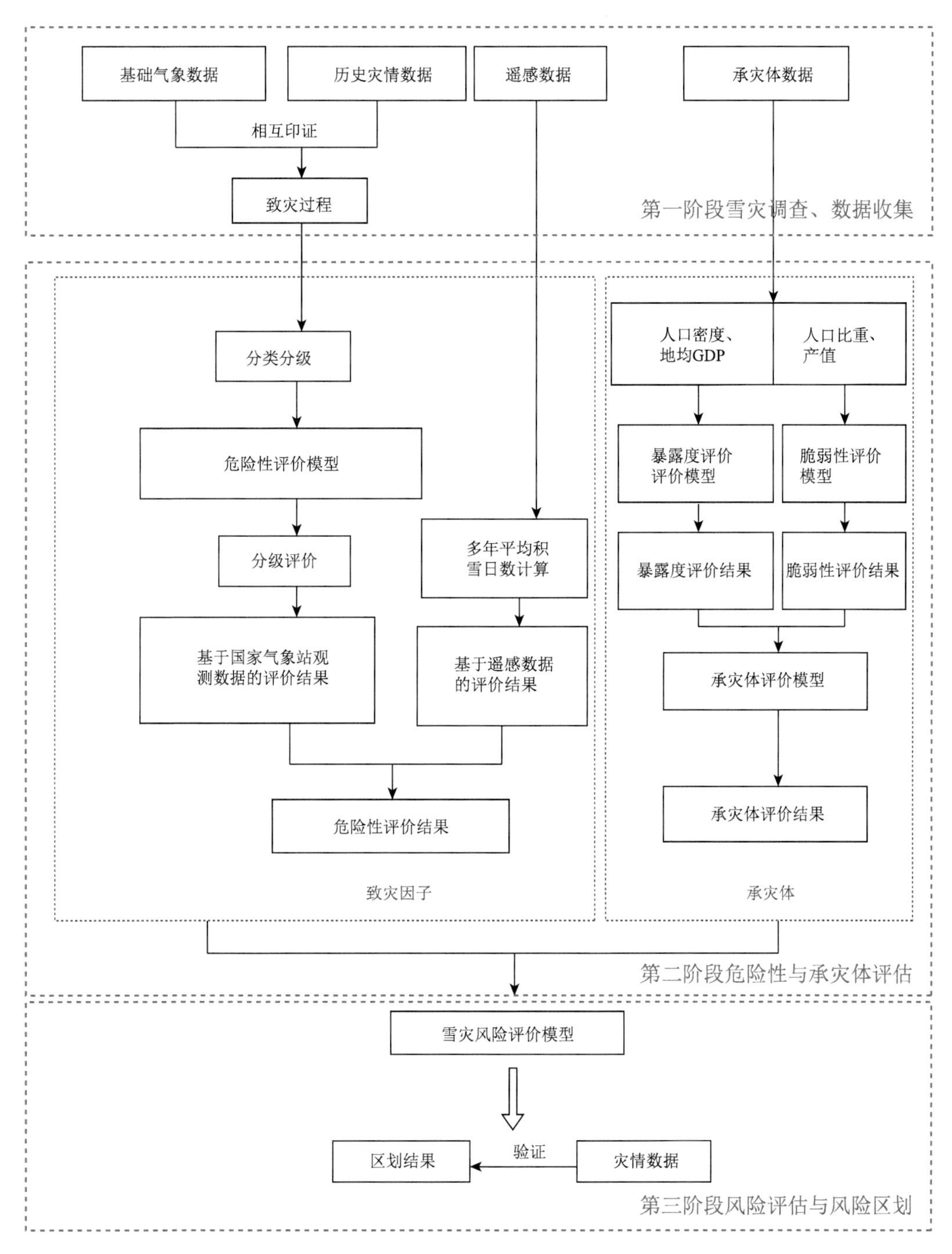

图 9.1 内蒙古雪灾风险评估与区划技术路线

9.2.1 致灾过程确定

据内蒙古雪灾历史灾情，内蒙古雪灾主要分三种：一是对牧区生产影响较大的雪灾，即白灾，冬季牧区如果降雪量过大、积雪过厚且积雪时间较长，牧草会被大雪掩埋，加之低温影响，牲畜食草困难，可能会冻饿而死。二是对设施农业、道路交通、电力设施影响较大的雪灾，即发生强降雪并形成积雪时，可能致使蔬菜大棚、房屋等被压垮；或导致电力线路挂雪、倒杆，直至电力中断；或导致公路、铁路等交通阻断。三是地面形成积雪，方向难辨，加之降雪时能见度极差，造成人员或牲畜走失，或者造成交通事故。

综上所述，根据内蒙古雪灾致灾过程对承灾体的影响可将其分为 3 类(表 9.1)：连续积雪日数≥7 d 时，确定为对牧区生产可能产生较大影响的致灾过程(类型 1(白灾))；3 d≤连续积雪日数<7 d 且降雪量≥10 mm 时，确定为对设施农业、电力、交通可能产生较大影响的致灾过程(类型 2)；1 d≤连续积雪日数<3 d 且能见度<1000 m 时，确定为对交通可能影响较大、可能造成人员和牲畜走失的致灾过程(类型 3)。

表 9.1 内蒙古雪灾致灾过程分类及阈值确定

雪灾致灾过程类型	连续积雪日数(d)	过程最大累计降雪量(mm)	过程最小能见度(m)
类型 1(白灾，对牧区生产影响较大)	≥7		
类型 2(对设施农业、交通和电力设施影响较大)	3～7	≥10	
类型 3(对交通影响较大，可能造成牲畜和人员走失，或者造成交通事故)	1～3		<1000

根据表 9.1 中的阈值，结合相关气象数据，筛选雪灾致灾过程，统计雪灾致灾过程信息，包括开始结束时间、包括累计降雪量、最大积雪深度、积雪日数、降雪日数、最低气温、最大风速等。在审核筛选的雪灾致灾过程中，结合中国雪深长时间序列集和中国 1980—2020 年雪水当量 25 km 分辨率逐日产品进行审核。

9.2.2 致灾因子危险性评估

9.2.2.1 基于国家级气象站观测数据的雪灾危险性指数

致灾因子危险性指致灾因子的危险程度，本次评估考虑从强度和频率两方面来评估这种危险程度，所建立的致灾因子危险性评估模型如下：

$$D = \sum_{i=1}^{n}(F_i \times Q_i)$$

式中，D 代表雪灾致灾因子危险性指数，对雪灾致灾过程进行分级，假设分为 n 级，则第 i 级致灾过程强度值为 Q_i，其出现频率为 F_i，Q_i 的计算公式为：

$$Q_i = i\Big/\sum_{i=1}^{n} i$$

雪灾致灾过程分为 3 种类型，每种类型致灾过程强度分级如表 9.2—表 9.4 所示。

表 9.2 类型 1 致灾过程强度等级划分

积雪日数(d)	≤30	30～60	60～90	90～120	>120
强度等级	5 级	4 级	3 级	2 级	1 级
致灾过程强度值	1/15	2/15	3/15	4/15	5/15

表 9.3 类型 2 致灾过程强度等级划分

降雪量(mm)	10～15	15～20	20～25	>25
强度等级	4 级	3 级	2 级	1 级
致灾过程强度值	1/10	2/10	3/10	4/10

表 9.4 类型 3 致灾过程强度等级划分

降雪量(mm)	<3	3～5	5～10
强度等级	3 级	2 级	1 级
致灾过程强度值	1/6	2/6	3/6

3 种类型的危险性评估指数和综合性评估指数计算公式分别如下：

$$D_1 = F_{11} \times Q_{11} + F_{12} \times Q_{12} + F_{13} \times Q_{13} + F_{14} \times Q_{14} + F_{15} \times Q_{15}$$

$$D_2 = F_{21} \times Q_{21} + F_{22} \times Q_{22} + F_{23} \times Q_{23} + F_{24} \times Q_{24}$$

$$D_3 = F_{31} \times Q_{31} + F_{32} \times Q_{32} + F_{23} \times Q_{23}$$

$$D_s = W_1 \times D_1 + W_2 \times D_2 + W_3 \times D_3$$

式中，D_s 代表基于国家级气象站观测数据的雪灾致灾因子危险性指数，D_1、D_2、D_3 分别为类型 1、类型 2、类型 3 的危险性指数，W_1、W_2、W_3 为 3 种类型致灾过程出现频率。$F_{11} \sim F_{33}$ 为不同类型致灾过程各等级出现频率；$Q_{11} \sim Q_{33}$ 为不同类型致灾过程各等级强度值，如表 9.2—表 9.4 所示，从 5 级至 1 级逐渐增大。

9.2.2.2 结合遥感数据的雪灾危险性指数

盟(市)、旗(县、区)观测站相对较少，大部分旗(县、区)只有 1 个国家气象站，如果只依靠国家级气象站观测数据开展雪灾致灾因子危险性评估，即使评估结果可靠，也无法进行本区域危险性区划，因此需结合与积雪有关的遥感数据建立评估模型。以往研究显示：积雪的初日越早、终日结束越迟的地方，即积雪期越长的地方，发生雪灾的概率越高。因此考虑在雪灾危险性评价模型中加入积雪概率这一指标。将以气象站点为基础计算出的雪灾危险性指数与积雪概率进行归一化加权，以熵值赋权法确定各自的权重，形成综合的致灾因子危险性指数，公式如下：

$$D_c = W_s \times D_s + W_r \times D_r$$

式中，D_c 为结合遥感数据的雪灾致灾危险性指数，D_s 为基于国家级气象站观测数据的雪灾危险性指数，D_r 为基于遥感数据的雪灾危险性指数，W_s、W_r 分别为 D_s、D_r 的权重。采用欧空局积雪概率数据(栅格数据，空间分辨率为 1 km)，计算得到年平均积雪日数的空间分布，将其进行 0～1 之间的归一化，即得到基于遥感数据的雪灾致灾因子危险性指数。

9.2.2.3 归一化方法

为使不同类型的数据具有可比性，在代入模型计算以前均采用归一化方法对数据进行了处理。

归一化计算采用如下公式：

$$D_{ij} = 0.5 + 0.5 \times \frac{A_{ij} - \min_i}{\max_i - \min_i}$$

式中，D_{ij} 是 j 区第 i 个指标的规范化值，A_{ij} 是 j 区第 i 个指标值，$\min_i$ 和 $\max_i$ 分别是第 i 个指标值中的最小值和最大值。

9.2.2.4 信息熵值赋权重

设评价体系是由 m 个指标 n 个对象构成的系统，首先计算第 i 项指标下第 j 个对象的指标值 r_{ij} 所占指标比重 P_{ij}。

各指标因子完成归一化处理后，根据信息熵值赋权法确定各指标对应的权重系数，各因子权重之和应为 1。信息熵表示系统的有序程度，在多指标综合评价中，熵值赋权法可以客观地反映各评价指标的权重。一个系统的有序程度越高，则熵值越大，权重越小；反之，一个系统的无序程度越高，则熵值越小，权重越大。即对于一个评价指标，指标值之间的差距越大，则该指标在综合评价中所起的作用越大；如果某项指标的指标值全部相等，则该指标在综合评价中不起作用。信息熵值赋权法计算步骤如下：

$$P_{ij} = \frac{r_{ij}}{\sum_{j=1}^{n} r_{ij}} \qquad i = 1,2,\cdots,m; j = 1,2,\cdots,n$$

由熵权法计算第 i 个指标的熵值 S_i：

$$S_i = -\frac{1}{\ln n}\sum_{j=1}^{n} P_{ij} \ln P_{ij} \qquad i = 1,2,\cdots,m; j = 1,2,\cdots,n$$

计算第 i 个指标的熵权，确定该指标的客观权重 w_i：

$$W_i = \frac{1 - S_i}{\sum_{i=1}^{m}(1 - S_i)} \qquad i = 1,2,\cdots,m$$

根据危险性指标值分布特征，综合考虑地形地貌、区域气候特征、流域等，可使用自然断点法或标准差（表 9.5）等方法，将危险性分为 4 个等级。

表 9.5 雪灾致灾危险性等级划分标准

风险等级	标准
1	$\geq ave+\sigma$
2	$[ave+0.5\sigma, ave+\sigma)$
3	$[ave-0.5\sigma, ave+0.5\sigma)$
4	$< ave-0.5\sigma$

注：ave 和 σ 为所有统计单元内危险性为非 0 值集合的平均值和标准差。

9.2.3 风险评估与区划

9.2.3.1 雪灾承灾体评估

承灾体主要包括人口、国民经济、农作物（小麦、玉米、水稻），统计区域为全国时，上述承灾体可考虑全部开展评估，统计区域为省级及以下时，人口和国民经济为必做项，其他为选做项。评估内容包括承灾体暴露度和脆弱性(表 9.6),有关内容可视全国气象灾害综合风险普查办公室和国务院普查办提供的信息做调整。

表 9.6 承灾体暴露度和脆弱性因子

承灾体	暴露度因子	脆弱性因子	脆弱性因子权重
人口	人口密度	0～14 岁及 65 岁以上人口数的比重	人口受灾率
国民经济	地均 GDP	第一产业产值的比重	直接经济损失率

统计脆弱性因子指标时,在雪灾灾情等资料较为完善、可获取的前提下可考虑脆弱性因子的权重;如灾情数据无法获取,则建议只考虑承灾体暴露度。

针对不同承灾体,不同地级市分别拥有一个脆弱性因子权重,以地级市为单元统计受灾率。

人口受灾率:年受灾人数/行政区人口数

农作物受灾率:年受灾面积/行政区面积

最终,针对不同承灾体,统计单元内的承灾体指标(B)计算公式为:

$$B=E\times(V\times W)$$

式中,E 为暴露度,V 为脆弱性,W 为脆弱性权重。

9.2.3.2 雪灾风险评估与区划

根据统计单元内致灾因子危险性指标(H)、承灾体指标(B),统计针对各承灾体的危险性指标(R),雪灾风险评估模型如下:

$$R=H\times B$$

针对不同承灾体,根据风险指标值分布特征,可使用自然断点法、标准差等方法将雪灾风险分为高、较高、中、较低、低五个等级,如表 9.7 所示。各级可根据区域实际数据分布特征,对分级标准进行适当调整。

表 9.7 雪灾风险等级划分标准*

风险等级	含义	标准
1	高风险	$\geqslant ave+\sigma$
2	较高风险	$[ave+0.5\sigma, ave+\sigma)$
3	中风险	$[ave-0.5\sigma, ave+0.5\sigma)$
4	较低风险	$[ave-\sigma, ave-0.5\sigma]$
5	低风险	$< ave-\sigma$

注:ave 和 σ 为所有统计单元内风险值为非 0 值集合的平均值和标准差。

9.3 致灾因子特征分析

巴林右旗常年平均降雪日数为 12.5 d,最多为 24 d(1990 年),标准差为 4.5 d,极差达 22 d;平均降雪量为 25.0 mm,最多为 89.2 mm(2012 年),标准差为 16.6 mm,极差达 85.7 mm;平均积雪日数为 24.2 d,最多为 80 d(1985 年),标准差为 16.9 d,极差达 76 d;平均年最大积雪深度为 9.1 cm,最深为 30 cm(2012 年),标准差为 5.8 cm,极差达 28 cm。由此可见冬半年降雪情况有非常显著的年际变化，这导致每年雪灾是否出现、出现时段、持续长度、影响范围和强度都存在显著的差异。

巴林右旗降雪日数、降雪量、积雪日数、最大积雪深度都表现出一定的增多、增深的气候变化趋势(图 9.2—图 9.5)，其中最大积雪深度的增深趋势较为明显，速度为 0.7 cm/10a(α=0.10)，表明近年来雪灾的致灾危险性有加强的可能。

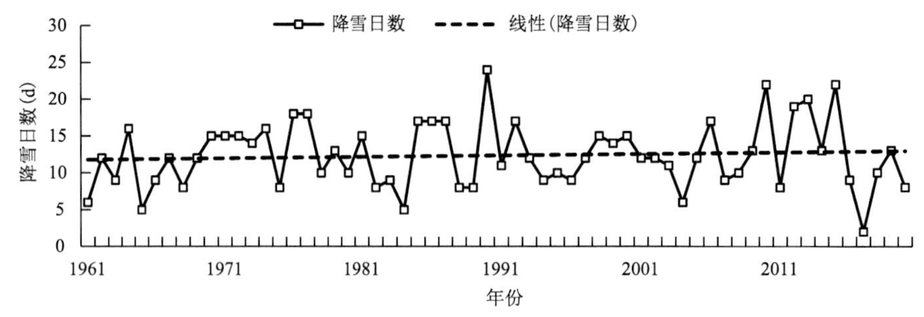

图 9.2 1961—2020 年巴林右旗降雪日数变化

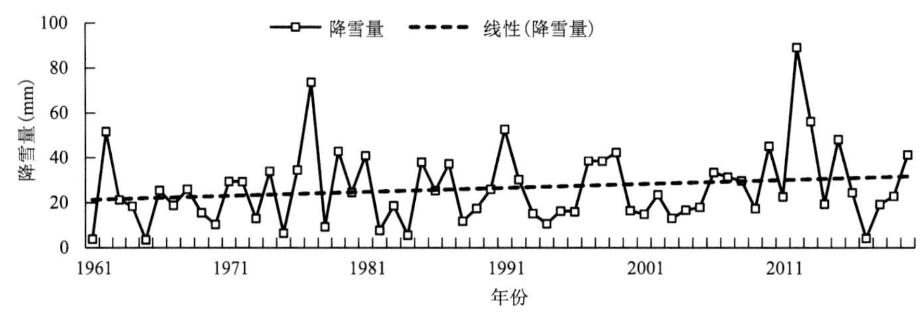

图 9.3 1961—2020 年巴林右旗降雪量变化

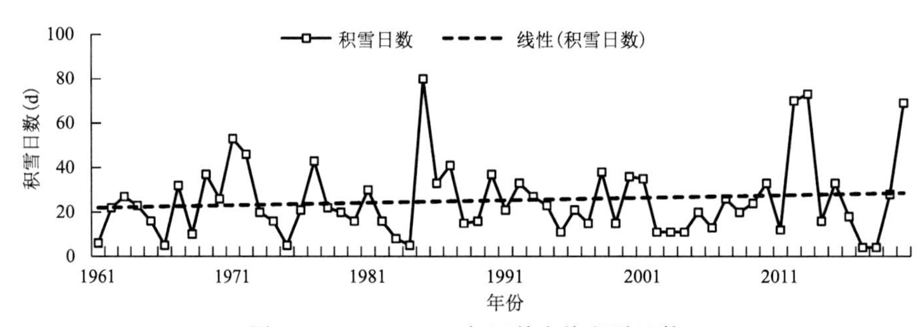

图 9.4 1961—2020 年巴林右旗积雪日数

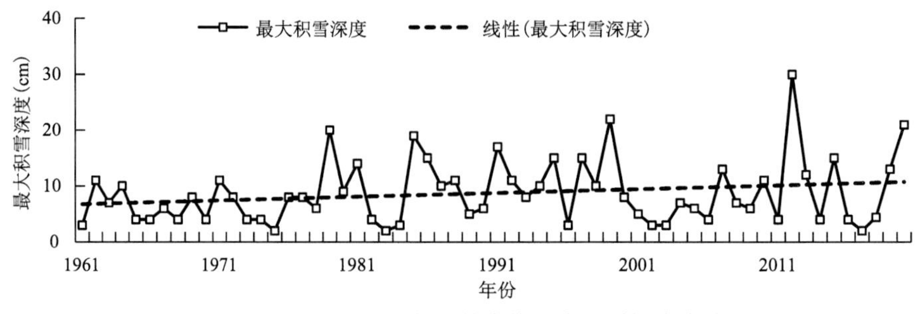

图 9.5 1961—2020 年巴林右旗最大积雪深度变化

9.4 典型过程分析

1. 1985年白灾

(1)灾情描述:积雪18 cm,雪后持续低温16 d,冻、饿死牲畜1424头(只)。

(2)致灾过程各要素

从筛选出的致灾过程来看,积雪自1985年2月27日起,至1985年3月14日结束,积雪日数为16 d,降雪日数为4 d,期间累计降雪量6.5 mm,最大日降雪量4 mm,最大积雪深度18 cm(气象站位置),日最低气温的最小值达−25.2 ℃,日最大风速的最大值为14.7 m/s,最小能见度为1000 m。

2. 1992年白灾

(1)灾情描述:11月15日至23日,索博日嘎苏木连降3场大雪。积雪深度超过30 cm。

(2)致灾过程各要素

从筛选出的致灾过程来看,积雪自1992年11月7日起,至1992年11月24日结束,积雪日数为18 d,降雪日数为5 d,期间累计降雪量9.8 mm,最大日降雪量6.3 mm,最大积雪深度11 cm(气象站位置),日最低气温的最小值达−16.3 ℃,日最大风速的最大值为12 m/s,最小能见度为9000 m。

图9.6至图9.8是用遥感数据反演的此次致灾过程中赤峰市巴林右旗及其周边地区1992年11月10—12日积雪深度的变化,图中显示:11月10日,巴林右旗北部形成1~5 cm的积雪,11月12日后积雪覆盖面积扩大,至11月14日积雪覆盖了全旗大部分地区,且部分地区积雪深度超过5 cm。

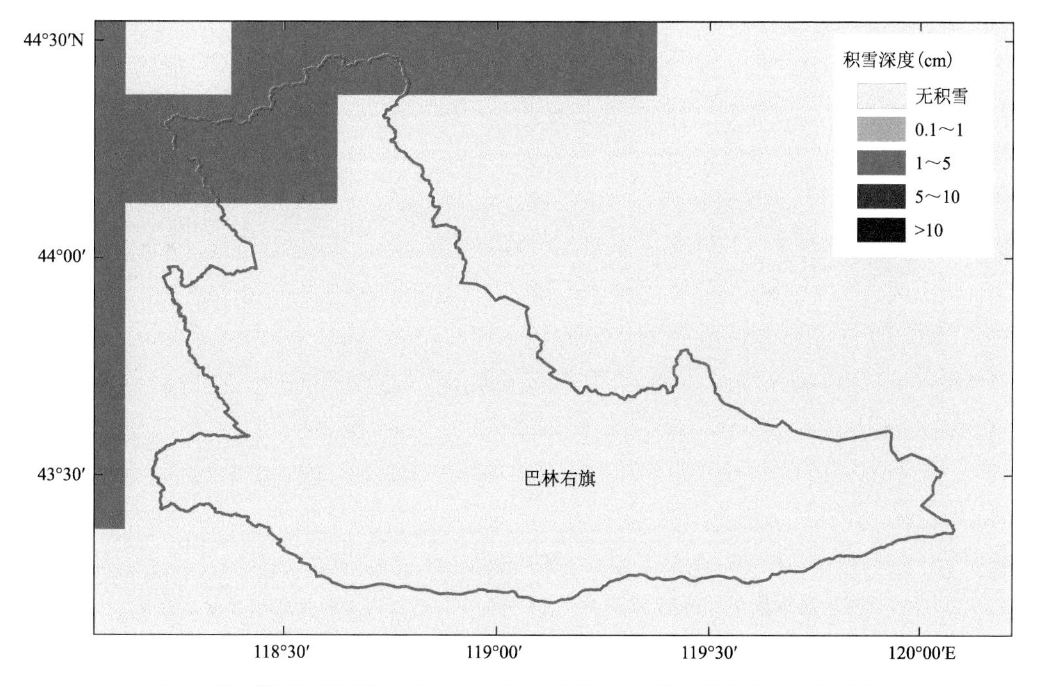

图9.6 遥感数据反演的1992年11月10日巴林右旗及其周边地区积雪深度

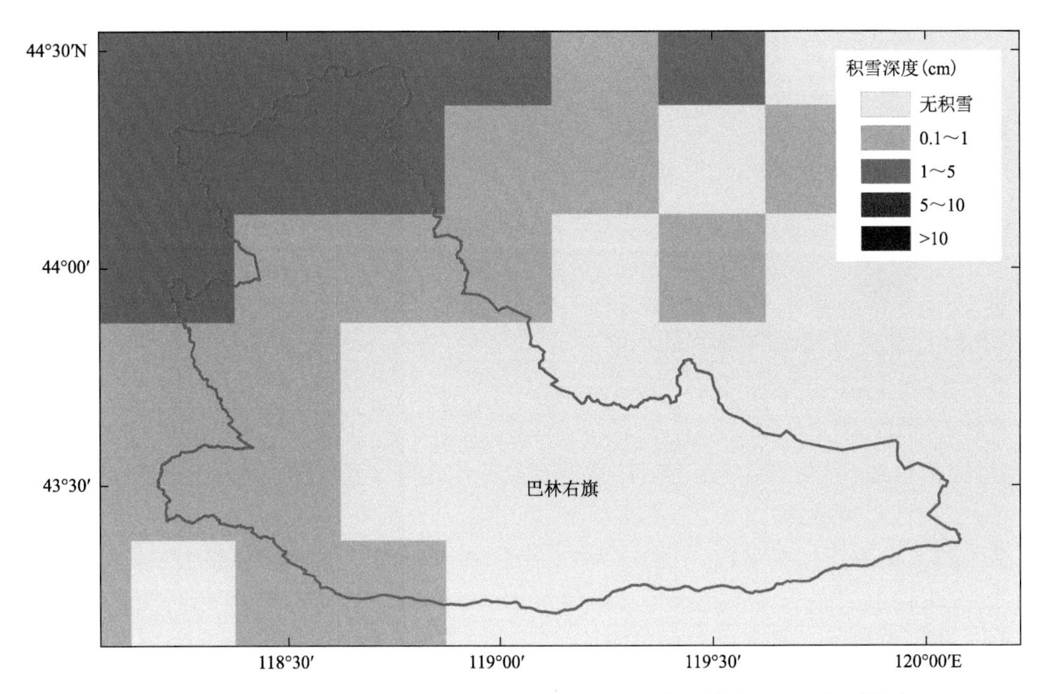

图 9.7 遥感数据反演的 1992 年 11 月 12 日巴林右旗及其周边地区积雪深度

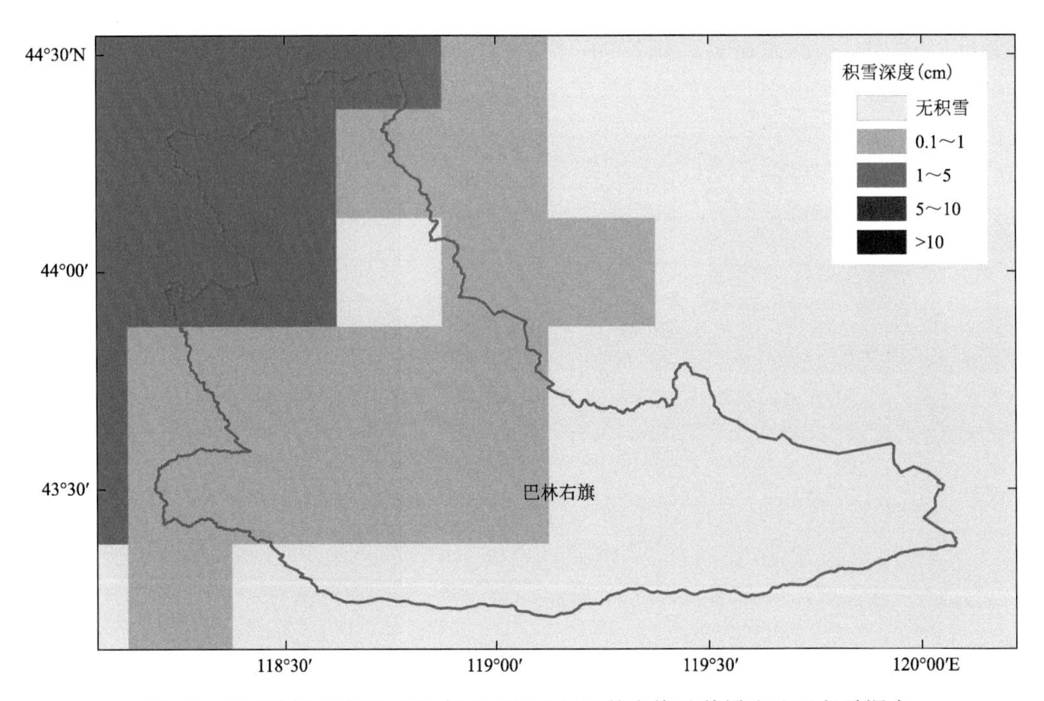

图 9.8 遥感数据反演的 1992 年 11 月 14 日巴林右旗及其周边地区积雪深度

9.5 致灾危险性评估

根据确定的致灾阈值,以内蒙古气象局气象信息中心提供的气象数据为基础,对巴林右旗1961—2020年雪灾致灾过程进行了筛选(表9.8)。结果显示,巴林右旗总致灾过程30次,共17条灾情,其中4条无降雪和积雪气象资料与之对应,其余全部包括在筛选出的致灾过程中。

表9.8 巴林右旗致灾过程筛选结果

总次数	类型1(白灾)次数	类型2(对交通和设施农业影响较大)次数	类型3(仅对交通影响较大)次数
30	14	6	10

以普查数据为基础,按照上述技术路线,开展巴林右旗雪灾致灾危险性评估,并结合人口、GDP、道路信息,按照技术路线中的模型和方法对3个旗(县)开展了雪灾风险评估。

按照中国气象局《全国气象灾害风险评估技术规范》的分级方法进行统计,雪灾危险性分级标准如表9.9。

表9.9 雪灾致灾危险性等级

危险性等级	含义	危险性指标值
4	低危险性	≤0.55
3	较低危险性	0.55~0.60
2	较高危险性	0.60~0.75
1	高危险性	>0.75

表9.10 试点旗(县)雪灾危险性评估结果

	西乌珠穆沁旗	巴林右旗	扎赉特旗
评估指数值	0.760	0.570	0.650
危险性等级	高危险性	较低危险性	较高危险性

表9.10显示巴林右旗与内蒙古其他地区相比,大部分属于较低或低风险区,平均危险性指数为0.57,属于“较低”等级。

图9.9显示,巴林右旗雪灾危险具有从南至北升高的趋势,北部的几个乡(镇、苏木)明显高于其他乡(镇、苏木)。

9.6 灾害风险评估与区划

以普查数据为基础,按照上述技术路线,结合人口、GDP按照技术路线中的模型和方法对巴林右旗开展了雪灾风险评估。如上所述,开展风险评估时,除进行危险性评估外,还需要进行暴露度和脆弱性评估,需具备人口密度、地均GDP、0~14岁及65岁以上人口数的比重、第一产业产值的比重等数据,目前仅收集到了“中国公里网格人口和GDP分布数据集”,故仅进行了暴露度评估,未进行脆弱性评估。

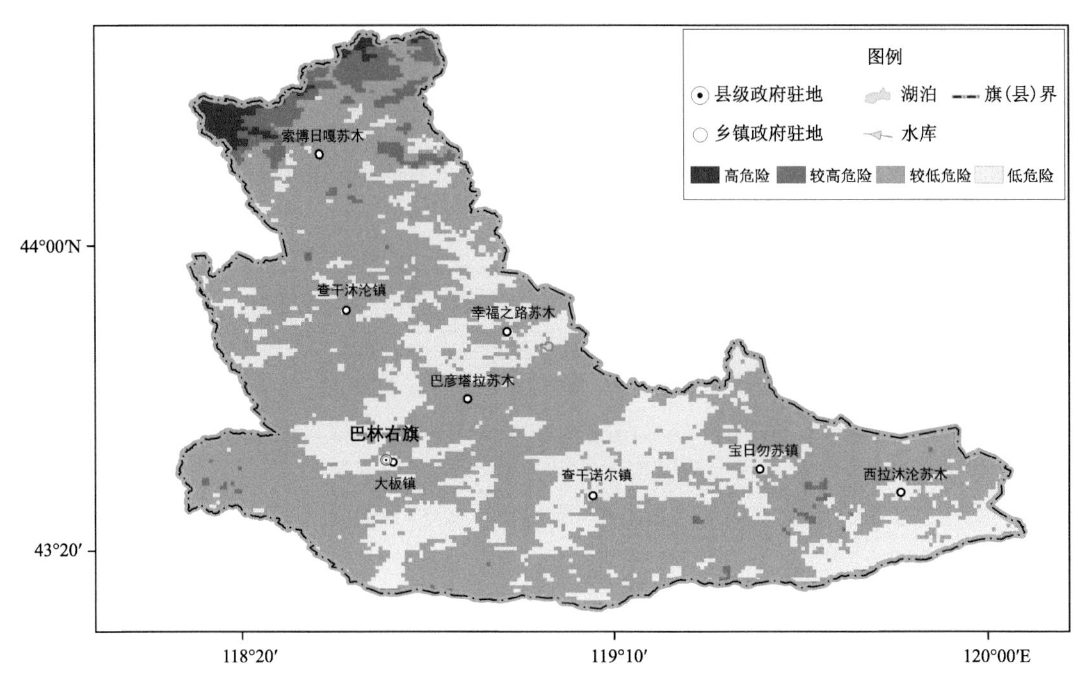

图 9.9 巴林右旗雪灾危险性等级区划(按区域内标准)

9.6.1 人口风险评估与区划

根据巴林右旗雪灾人口风险评估结果,结合中国气象局《全国气象灾害风险评估技术规范》的分级方法进行统计,雪灾人口风险分级标准见表 9.11。

表 9.11 巴林右旗雪灾人口风险等级

风险等级	含义	指标
5	低风险	≤0.279
4	较低风险	0.279～0.310
3	中风险	0.310～0.359
2	较高风险	0.359～0.425
1	高风险	>0.425

根据表 9.11 中的分级标准,对巴林右旗雪灾人口风险评估结果进行区划,区划结果如图 9.10 所示。

雪灾人口风险区划结果显示,巴林右旗雪灾风险分布趋势与危险性分布趋势基本一致,旗内北部风险高于南部。

9.6.2 GDP 风险评估与区划

根据巴林右旗 GDP 风险评估结果,结合中国气象局《全国气象灾害风险评估技术规范》的分级方法进行统计,雪灾 GDP 风险分级标准见表 9.12。

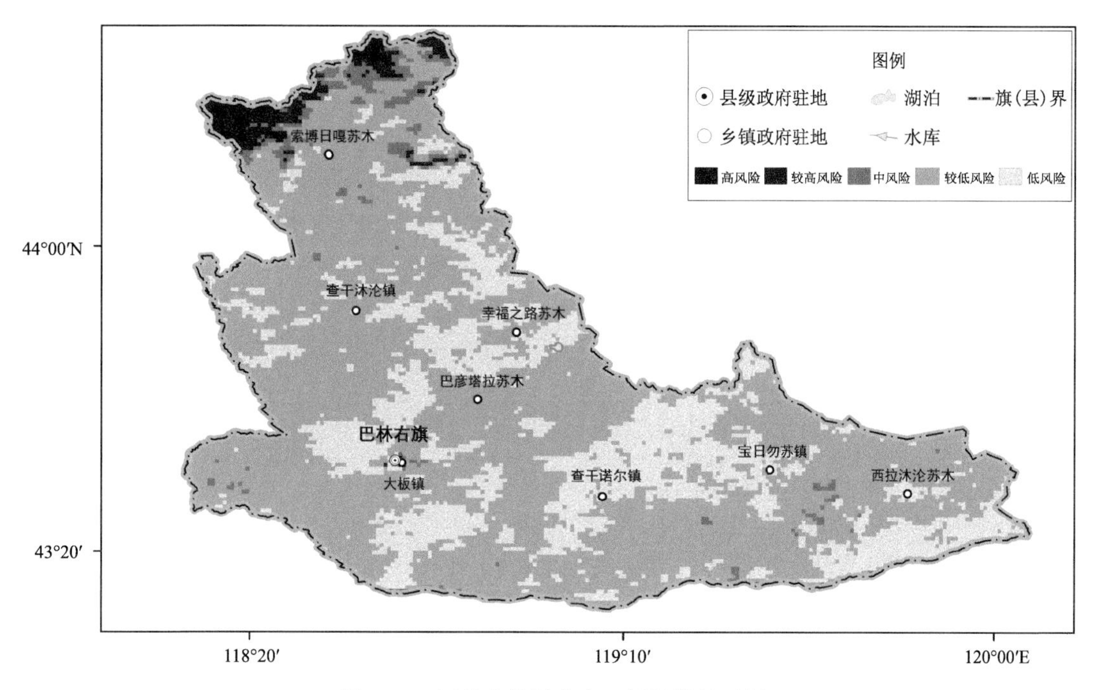

图 9.10 巴林右旗雪灾人口风险等级区划

表 9.12 巴林右旗雪灾 GDP 风险等级

风险等级	含义	指标
5	低风险	≤0.278
4	较低风险	0.278～0.302
3	中风险	0.302～0.336
2	较高风险	0.336～0.382
1	高风险	>0.382

根据表 9.12 中的分级标准,对巴林右旗雪灾 GDP 风险评估结果进行区划,区划结果如图 9.11 所示。

雪灾 GDP 风险区划结果显示巴林右旗雪灾 GDP 风险分布趋势与危险性分布趋势基本一致,旗内北部风险高于南部。

9.7 小结

从巴林右旗雪灾历史灾情和所筛选的雪灾致灾过程来看,雪灾类型以白灾为主,主要影响牧区社会经济生产。从雪灾危险性评估和区划的结果来看,巴林右旗与内蒙古其他地区相比,大部分属于较低危险区,平均危险性指数为 0.57,属于“较低”等级。从雪灾人口和 GDP 风险区划结果来看,巴林右旗雪灾高风险区(区域内相对)主要分布在北部几个镇(苏木)。

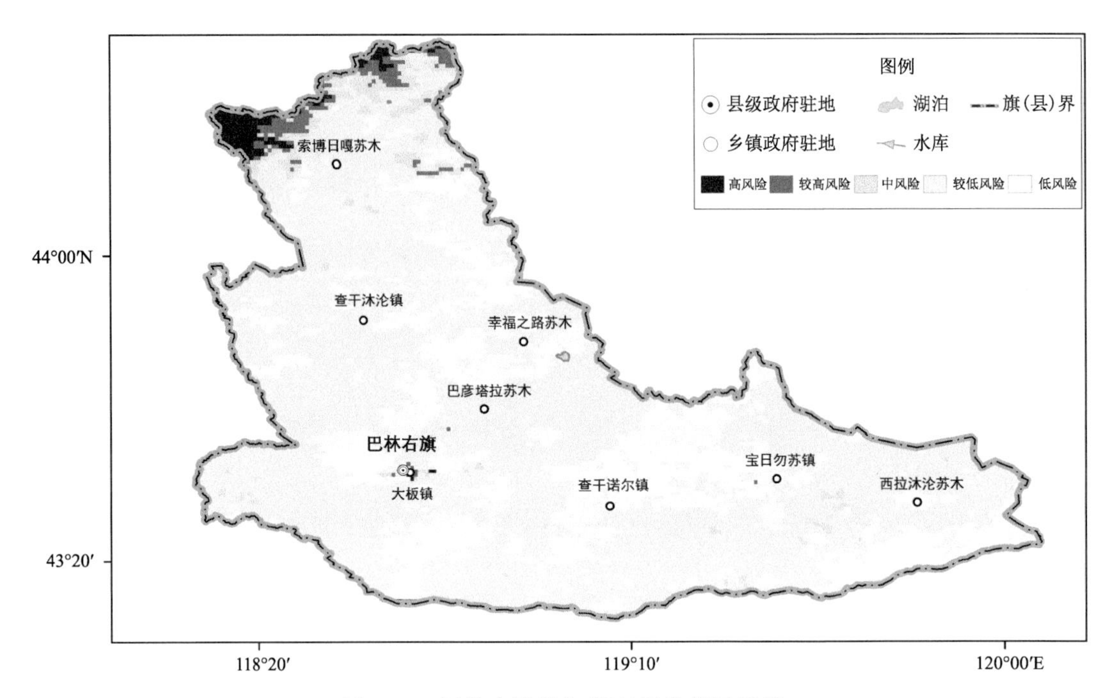

图 9.11　巴林右旗雪灾 GDP 风险等级区划